我的第一本
縫紉書

はじめてのソーイング

Contents

Chapter 3
機縫一年級生的課表

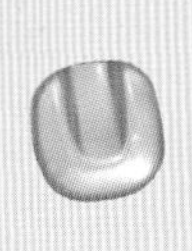
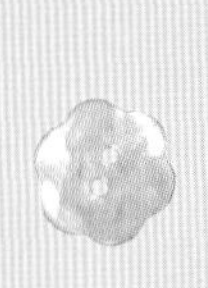

Chapter 4
裁縫高年級生的進階課表

附錄
設計師的裁縫小訣竅

作品 index

Chapter
3

蓬蓬百褶裙／大人款

作品圖 P80　製作方法 P82

蓬蓬百褶裙／兒童款

作品圖 P81　製作方法 P82

Chapter 4

側背軟布包

作品圖 P88　製作方法 P90

軟質室內拖鞋

作品圖 P92　製作方法 P94

攜帶式拖鞋

作品圖 P92　製作方法 P94

親子連身裙／大人款

作品圖 P100　製作方法 P102

親子連身裙／兒童款

作品圖 P100　製作方法 P103

option

製作 YOYO 布花

作品圖 P100　製作方法 P107

窄管修身長褲

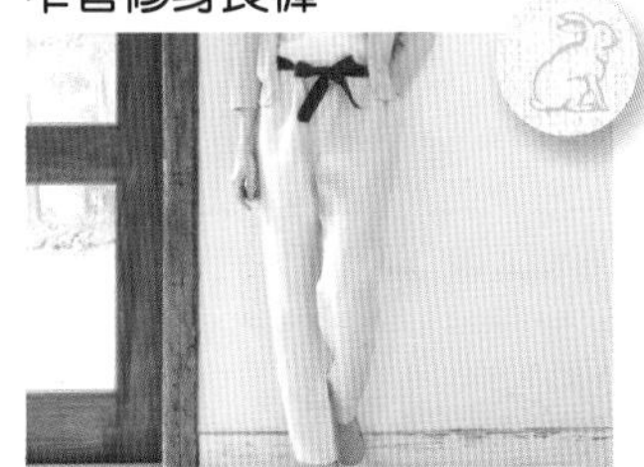

作品圖 P108　製作方法 P110

如何使用本書

◆ P30 以後的 Lesson 基本上是依「材料」、「版型排列」、「製作步驟」的順序刊載。若無特別註明，單位一律為 cm。

◆ 作品的難易度以下列的符號標示，請作為參考標準。

小雞符號＝最簡單。第一件作品建議從這裡挑選，不論是手縫或機縫初學者都能輕鬆完成的等級。

松鼠符號＝中等程度。加入縫鈕扣或改短、放長下襬等技巧，適合第二件作品以後的等級。

兔子符號＝最進階。第三件作品以後，或是想要挑戰服飾製作的人建議挑選此等級。

◆ 直線剪裁、直線縫紉的作品，在布上直接做記號即可製作。至於有曲線的作品會附上紙型，請依指定的放大倍率影印後再描線，以便用於裁剪和標記號。

◆ 達人小祕訣 詳細解說製作作品時的必要技巧。只要當成基本縫紉技巧學起來，也能應用在其他作品上。

◆ memo 介紹各種對裁縫有幫助的訣竅、巧思以及便利工具等。

認識裁縫記號

完成線與裁剪線

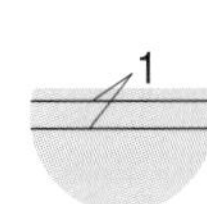

內側的線是作品的完成線，外側的線為裁剪線。數字為縫份的尺寸。

折雙線

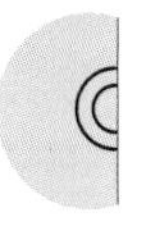

有這個記號的線，要將布對折以形成折雙線（詳見 P.12）。

直布紋記號

筆直的箭頭與布邊呈平行狀態。

打褶記號

從斜線高處往低處疊合，即可做出褶子。

斜布紋記號

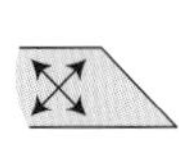

與布邊呈 45 度角，斜布紋布料的延展性最好，通常用來製作滾邊布。

Z 字形車縫

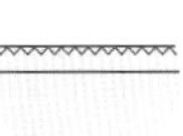

在開始車縫之前，可以先用 Z 字縫處理好布邊。

安裝扣孔位置

表示安裝扣孔位置的記號。

開口止位

表示「車縫到這裡為止」的記號。

安鈕扣位置

十字記號的中心代表鈕扣的中央位置。

縫份尺寸

紙型的縫份尺寸，圓圈內的數字 1 代表縫份 1cm。

自己動手做，好開心！

Warm up 基本裁縫用語

以下介紹常用的縫紉工具以及簡單的專有名詞，搭配圖解讓你一看就懂！

手縫線

手縫專用線，意即另外有機縫專用線。如果手縫時使用機縫線，會因為兩者之間的絞線方式不同而容易纏線。

接線

當縫線用完要以新線接續下去時，這個動作稱為「接線」。不論手縫還是機縫，接線時都是直接疊在舊線之後續縫。

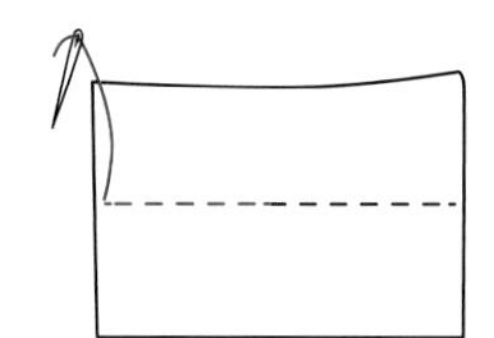

包扣

用布包起來的鈕扣，可以在材料行買到工具，手縫即可完成。選擇喜歡的布料，就能做出世界上獨一無二的鈕扣喔！

拆線器

前端比剪刀更銳利，可快速切斷細小縫線。縫錯的時候，是非常可靠的好幫手。

接布

「接」是「接合在一起」的意思，將兩片布料縫合在一起的動作，就稱為「接布」。

經線、緯線

幾乎所有布料都是由經線和緯線交織而成的。與布邊（詳見P12）平行的線稱為經線，與經線垂直的線則是緯線。

牙口

從布的邊緣往裡面剪 2 ～ 3mm 當作記號，這個小缺口稱為牙口。

標記號

在布的紙型上畫完成線和裁剪線、在打褶或安裝鈕扣等位置標記……這些記號都統稱為「標記號」。

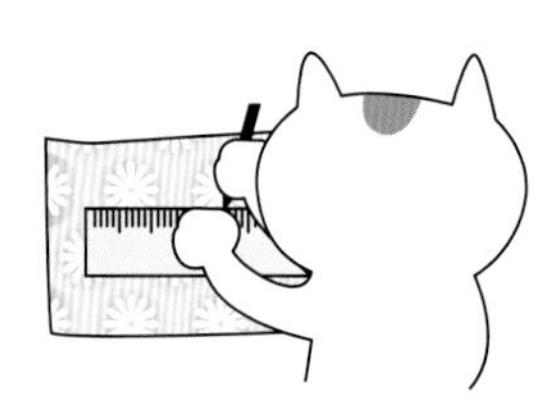

線腳

縫鈕扣時，在鈕扣與布料之間要配合布料厚度保留一些長度，此長度稱為「線腳」。

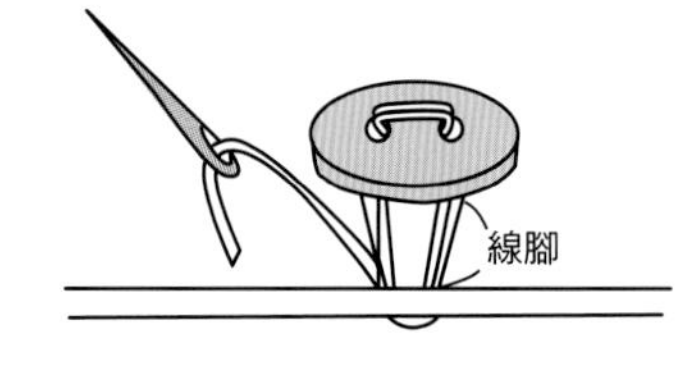

開始裁縫前的準備

動手縫紉之前，
要準備好哪些工具與材料呢？
事先了解各用品的名稱和挑選技巧，
就能做出更完美的作品！

縫紉工具&裁剪工具

在開始手縫之前，最好先備妥以下必要用品。
包括針線、裁剪工具以及各種周邊道具。

縫針

依布料的厚度選擇粗細（詳見 P11）。一般來說，縫直線時使用長針比較好縫，藏針縫、縫補綻線部位等細部作業，使用短針會比較好縫。

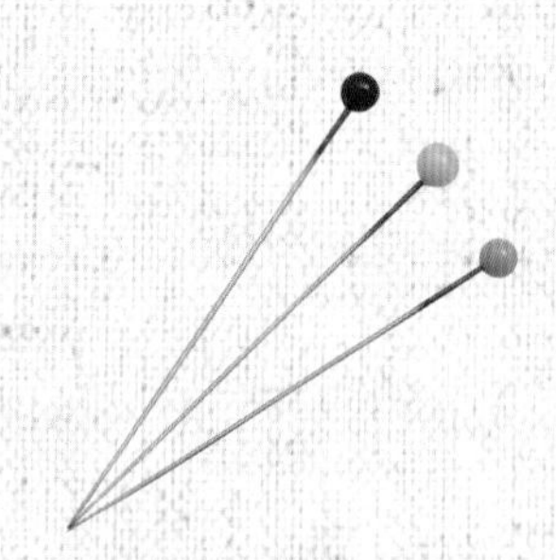

珠針

將布料疊在一起固定用，也可以插在布上取代記號。在裁縫前和結束後，請留意每次都要把珠針確實取下。

針枕

用來暫時放置縫針和珠針的工具。建議選用矽膠加工過的棉絮，針插在上面比較不易生鏽。

頂針

套在拿針的中指上，在運針（平針縫）時用這個工具推出針頭。尤其是在處理厚布料時，可大幅減輕對手指的負擔。主要有金屬製和皮製。

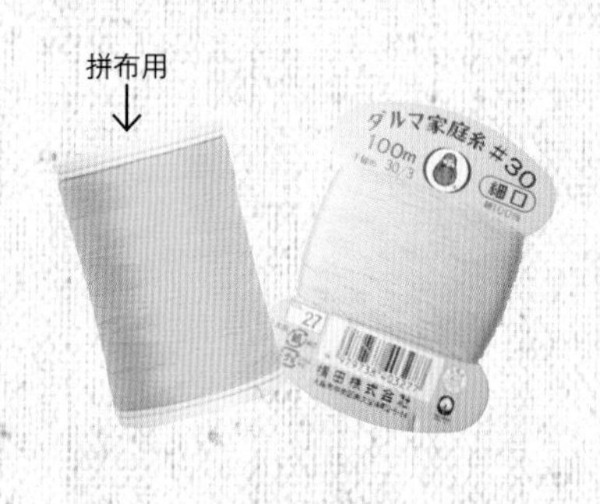

手縫線

手縫專用線，有各種粗細之分。拼布用的線不易纏線，也可以當手縫線使用。

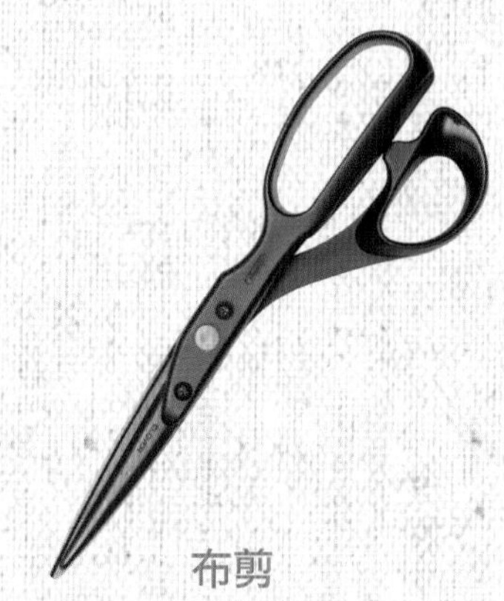

布剪

布料專用剪刀。一般長度為 20～24cm，請挑選容易抓握、鋒利度佳的剪刀。請勿將布剪拿來剪布料以外的東西，否則會使布剪鈍化。

線剪／紗剪

用於剪掉線頭等細部作業，有的呈一般剪刀的形狀，有的呈握剪的形狀，選擇自己用得順手、鋒利度佳的產品即可。

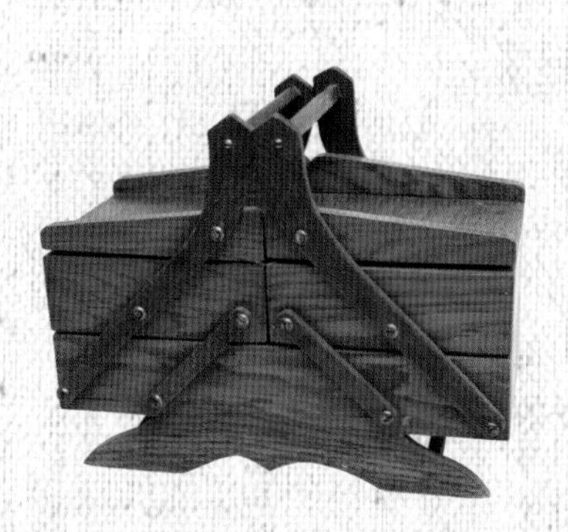

針線盒

如果擁有一個可以完美收納和分類的工具盒，會很方便。若利用紙盒、瓶罐等容器時，建議選擇有蓋子可以蓋緊的。

標記號工具

本書中除了有曲線的作品，其他一律直接在布上標記號、裁剪、縫合即可完成。因此，筆記工具和量尺是必須品。

消失筆

用於在布上畫線、裁剪紙型時。剛畫上去有顏色，但過一段時間筆跡就會消失，比傳統粉餅來得方便。在手工藝材料行就可購得。

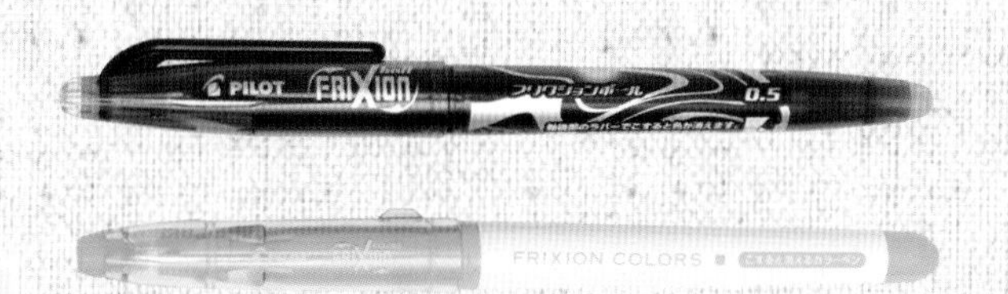

方格尺

畫直角或縫份線時使用。最好準備 30cm 和 50cm 兩把長短不同的尺，可視需求選用。

用於塑型 & 收尾的工具

熨斗

用來分開縫份、塑型、作品完成時的定型。可依布料材質設定溫度，若能選擇蒸氣和乾燙功能，會更方便。

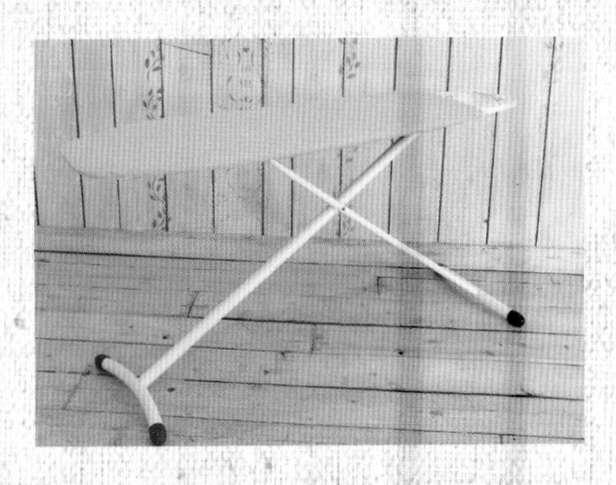

燙衣板

一般產品皆可直立式收納，不使用時也不會佔空間，如果要製作裙子等大件作品時，建議選用面積較大的燙衣板。

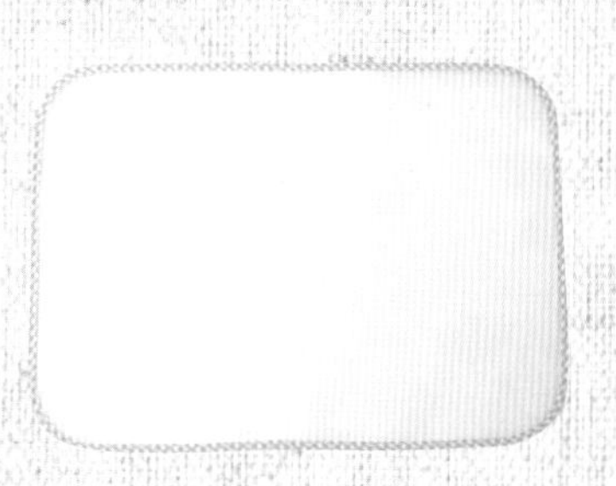

墊布

有些布料若直接用熨斗熨燙，會發亮或變白，因此需要隔布熨燙。在布料上方先放一塊墊布隔開，可使用乾淨的毛巾或較大的手帕充當墊布使用。

如虎添翼的裁縫小工具

有了這些工具，可以更有效率地完成作業、做出更漂亮的作品。請依個人需求備妥需要的工具。

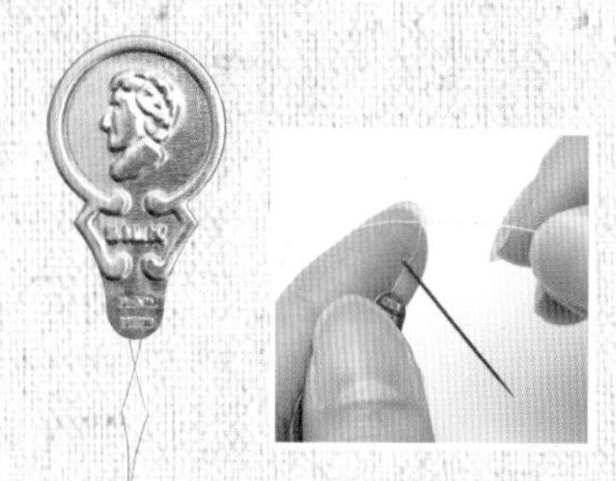

穿線器

對於不擅於將線穿過針孔的人而言，是很方便的工具，通常會和手縫針成套販售。

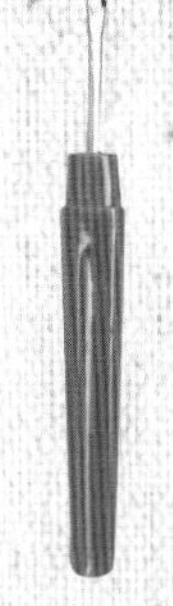
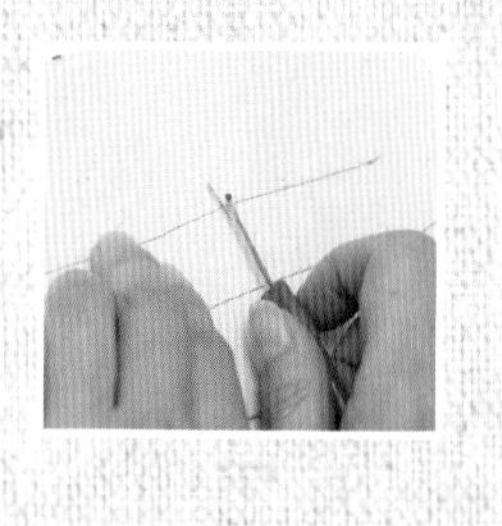

拆線器

可輕鬆切斷較細接縫上的線，也可以用來開扣孔。比線剪更適合用來處理細部作業。

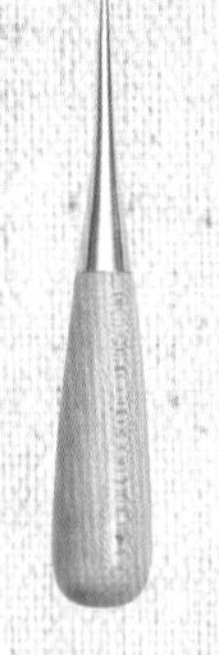
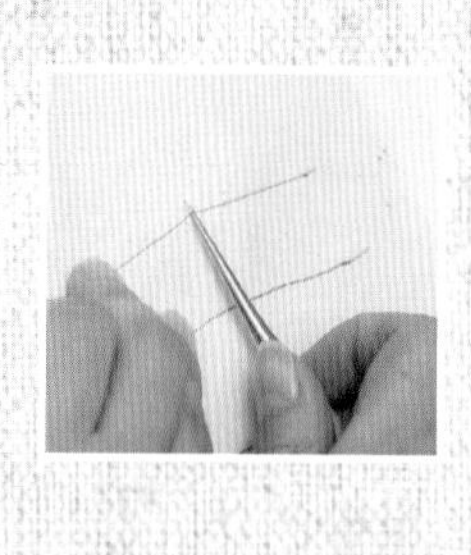

錐子

用在挑開以拆線器切斷的接縫，或是調整口袋的邊角。此外，也可以用來開圓孔形狀的扣眼。

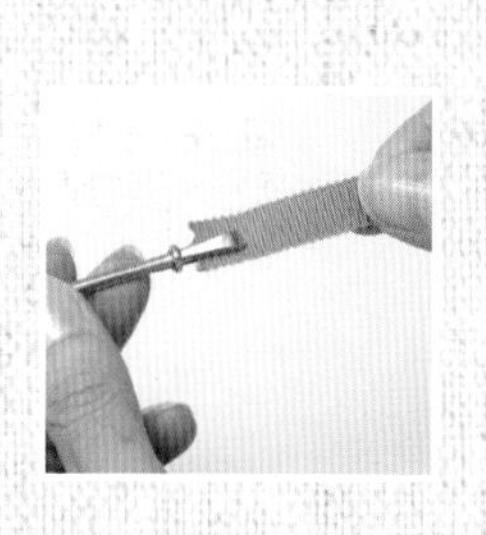

穿繩器

在袋口、腰部等部位穿繩子、緞帶、鬆緊帶時使用。不想購買的話，可使用安全別針當作替代品。

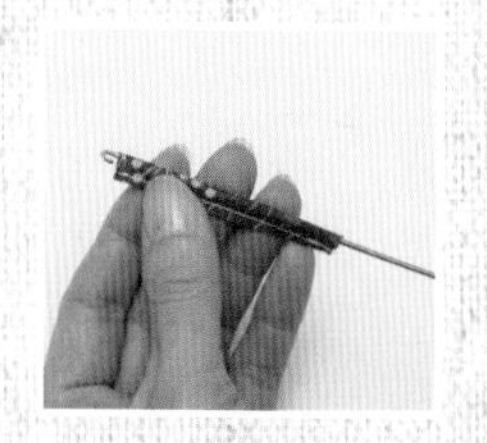

返裡針

將前端細長的部分，伸入細長條狀的滾布條中間，整個往外拉出就能翻回正面。

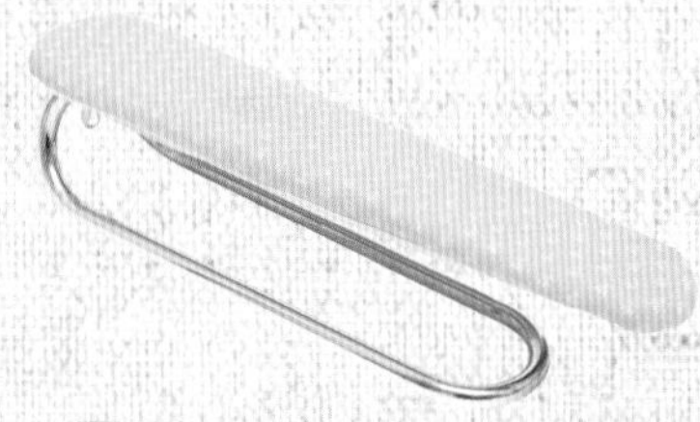

燙馬

一種小型燙衣板。主要在熨燙袖子或褲管呈細長筒狀的部位時使用。

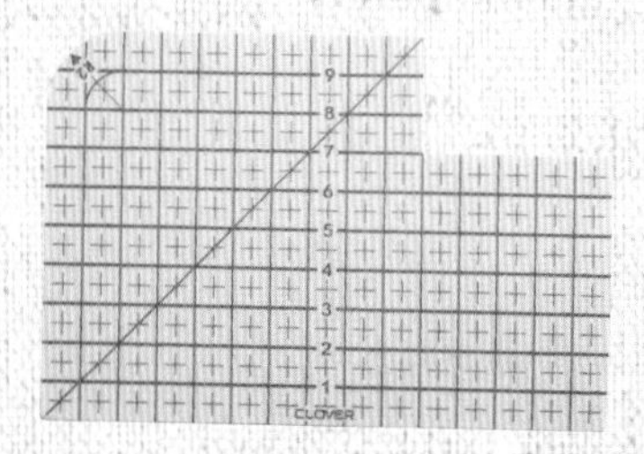
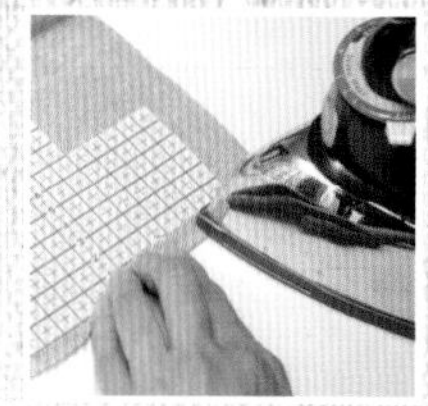

熨斗專用尺

使用特殊的耐熱素材，上面的刻度已標註縫份，即使不事先在布上標記號，也可以一邊熨燙、一邊測量出正確的縫份。

線頭回收盒

線頭和裁剪下的碎布很容易讓周遭變得很零亂，請準備一個線頭回收盒放在桌上，也可以使用任何空盒子、空罐子替代。

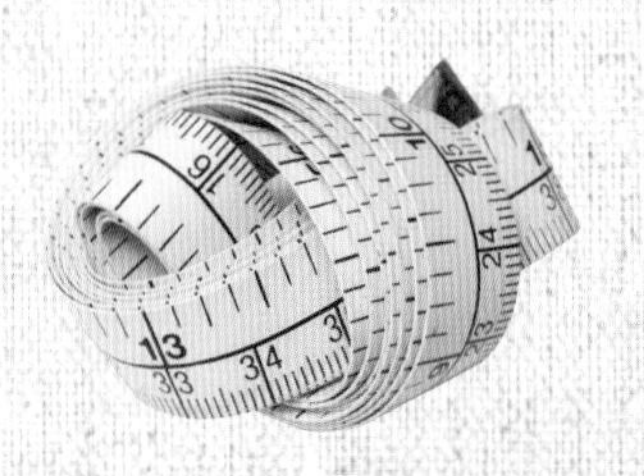

皮尺

用來量身材尺寸或布料長度的軟尺，垂直立起來時，可以測量曲線部位的尺寸。

常用手縫線與縫針的介紹

縫線與縫針有各種不同的尺寸，需依布料厚度搭配挑選。
若無法自行區分厚布、薄布時，建議選用一般布料用的針線，比較不會出錯。

布	線	針	特徵
薄布 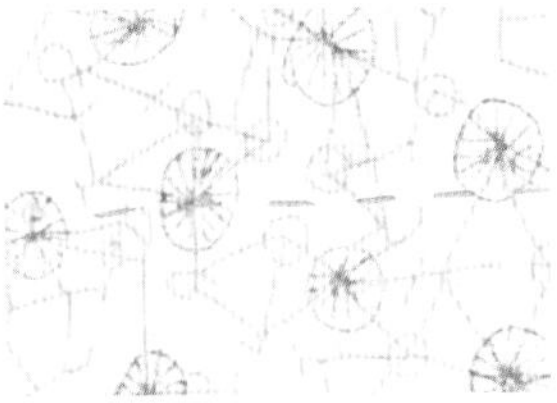	薄布用 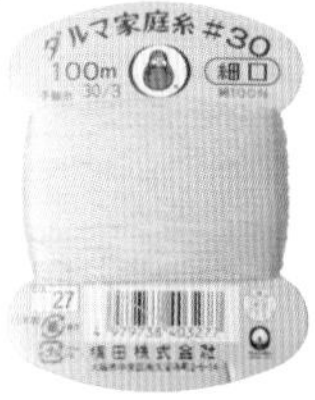	美國針 8、9 號（※） 	縫製透明薄紗、細棉布、棉紗等看起來有透明感的薄布料時，使用的針線組合。
一般布料 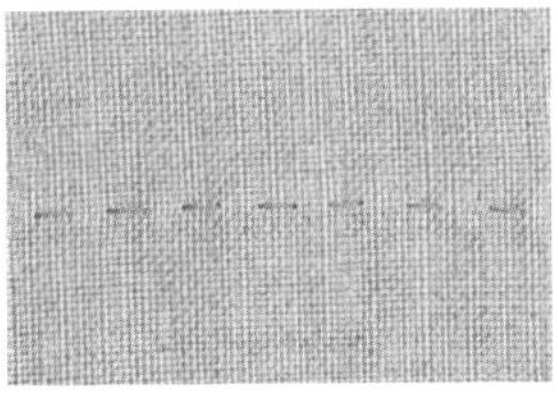	一般布料用 	美國針 7、8 號（最常用） 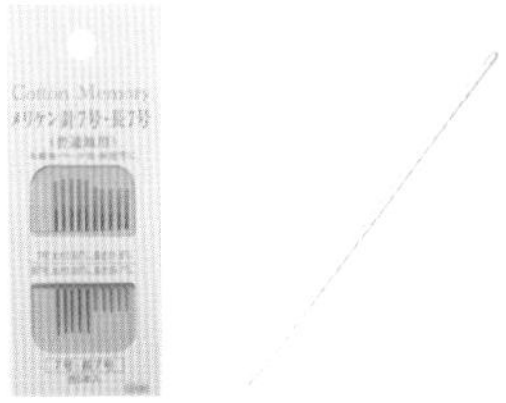	幾乎所有的布料都可縫製，是初學者必備的組合。
厚布料 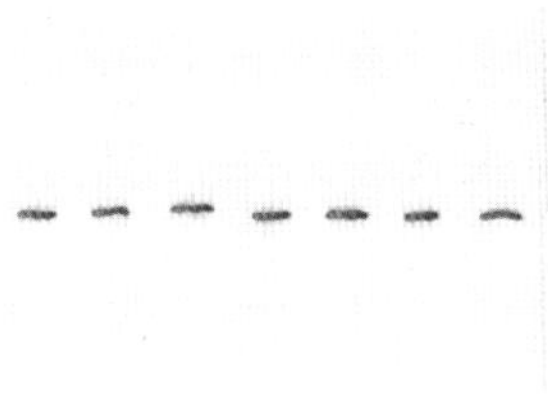	厚布料用 	美國針 5、6 號 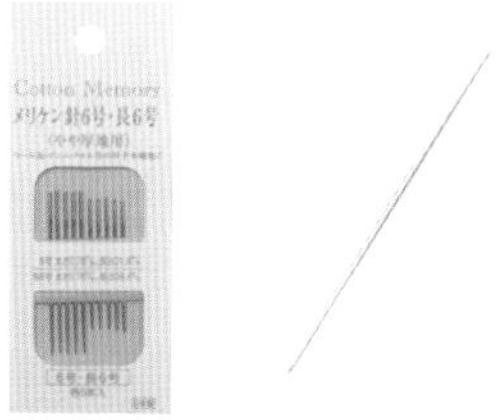	縫丹寧布、帆布等厚布料時，建議使用這組針線。也可用來縫鈕扣。
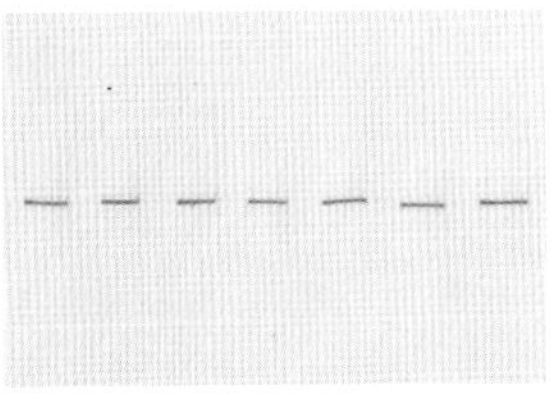	拼布用	拼布用 	拼布是很細的手縫作業，因此針會比較短。拼布線比一般手縫線硬挺，除了用在拼布也可以使用在一般布料上。
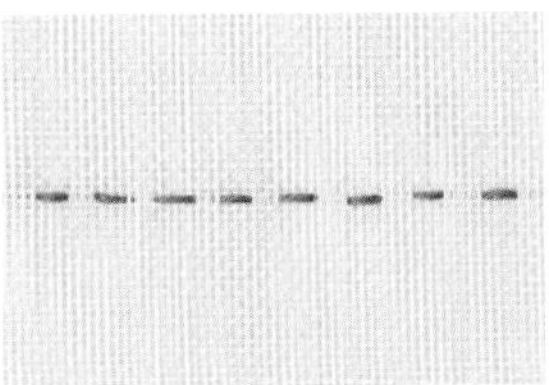	刺繡用 	刺繡用 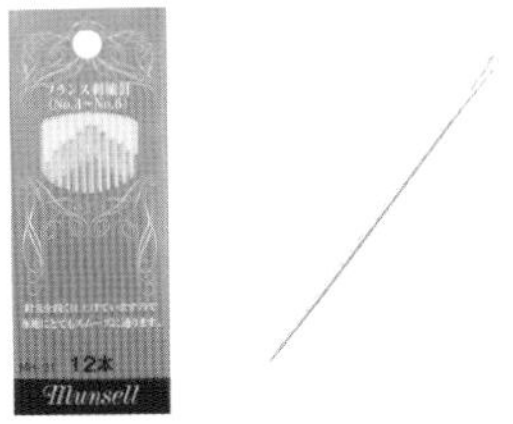	經常多條線一起使用，因此刺繡針的針孔比較細長。前端尖銳的法式刺繡針也能使用在一般布料上。

※ 所謂的美國針、日本針、德國針等是因製造國別而有不同的名稱，編號方式有差異。但基本上數字愈大，針愈細。

專有名詞

這裡介紹基本的布料名稱。不論是在布上標記號，或是裁剪時都會用到，記下來會很有用喔！

※「折雙線」是什麼？
將一塊布料的正面相對、對折成兩層，稱為「折雙」，該對折線就是「折雙線」。

◎布邊：布料兩端較硬的部分。

◎直布紋：與布邊呈平行的布紋。

◎橫布紋：與布邊呈垂直的布紋。

◎斜對角：布料的斜角方向。若與直布紋呈 45 度角，則稱為「正斜對角」。

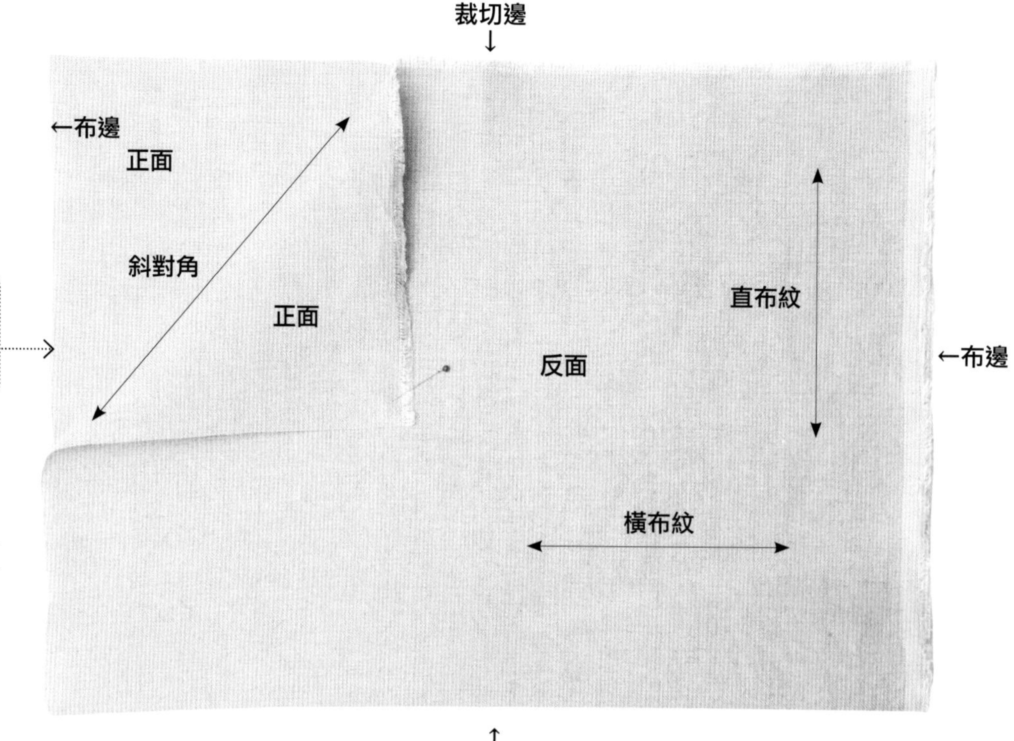

分辨布料的正面和反面

布料的正反面花紋通常會有差異，但是有些布料的差異不是那麼明顯，以下介紹幾個分辨的方法。

以布邊上的文字分辨

如上圖布料的布邊印有色卡，有色卡的那一面就是正面；如果布料上印有文字的話，有文字的那一面就是正面。

以布邊上的孔洞分辨

在布邊上可以發現掛在織布機上時的孔洞。一般來說，孔洞突起的那面是正面，凹陷的那面是反面。

請店家確認

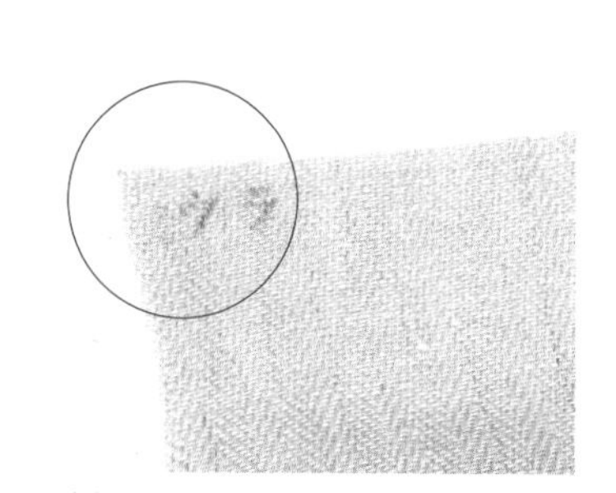

難以分辨正反面的布料，可以請店家在裁布時順便標上記號。在縫製作品時，請於裁剪布料後立即標上記號，以免造成混淆。

布料的幅寬

布幅即布料的（緯向）寬度。布幅寬有以下幾種固定的尺寸，購買前請務必向店家確認布幅寬。

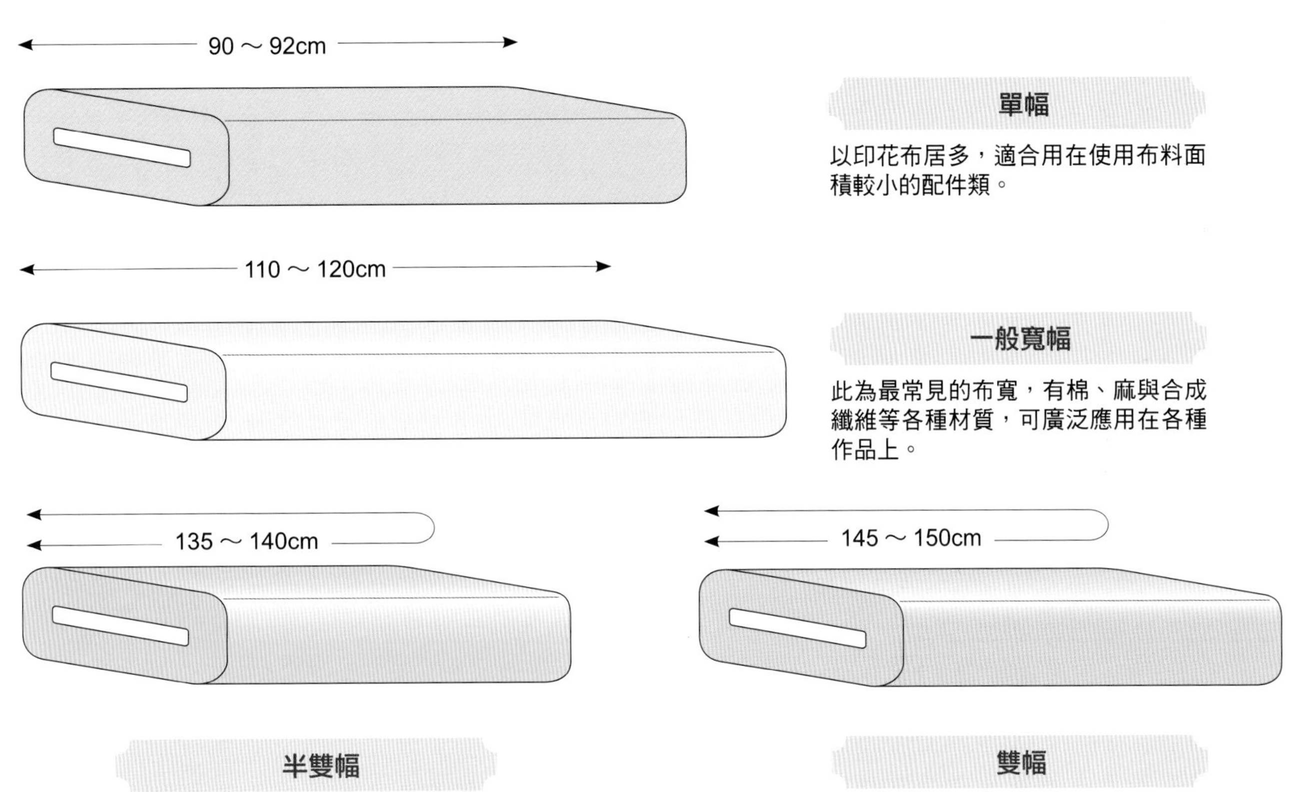

單幅

以印花布居多，適合用在使用布料面積較小的配件類。

一般寬幅

此為最常見的布寬，有棉、麻與合成纖維等各種材質，可廣泛應用在各種作品上。

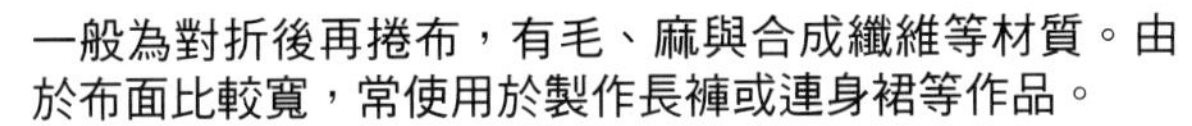

半雙幅

一般為對折後再捲布，有毛、麻與合成纖維等材質。由於布面比較寬，常使用於製作長褲或連身裙等作品。

雙幅

和半雙幅一樣，一般為對折後再捲布。比半雙幅的布面更寬，適合製作洋裝等較大件的作品。

memo：01

如何選擇縫線的顏色？

建議使用布料上用最多的底色，或是選擇與花紋同色系的顏色。選色時要在自然光下比對線的顏色，因為在日光燈下會產生色差。

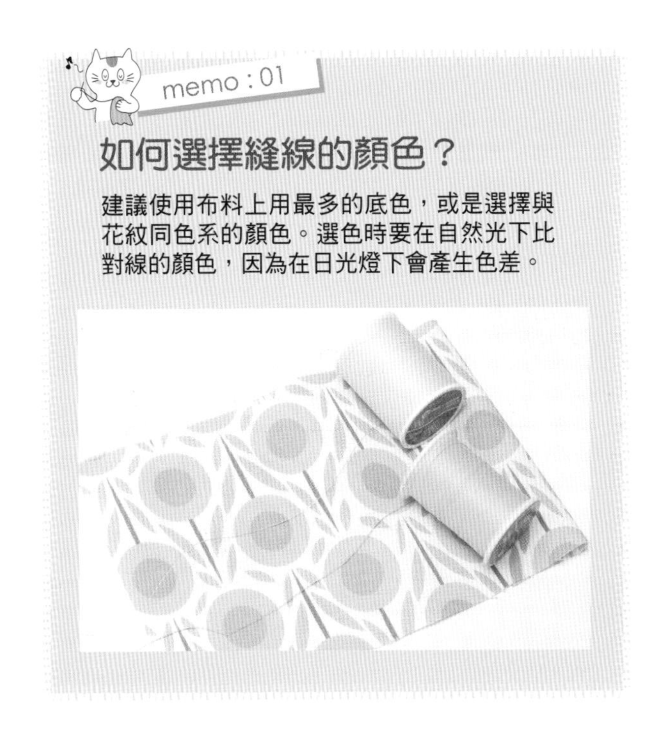

memo：02

手縫可以使用機縫線嗎？

不可以。因為機縫線與手縫線的捻線方向相反，在縫東西時容易產生纏線問題。

機縫線的捻線方向為Z形

手縫線的捻線方向為S形

常用的布料種類

製作不同的作品時，要根據不同布料的特性來選布，以下介紹常見布料的特徵以及選布建議。

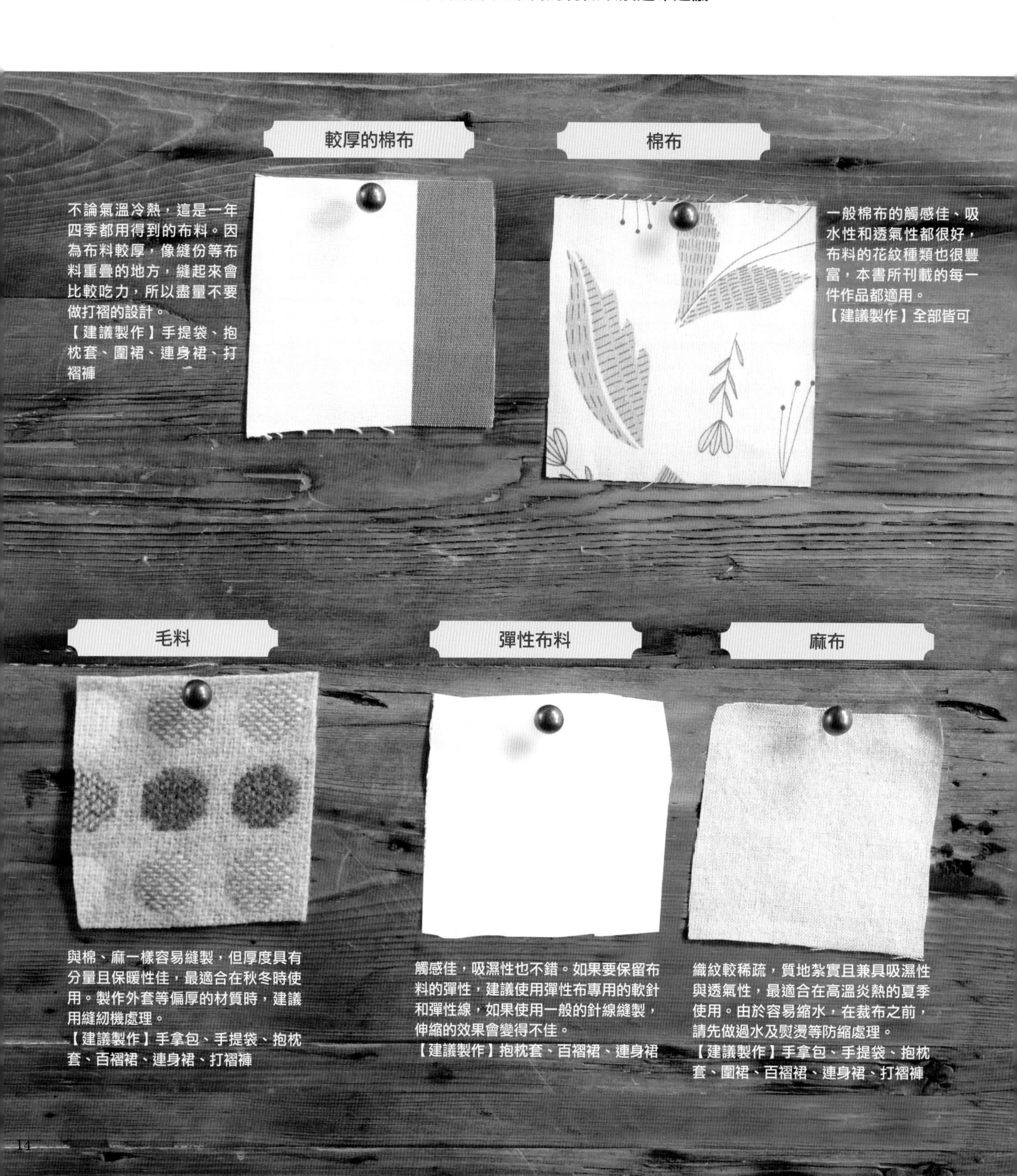

較厚的棉布

不論氣溫冷熱，這是一年四季都用得到的布料。因為布料較厚，像縫份等布料重疊的地方，縫起來會比較吃力，所以盡量不要做打褶的設計。

【建議製作】手提袋、抱枕套、圍裙、連身裙、打褶褲

棉布

一般棉布的觸感佳、吸水性和透氣性都很好，布料的花紋種類也很豐富，本書所刊載的每一件作品都適用。

【建議製作】全部皆可

毛料

與棉、麻一樣容易縫製，但厚度具有分量且保暖性佳，最適合在秋冬時使用。製作外套等偏厚的材質時，建議用縫紉機處理。

【建議製作】手拿包、手提袋、抱枕套、百褶裙、連身裙、打褶褲

彈性布料

觸感佳，吸濕性也不錯。如果要保留布料的彈性，建議使用彈性布專用的軟針和彈性線，如果使用一般的針線縫製，伸縮的效果會變得不佳。

【建議製作】抱枕套、百褶裙、連身裙

麻布

織紋較稀疏，質地紮實且兼具吸濕性與透氣性，最適合在高溫炎熱的夏季使用。由於容易縮水，在裁布之前，請先做過水及熨燙等防縮處理。

【建議製作】手拿包、手提袋、抱枕套、圍裙、百褶裙、連身裙、打褶褲

防止布料縮水與整布

剛買回來的布料幾乎呈歪斜狀態，請找出布紋方向，先用熨斗整理布料。尤其是在縫製洋裝等較大件的作品時，若省略這些前置作業，成品的形狀會不好看或是變形。

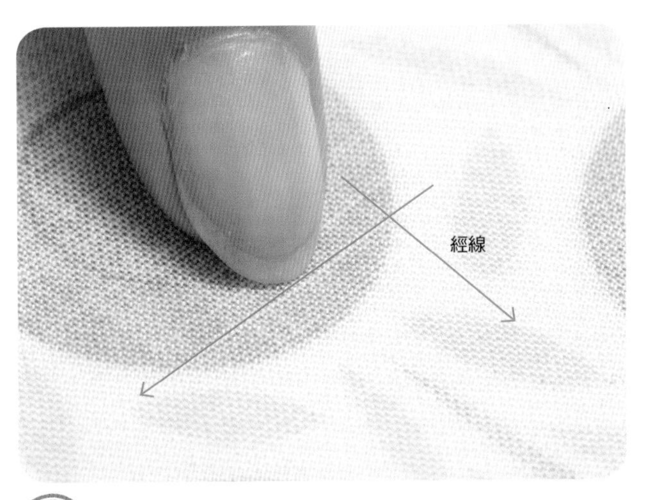

1 布料上的經線和緯線應該要呈直角，與布邊呈平行的是經線，與布邊呈垂直的是緯線。

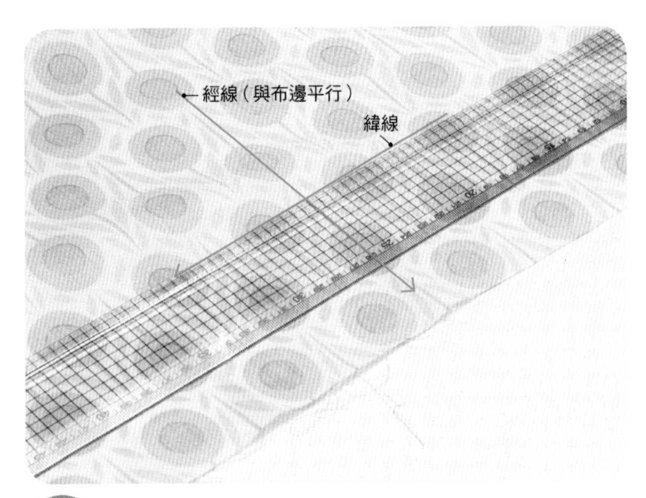

2 在布上放一把與緯線平行的尺，確認尺與經線是否呈垂直，就可以看出歪斜的程度。

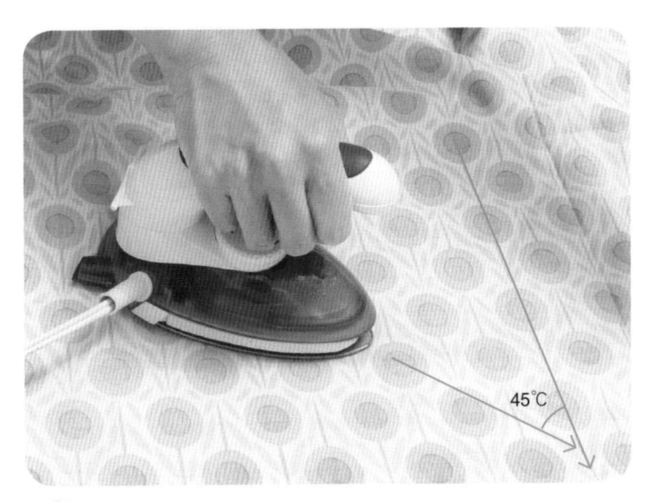

3 將布料攤平，用熨斗以 45 度斜角（如圖中箭頭方向）熨燙，藉此調整布的歪斜狀況。

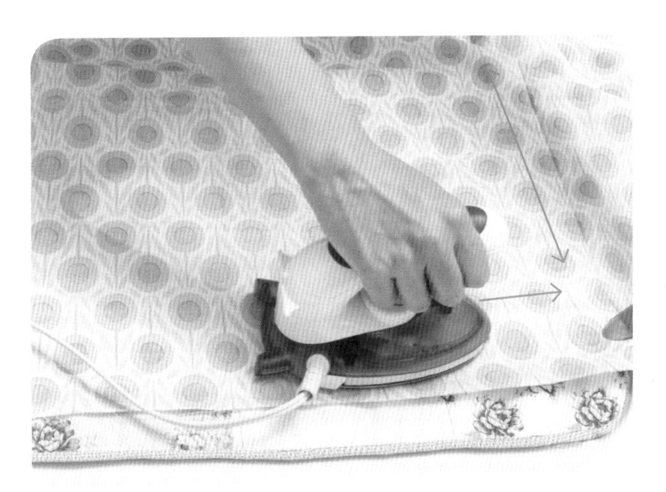

4 順著布紋放一把尺上去，確認歪斜狀況改善後，再以如圖中 90 度的垂直方向熨燙，這個動作可以將調整過後的布形固定。

分版的訣竅

雖然，有時會因為布的材質以及紋路，無法用最節省布料的方式進行分版作業。但是分版的基本原則，就是盡可能不要浪費布料。

訣竅 1

手拿包、手提袋等作品，只要確認好各配件包含縫份的尺寸，就可以在布上直線剪裁、直接縫製，幾乎不會浪費到布料。注意，布邊不可以直接當作縫份，否則會容易脫線。

訣竅 2

裁剪兩片相同尺寸的布料時，如下圖的「本體布 2 片」，要將布的正面相對後對折（折雙），將兩片布疊一起裁剪，才不會造成上下兩片產生誤差。

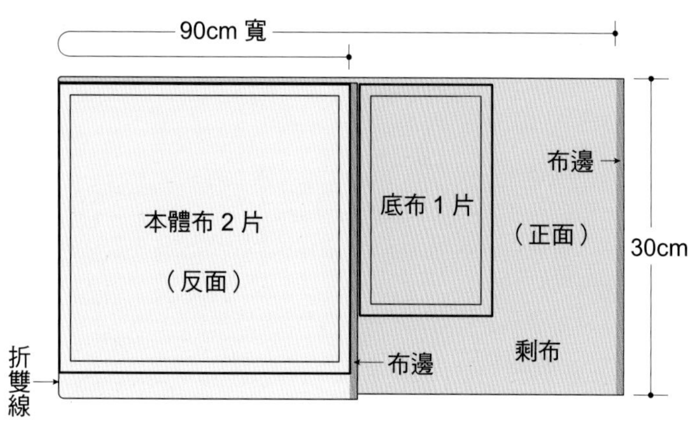

訣竅 3

直線剪裁、直接縫製的作品，基本上取布時都要使用與直布紋平行的方向。如果使用與布紋呈斜角的剪裁，容易造成作品歪斜變形，成品會不好看。進行布料的分版作業時，在紙型上標註直布紋記號（↔）當作基準。

訣竅 4

連身裙或長褲等上窄下寬或上寬下窄的版型，可依下圖所示，以相對的方向配置，比較不會浪費布料，剩下的空間還可以用來製作其它配件。

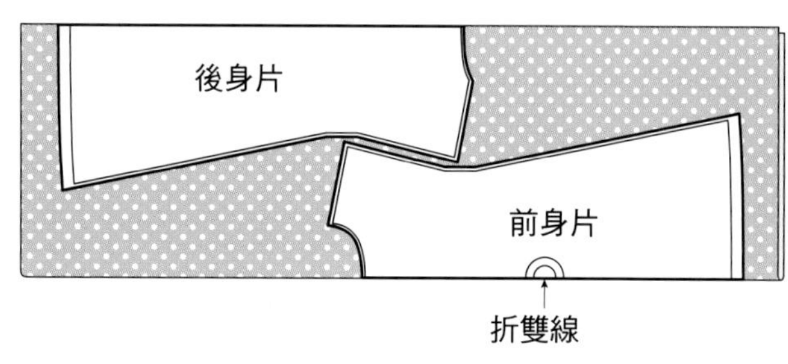

訣竅 5

有方向性的圖案，或是像如絨布等需要注意毛流方向的布料，無法像訣竅 4 那樣以相對的方向排列，紙型務必要放置成相同的方向，否則成品的布紋會變成一正一反。此外，裁剪手拿包或手提袋的布料時也要注意，雖然前後兩片的用料尺寸相同，但因為還要連接包底，因此要以兩片併排的方向裁布，再縫合底部，如右圖所示。

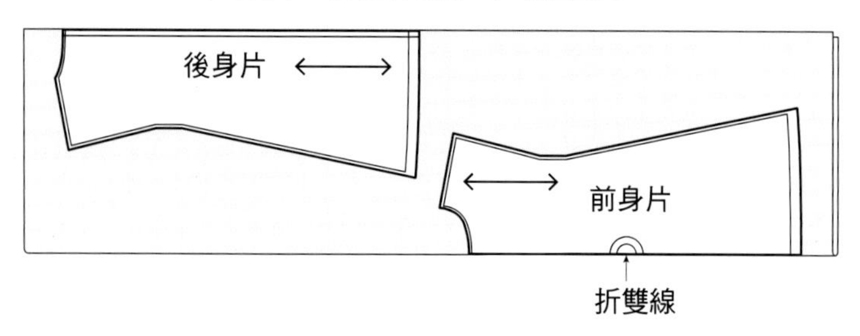

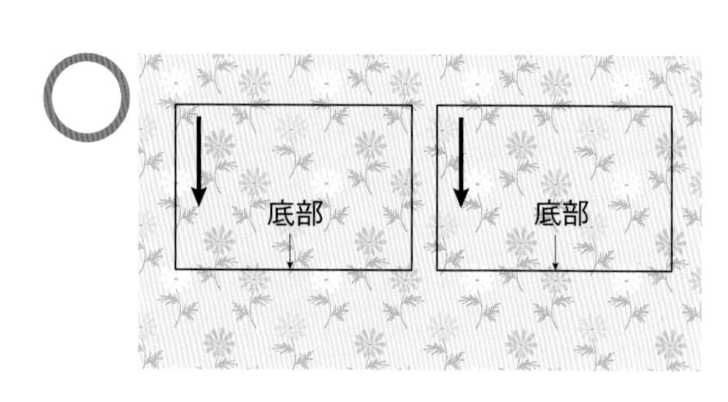

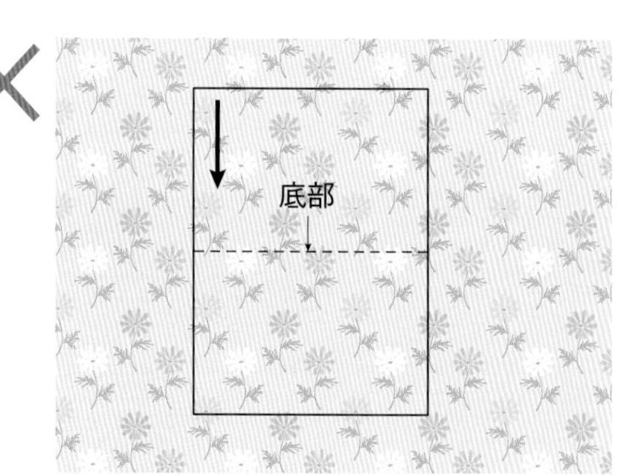

直接在布上標記號

直線剪裁、直接縫製的作品，
在布的反面畫記號即可，不需製作紙型。

完成線・裁剪線

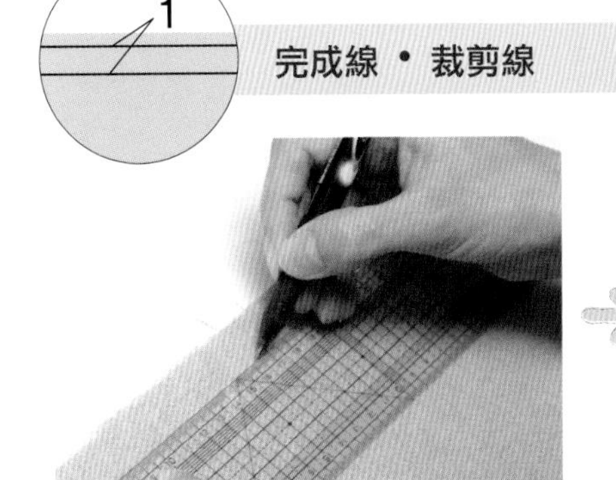

在製圖上確認實品的大小，直接在布的反面畫上完成線。

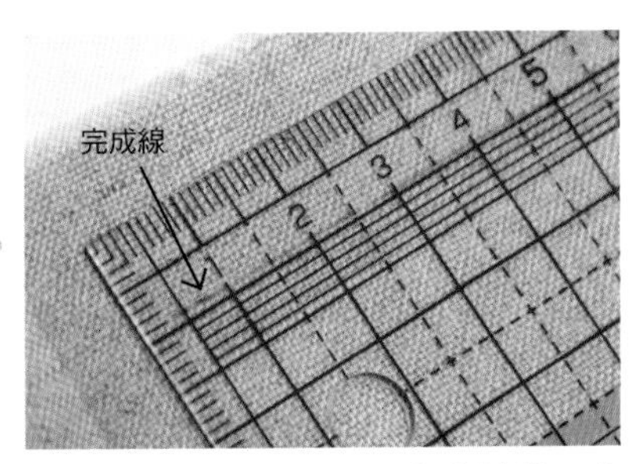

將方格尺放在布上，在完成線的正上方平行標出縫份的尺寸（圖中縫份約1cm），此為裁剪線。

開口止位

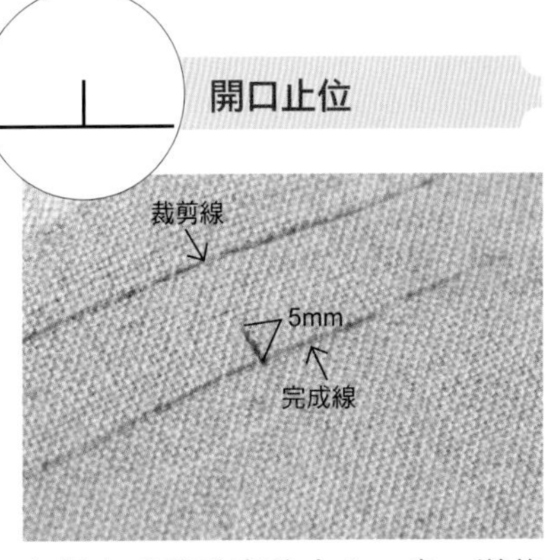

在與完成線垂直的方向，畫一道約5mm的線。

打褶記號

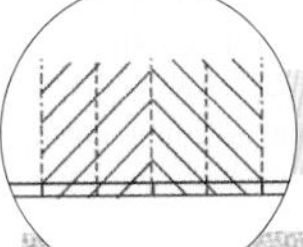

將布料剪出缺角當作記號，以避免上下兩片布料位置跑掉，這個記號稱為「牙口」。

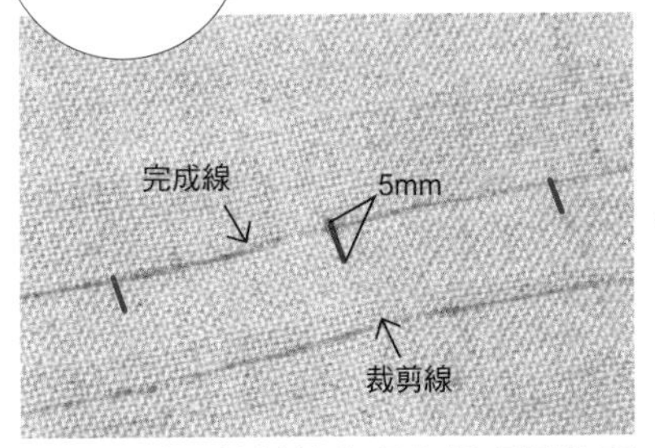

從正面看，將斜線高處往低處折的記號。在高處與低處下方各畫一道約5mm的線。

裁好布後，在縫份外緣上剪一個2～3mm的牙口（用剪刀剪出缺口）。

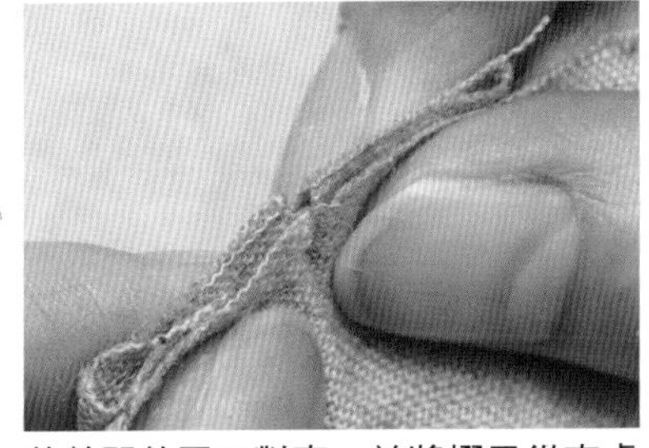

將剪開的牙口對齊，並將褶子從高處往低處疊起來，以疏縫的方式固定打褶位置。

打扣洞記號・縫扣記號

測量要使用的鈕扣直徑與厚度。

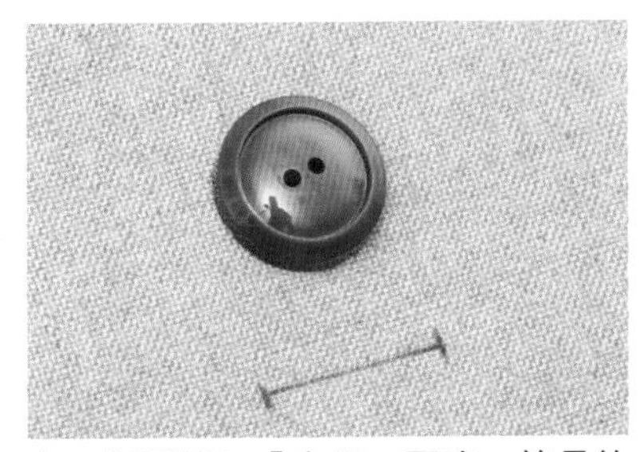

畫一道與鈕扣「直徑＋厚度」等長的橫線，在兩端畫短垂直線，作為上針處的記號。

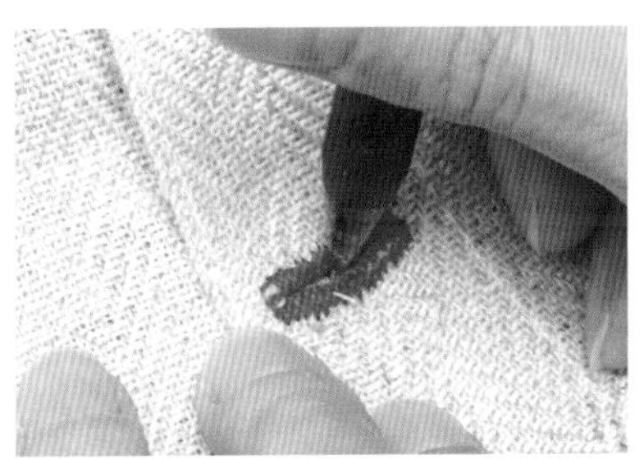

製圖上也要標記鈕扣位置。打好扣洞之後，把布料疊合在預定要縫扣的位置，在正中央畫上記號。

如何製作紙型

室內拖鞋或連身裙等有曲線的作品，很難直接在布上面畫完成線，因此要先打版製作紙型。

※本書有曲線的作品，都會在該作品的說明裡附上紙型的繪製方法。
覺得製作紙型很麻煩的人，可以直接放大影印後使用。

必要工具

曲線尺

又稱為「雲尺」，用於繪製領口、袖子或領圍等曲線。

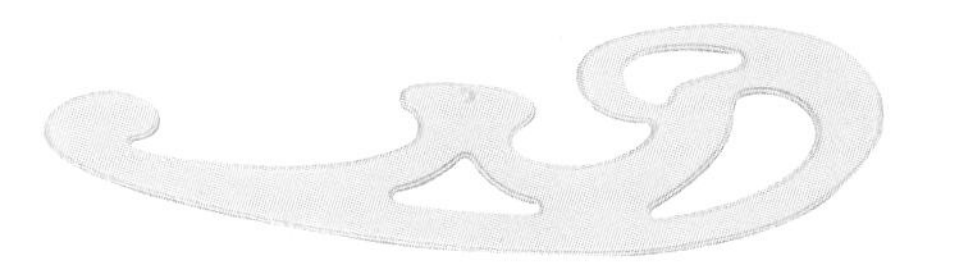

方格尺

透明材質，一般有 40、50 或 60 公分等長度，用來畫直線或標出直角時使用。

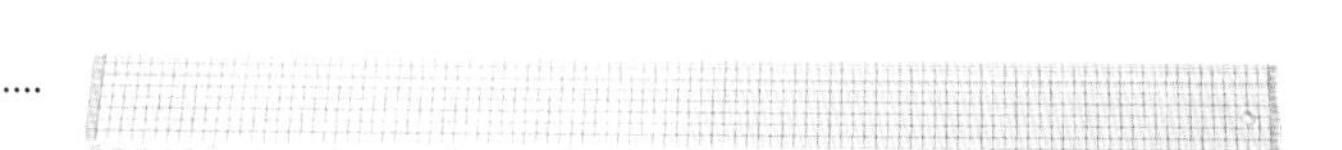

製圖用紙

建議使用牛皮紙或白報紙，或任何不透明的紙張都可以。配合作品的大小，紙張的尺寸要夠大張。

鉛筆

通常使用鉛筆來製圖，建議選用 B 以上的濃度，或參考本書 P9 介紹的筆。

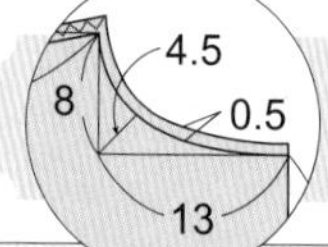

畫曲線

使用方格尺和曲線尺。

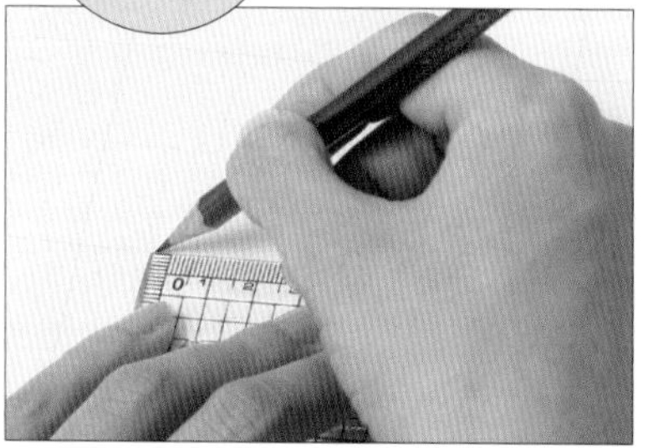

先用方格尺在想要畫曲線的地方畫直角，以上圖的曲線為例，橫向畫 13cm、縱向畫 8cm。

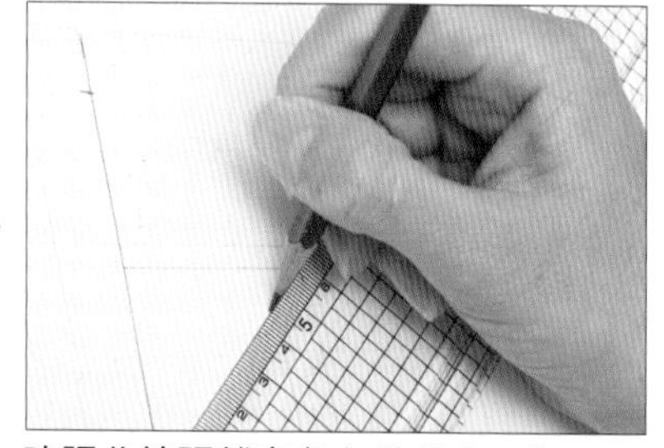

確認曲線距離直角有幾公分，加入一條輔助線。如左上圖例，輔助線是 4.5cm。

依照輔助線所標出的點，放置曲線尺並畫出曲線。如果沒有曲線尺，也可以徒手畫曲線。

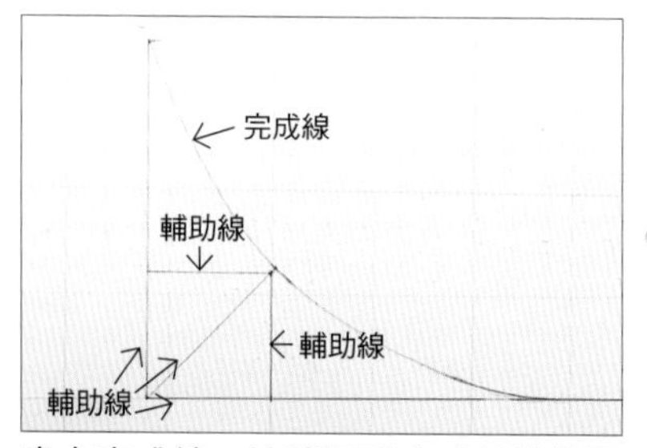

畫上完成線，接著再從完成線的外圍拉出縫份。

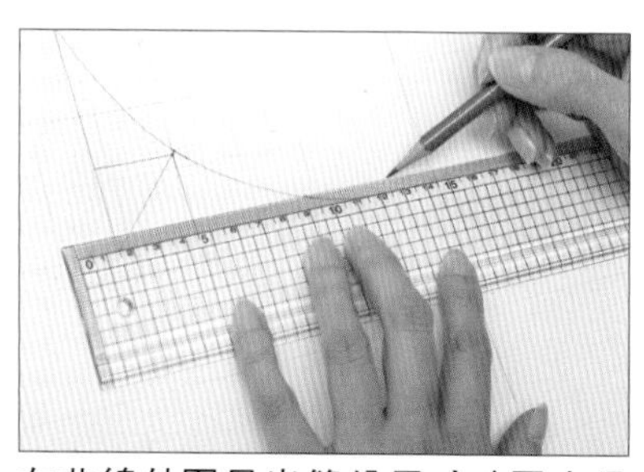

在曲線外圍量出縫份尺寸（圖中是 0.5cm），在曲線上以適當的間隔點上幾個點。

將這幾個點一一連接起來，用曲線尺或徒手畫皆可，畫出縫份的曲線（即裁剪線）。

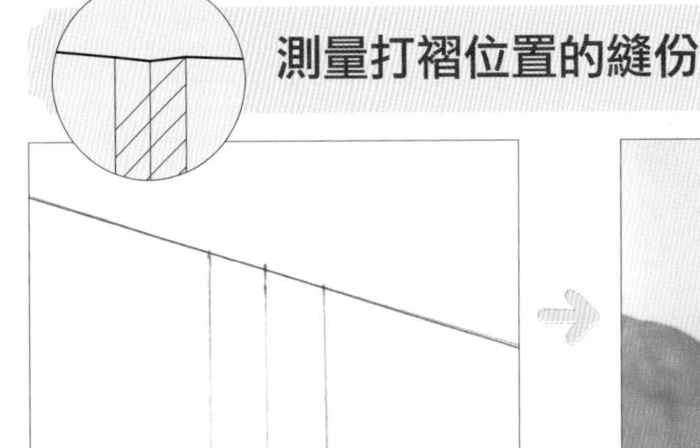

測量打褶位置的縫份

打褶的縫份要折疊起來繪製，如果在布料攤平的情況下測量，打褶高處的縫份會不夠。

先參考製圖畫斜線，量出打褶的位置。

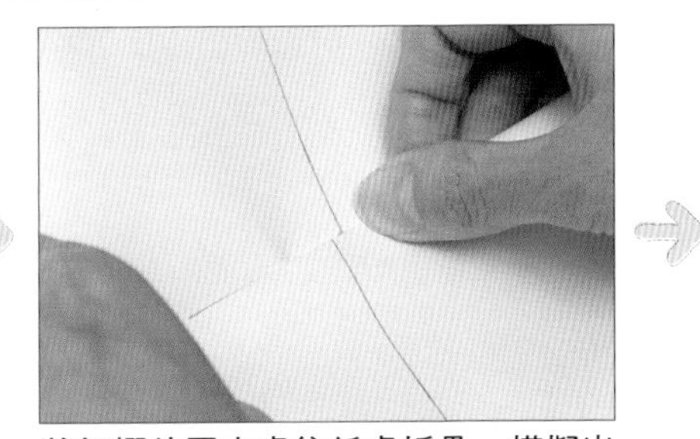

將打褶位置高處往低處折疊，模擬出打褶後的樣子。

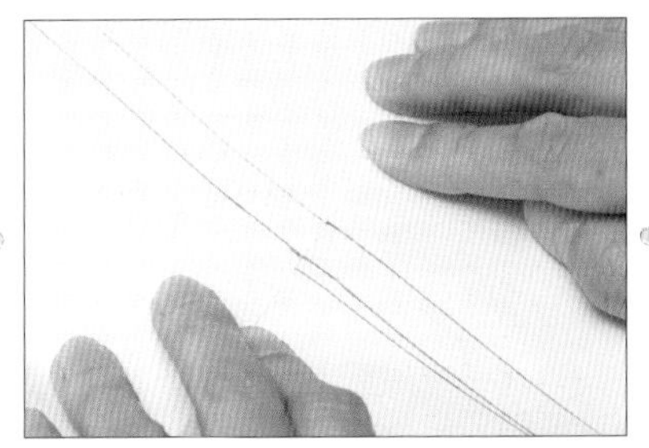

將折起來的紙型壓平，在此狀態下測量縫份尺寸，畫裁剪線。

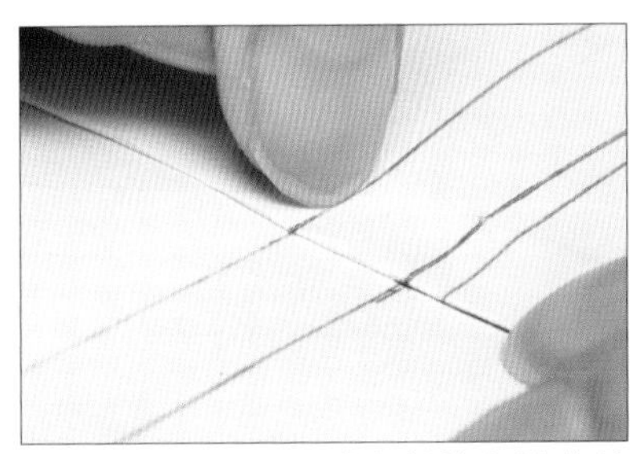

在折疊處，用指甲或尖銳物在拉直的線上按壓當作記號。

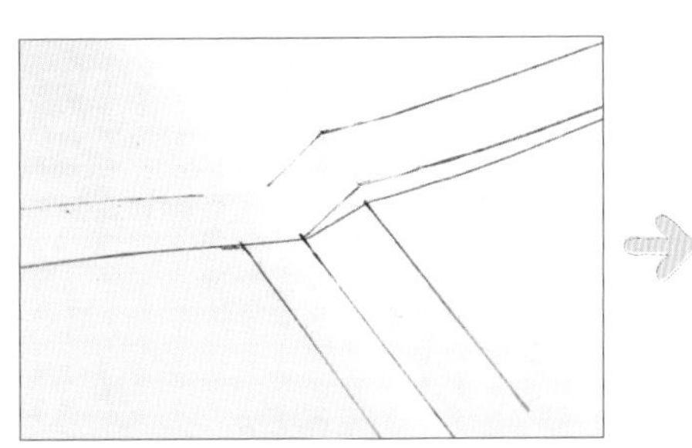

把紙型攤開來看，就可看出左邊有按壓出來的線（為看得更清楚，圖中以藍線標示）。

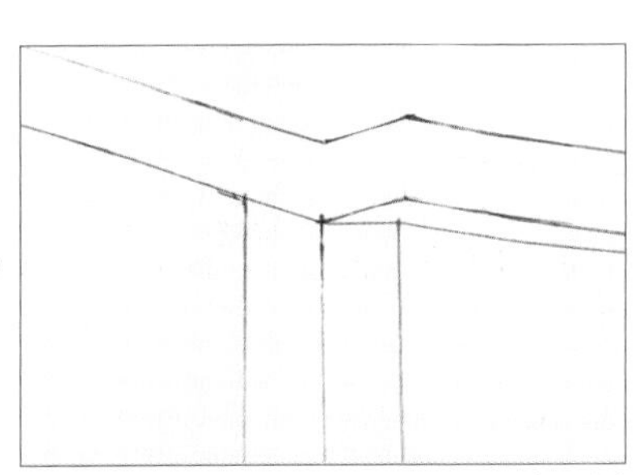

對齊用指甲按壓出的線和完成線，折疊起來。

測量下襬位置的縫份

下襬的處理方式通常是三折收邊（反折再反折），因此需要比較多的縫份。如果用一般情況測量縫份，布寬可能會不夠。

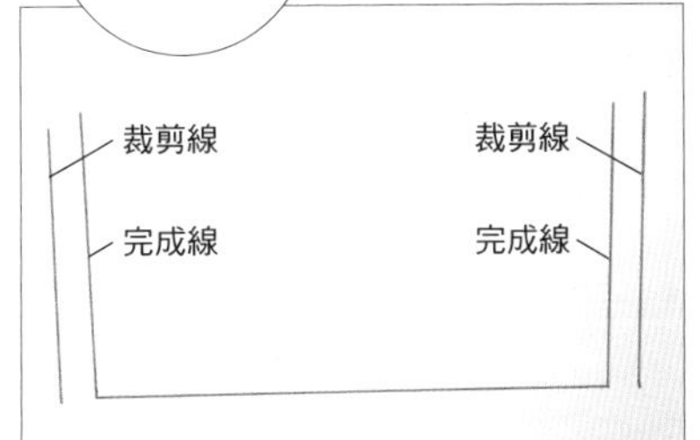

處理下襬位置的縫份時，兩邊的裁剪線先畫到下襬的完成線位置。

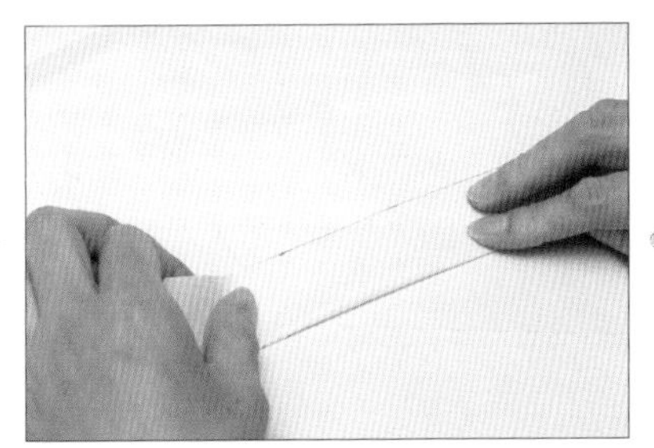

在完成線的位置上，將紙往內側折。

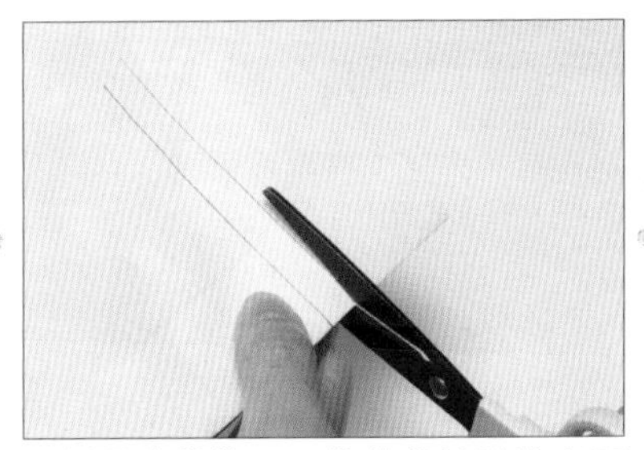

在折疊的狀態下，沿著裁剪線剪出下襬的部分。

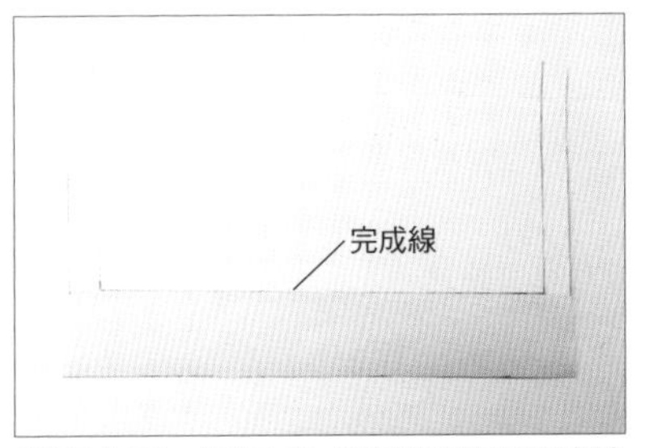

攤開來看，測量完成線延展到裁剪線的縫份長度。然後，測量反折時所需要的長度，延伸畫出裁剪線後即可剪下紙型。

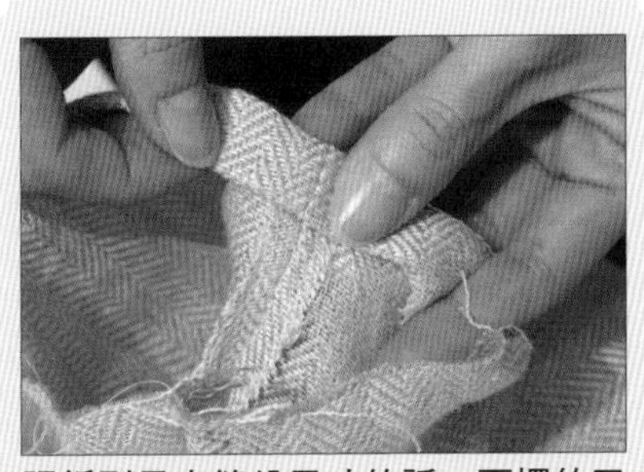

照紙型量出縫份尺寸的話，下襬的三折收邊會做得很漂亮工整。

只要照著做，下襬的布料就不會不夠用了喔！

完美固定鈕扣的方式

鈕扣大致可分成二孔扣、四孔扣和單腳鈕扣等種類，依據大小與材質，市面上可購買到各式各樣的設計。

種類

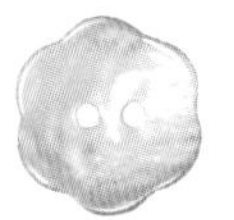

二孔扣
（材質／貝殼）

二孔扣
（材質／木頭）

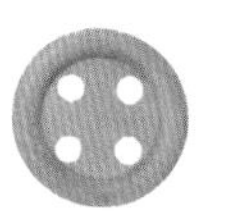

四孔扣
（材質／木頭）

四孔扣
（材質／塑膠）

單腳鈕扣
（材質／木頭）

支力鈕扣
（材質／塑膠）
※ 用途見下方說明。

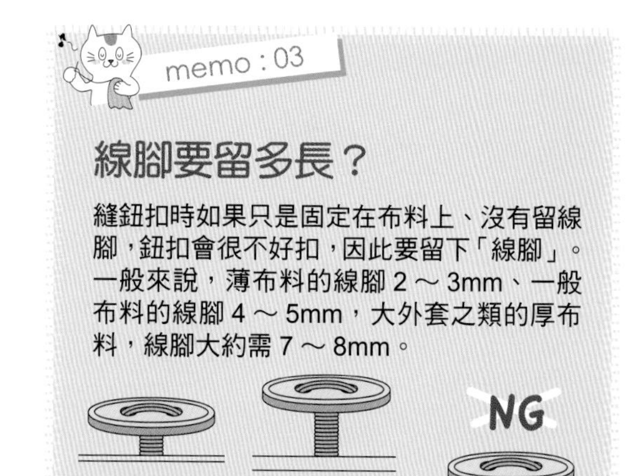

縫鈕扣的重點

二孔扣・四孔扣

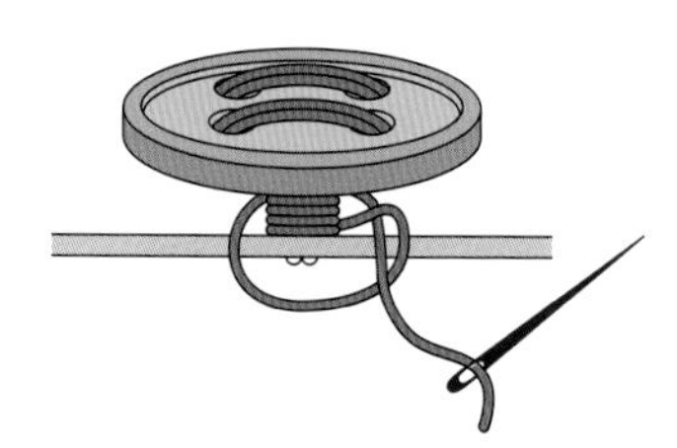

留下適當長度的線腳後，在鈕扣與布面之間來回穿縫 2 ～ 3 次，並在線腳處用線繞幾圈，包覆住線腳使其更為牢固（詳細說明請參照 P118）。

單腳鈕扣

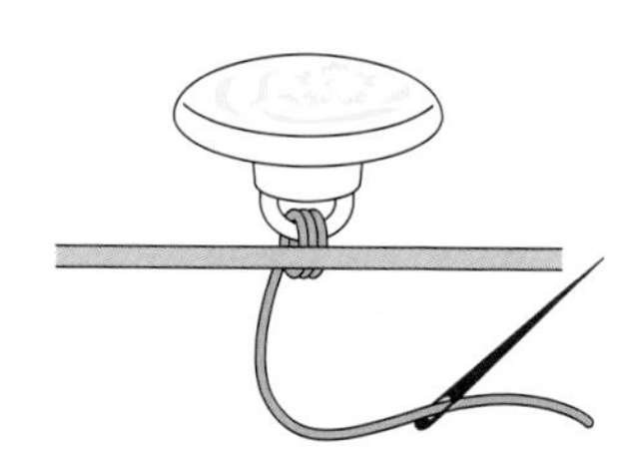

在鈕扣與布面之間來回穿縫3～4次。由於已經有扣腳，因此不必另外留線腳，但是如果再多留一點線腳，會縫得更牢固（詳細說明請參照 P66）。

支力鈕扣

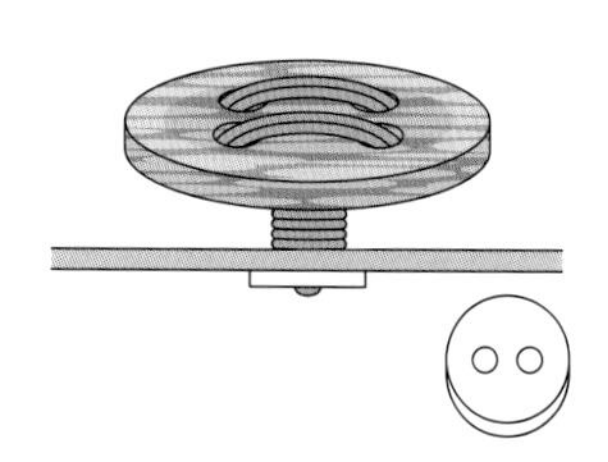

如果厚外套上的鈕扣較大，只靠線來固定是不夠的，此時布料反面要使用「支力鈕扣」來補強固定（如上圖的白色扣子）。先將線穿過支力鈕扣，再與上面的鈕扣一起固定在布料上。

手縫暗扣的重點

一組暗扣有凹凸兩個扣子，縫暗扣時的重點就在於對齊凹凸面。

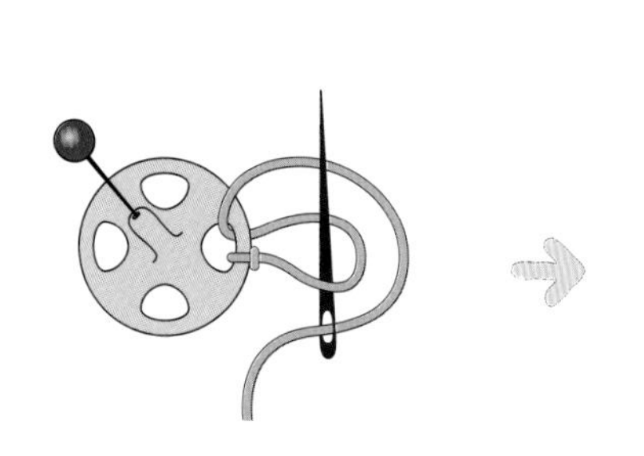

在預定縫扣的位置上放凸扣，手縫時在中心位置別上珠針，避免滑動。

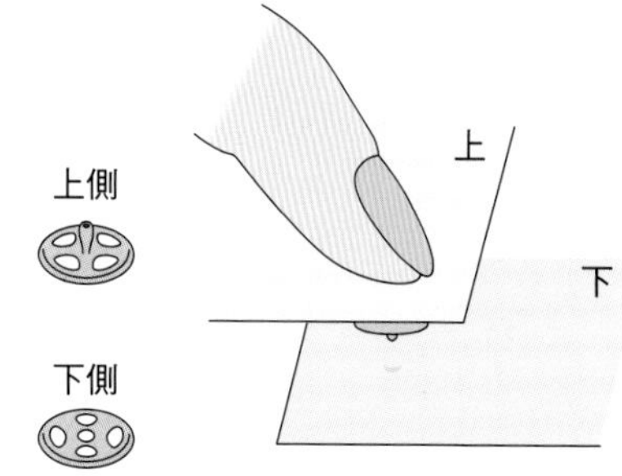

將凸扣按壓在要縫凹扣的位置，在布面壓出痕跡，如果布料不易壓出痕跡則使用珠針。

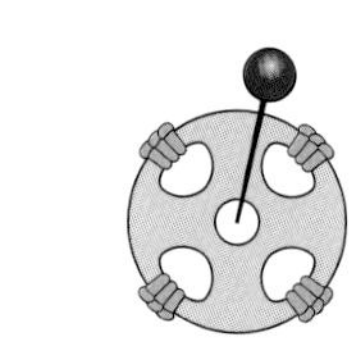

將凹扣的中心放在壓出痕跡的位置上，手縫時也要以珠針固定，避免滑動。（詳細說明請參照 P85）

Chapter 2 手縫一年級生的課表

開始手縫囉！
先將基本的直線縫法和藏針縫練習純熟後，就可以開始製作作品。
本章所介紹的作品只需要用到簡單的縫紉技巧，但學習的過程中也可以繼續吸收其他實用的裁縫知識喔！

直線針法

幾乎所有作品都會使用到的基本縫法。
最常見的直線手縫針法稱為「平針縫」。
首先，讓我們從穿線開始學習吧！

請準備好線和布，開始練習基本縫法！

穿線

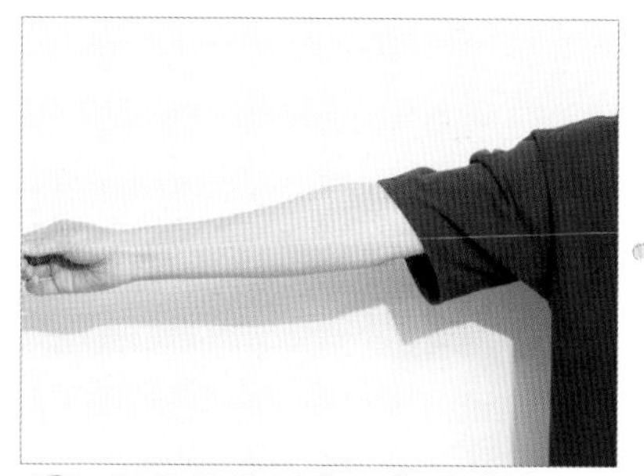

1 量取線的長度，與手臂等長左右的長度最佳。

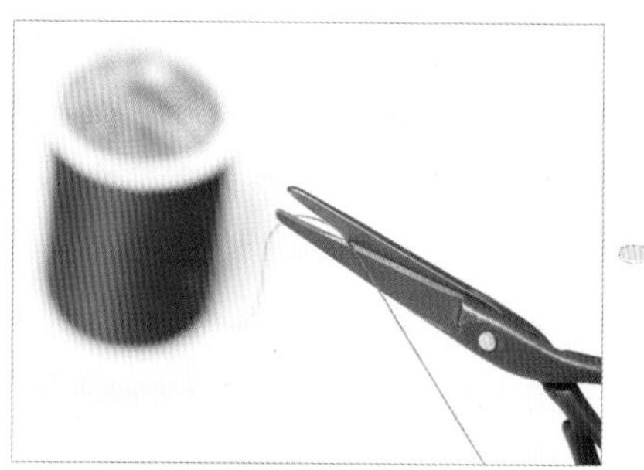

2 剪線。斜著下刀，讓線的前端比較細，比較容易穿過針孔。

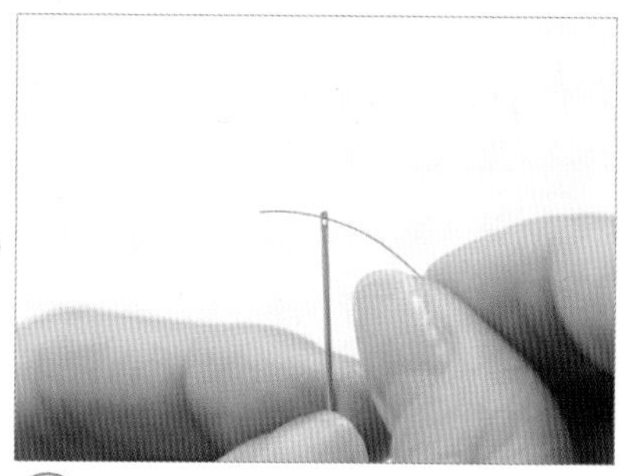

3 將線穿進針孔。也可以使用「穿線器（P10）」。

打結

用手指打結

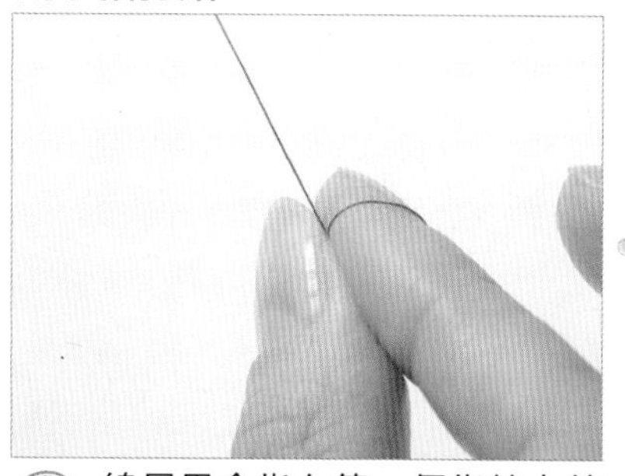

1 線尾用食指在第一個指節上繞一圈半。

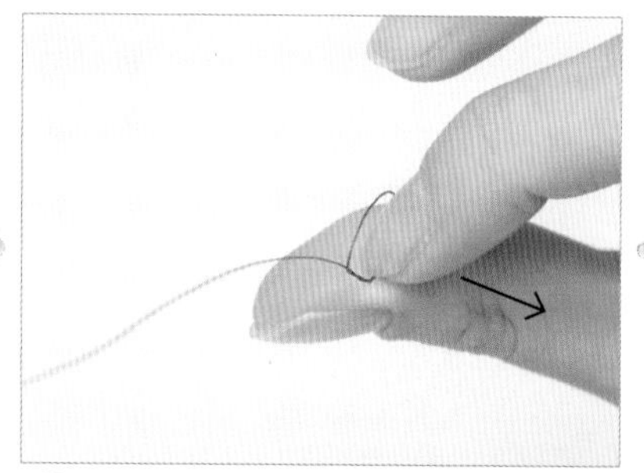

2 用拇指和食指將重疊的線輕輕搓合在一起。

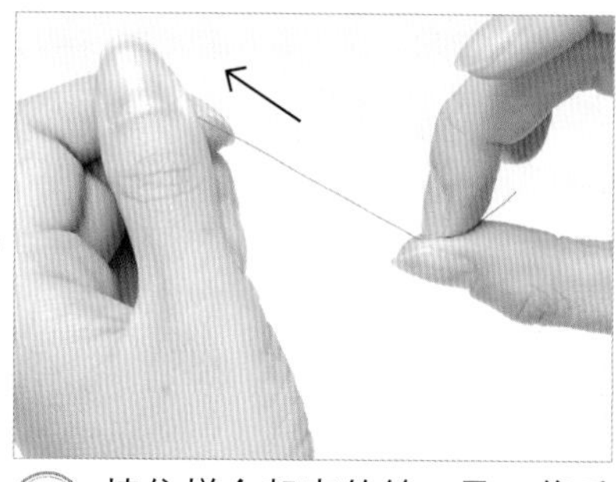

3 按住搓合起來的線，另一隻手拉出線的另一端，就能打好一個結。

用針打結

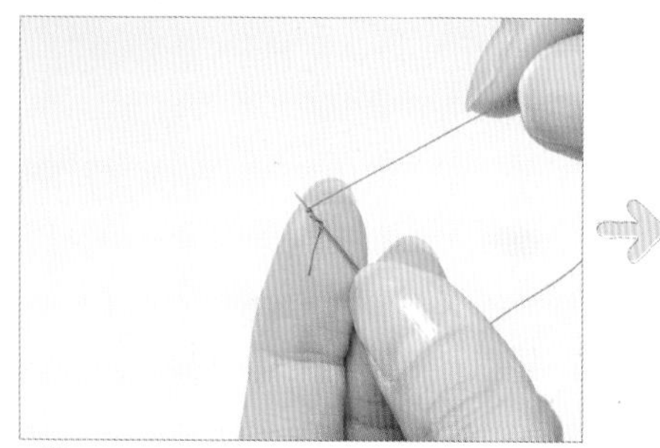

1 將線尾在針上繞兩圈。

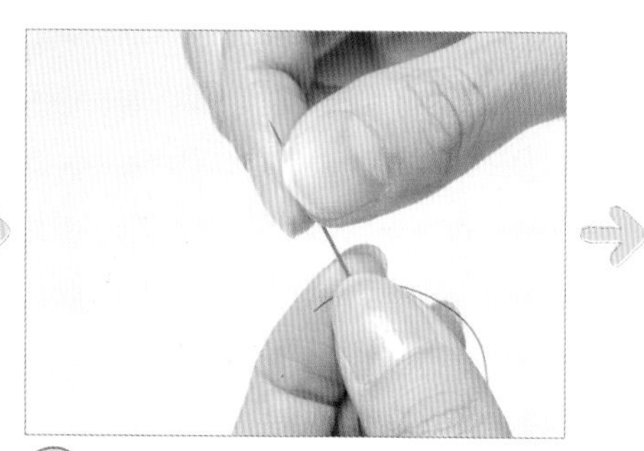

2 用手指緊緊按住繞好的線。

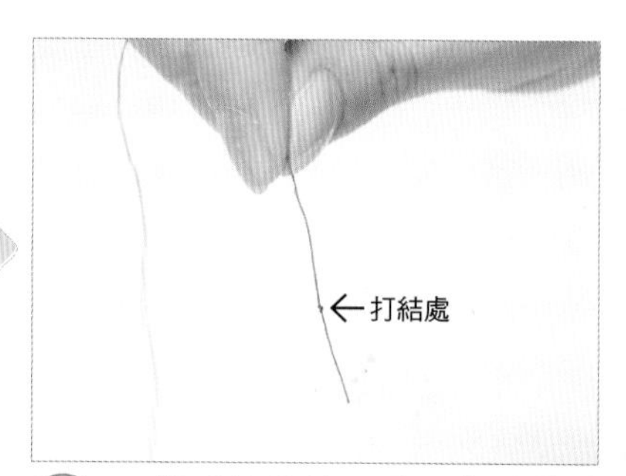

3 一隻手按著線，另一隻手將針抽出，就能打好一個結。

開始手縫

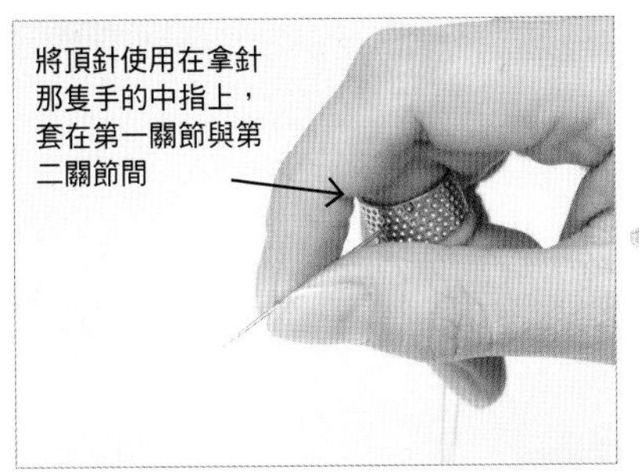

① 用拇指與食指抓著針，針頭與頂針之間呈直角。

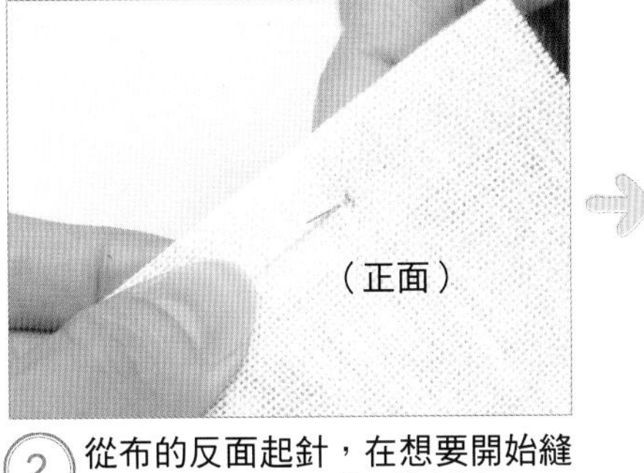

② 從布的反面起針，在想要開始縫的位置上插下一針分的長度。

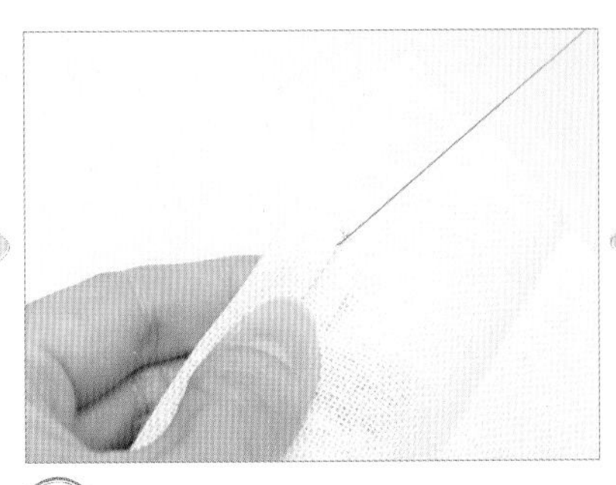

③ 抽出線。

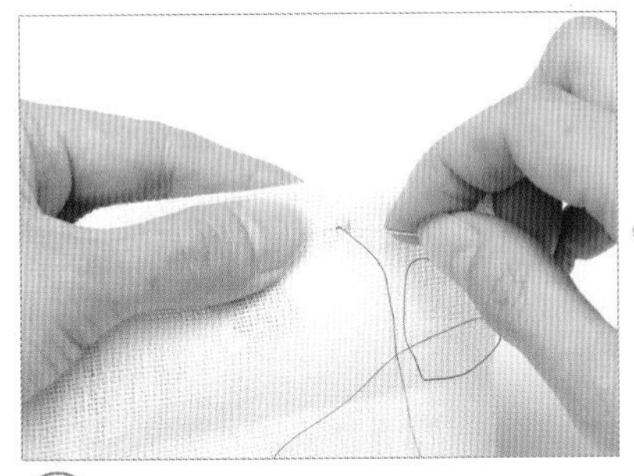

④ 在想要開始縫的位置插入針。

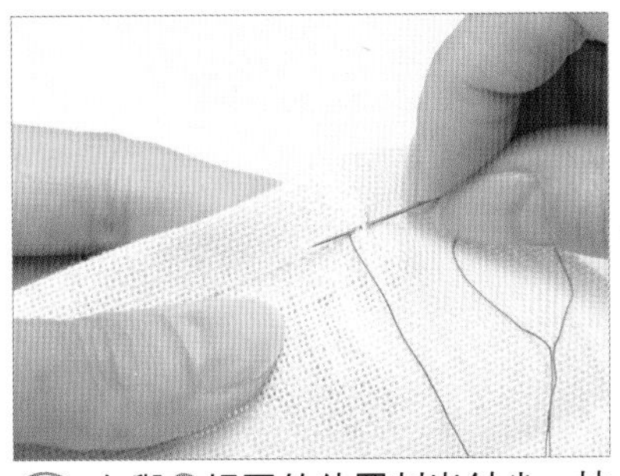

⑤ 在與③相同的位置刺出針尖、拉出縫線。

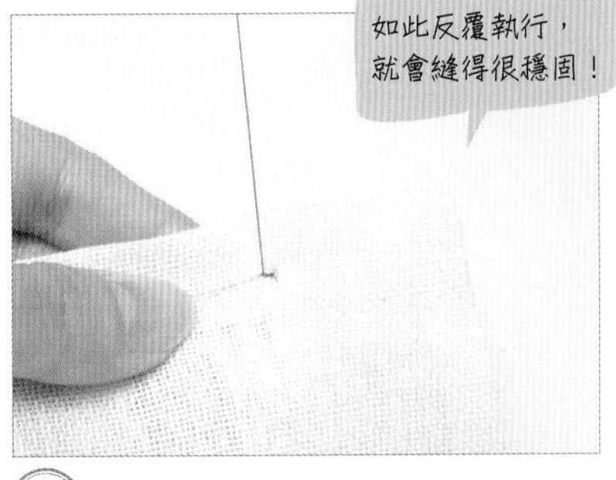

⑥ 這樣就完成了一針回針縫。

平針縫

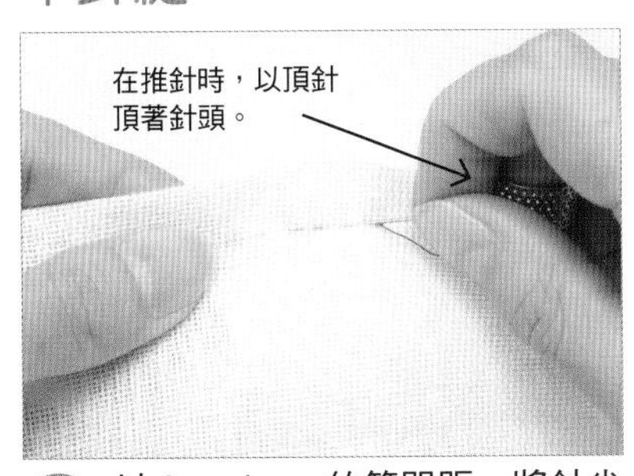

① 以 3 ～ 4mm 的等間距，將針尖穿過布面。

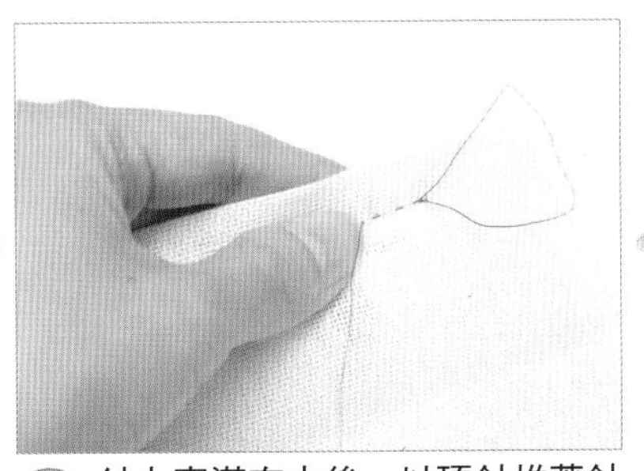

② 針上穿滿布之後，以頂針推著針頭，從布中拉出針。

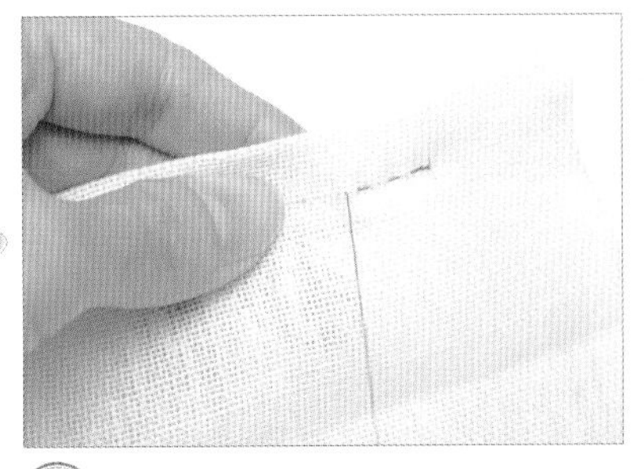

③ 重複①、②的步驟。

調整縫線

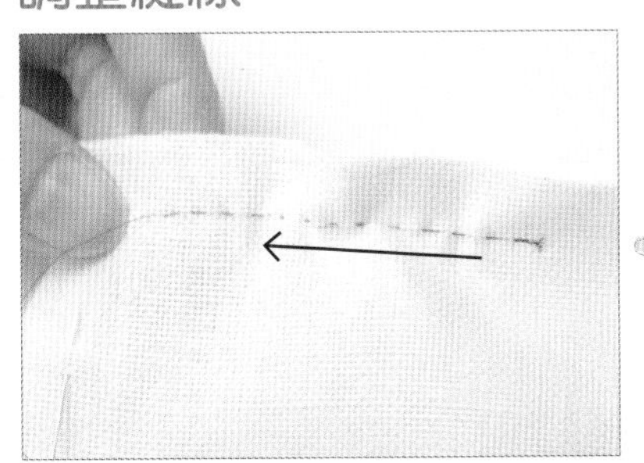

① 如果縫到一半發現布縮在一起，從起針的那一側，用手指拉平布面。

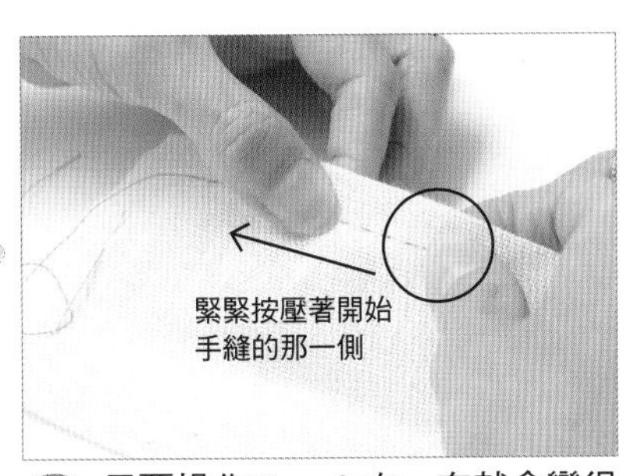

② 反覆操作 2 ～ 3 次，布就會變得平整。

為了能漂亮收尾，這是很重要的步驟喔！

結束手縫

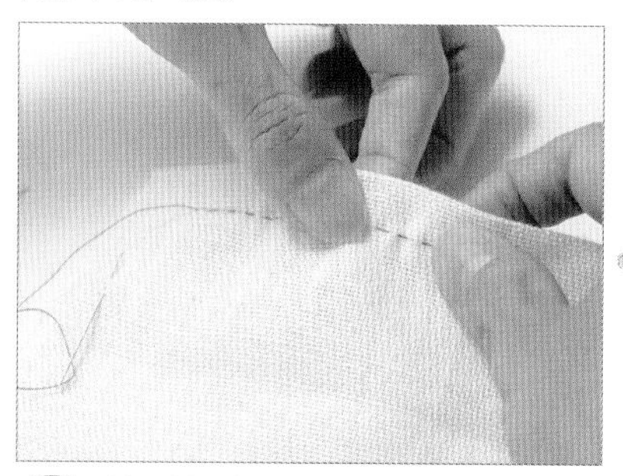

1 縫到結束的位置時，調整縫線使布變得平整。

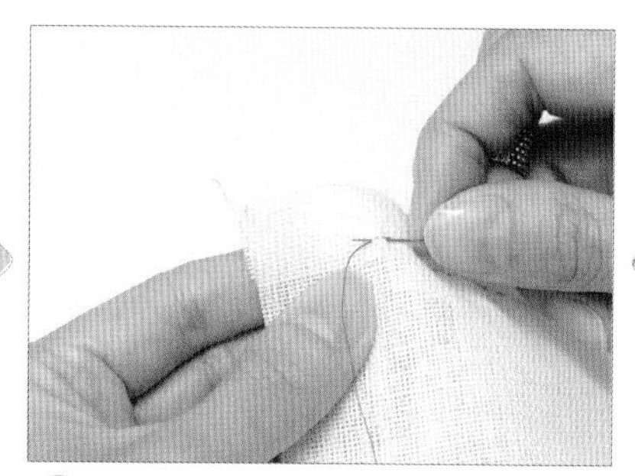

2 和開始手縫時的步驟相同，縫一針回針縫。

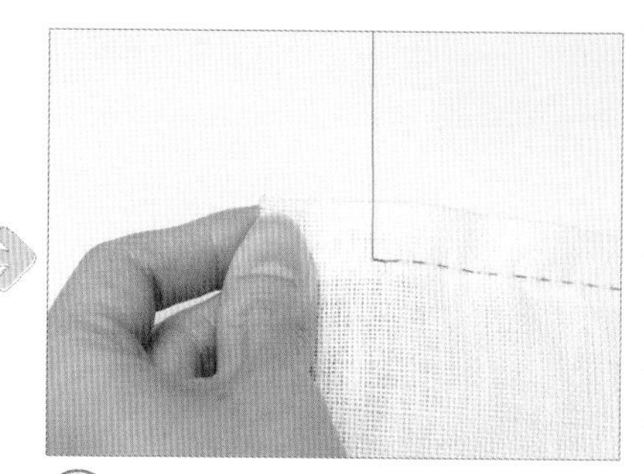

3 在結束的位置抽出針尖，拉出縫線。

收尾結

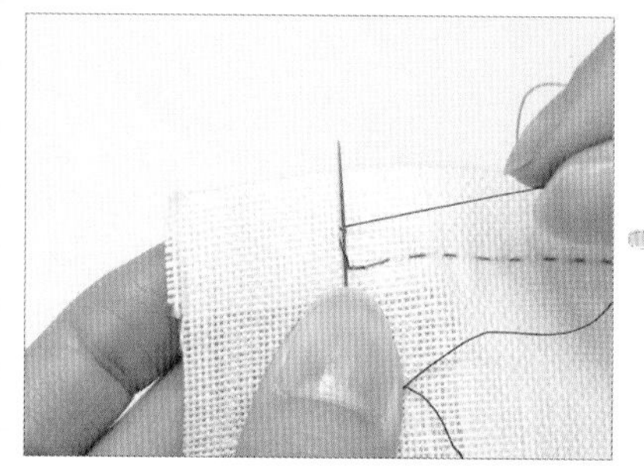

1 將針放在如上圖縫完的位置，用線繞針 2～3 圈。

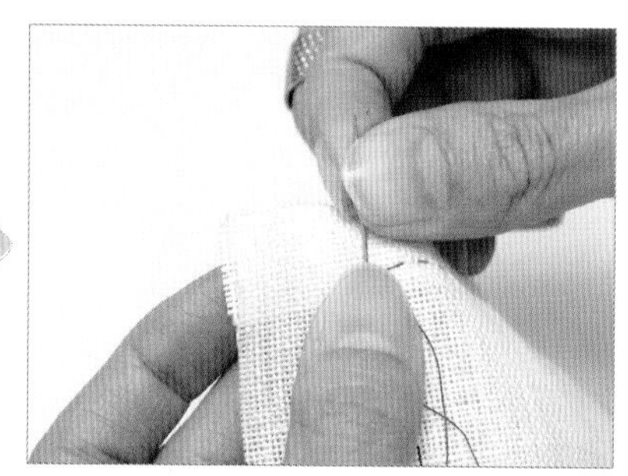

2 將線拉緊並進量貼近布面，用手指按壓住繞線的地方，往上抽出針。

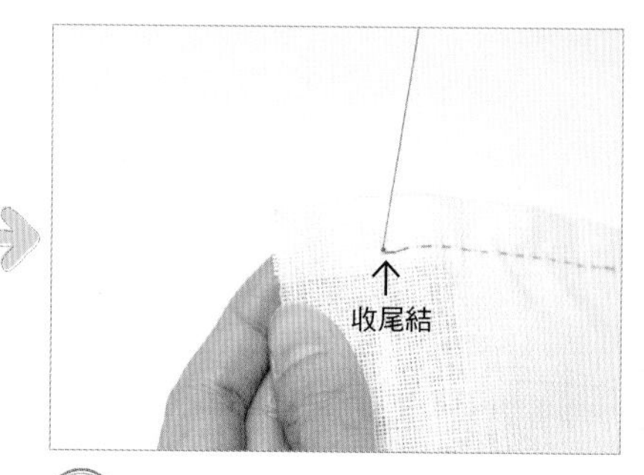

3 打好收尾結後，剪線。

直線針法的變化

因為平針縫的針距長度比較大，如果布料比較厚或是具有彈性，建議使用「半回針縫」。全回針縫則用在想要縫得特別牢固的情況。

半回針縫

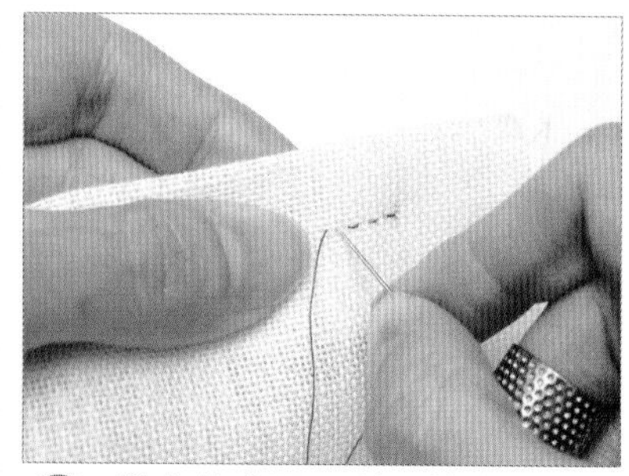

1 從布的背面下針，拉出線後往左約 0.3cm 的位置入針，再往左約 0.5cm 的位置出針。

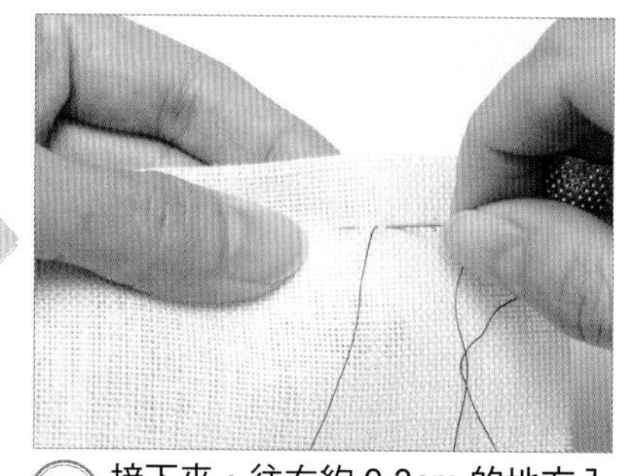

2 接下來，往右約 0.3cm 的地方入針，往左約 0.5cm 的位置出針。

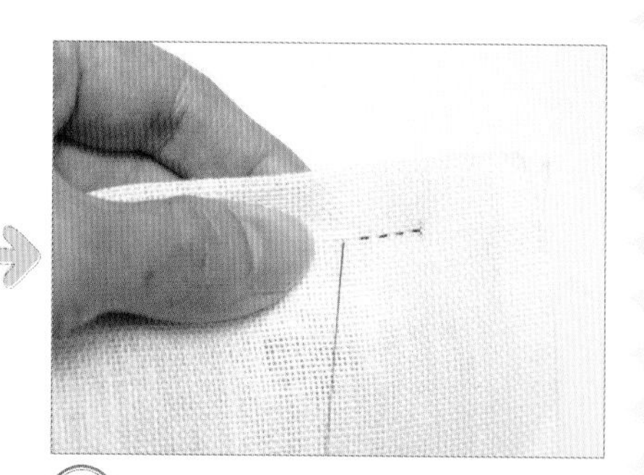

3 將線拉出，重複以上相同步驟。

全回針縫

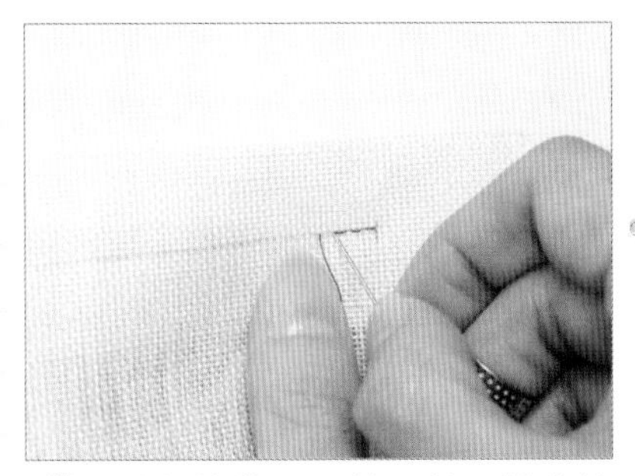

① 從布的背面下第一針，拉出線後往左約 0.3cm 的位置入針，接著再往左約 0.3cm 的位置出針。

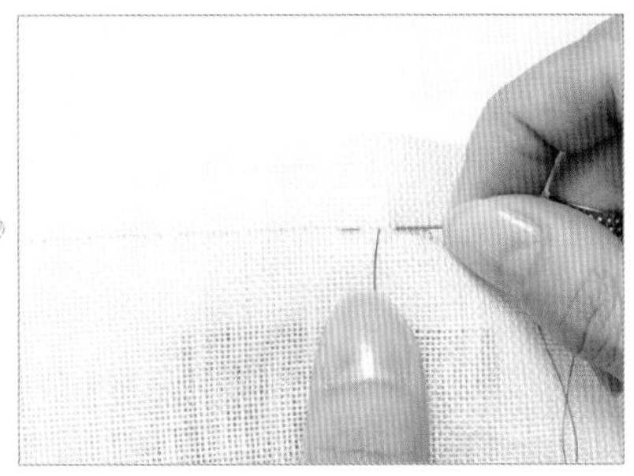

② 回到原來出針的地方入針，再往左約 0.3cm 的位置出針。

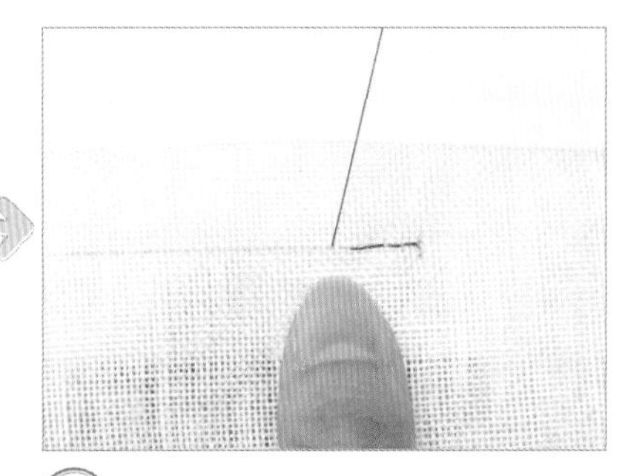

③ 將線拉出，重複以上相同步驟。

各種直線針法

比較以下平針縫、半回針縫、全回針縫這三種直線縫法的正面和背面。
從背面看各種縫法的樣式，較能清楚了解這幾個縫法接縫布料的牢固程度。

平針縫

最常用的縫法，正反面的針距長度均相同。

正面

反面

半回針縫

正面看起來跟平針縫很像，但背面的縫線有部分重疊。

正面

反面

全回針縫

正面呈連續不中斷的接縫，背面的線呈重疊狀。

正面

反面

挑縫法

以下縫法可以讓表面看不出縫紉的痕跡，常使用在改短下襬或袖口等需要布料包覆的折邊。

斜針縫

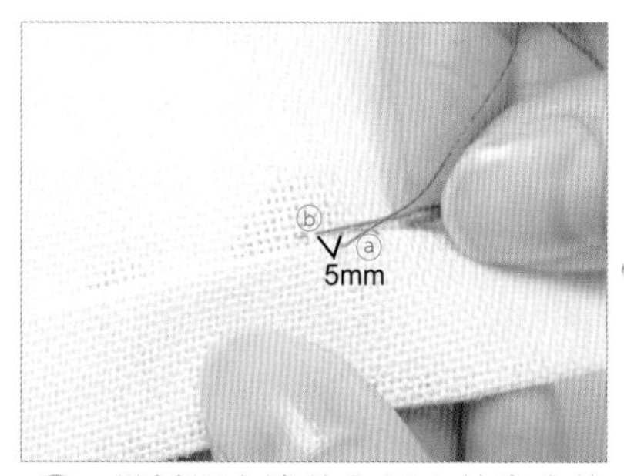

① 從折好布邊的內側向外穿出第一針（ⓐ）後，往前5mm的位置，用針尖挑起上方表布的1～2根紗線（ⓑ）。

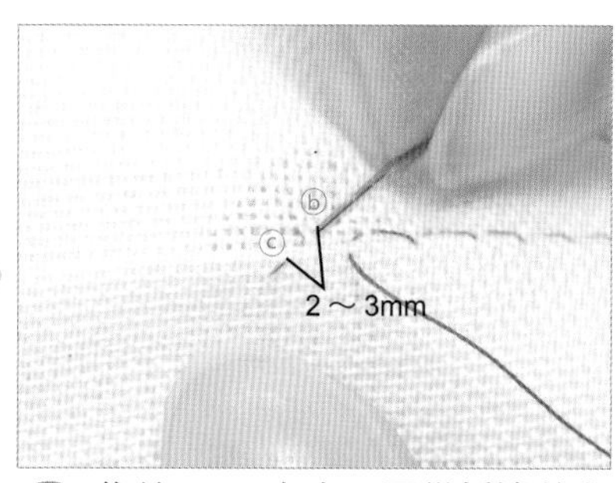

② 往前5mm左右，再從折邊的內側入針（ⓒ），將線拉出。

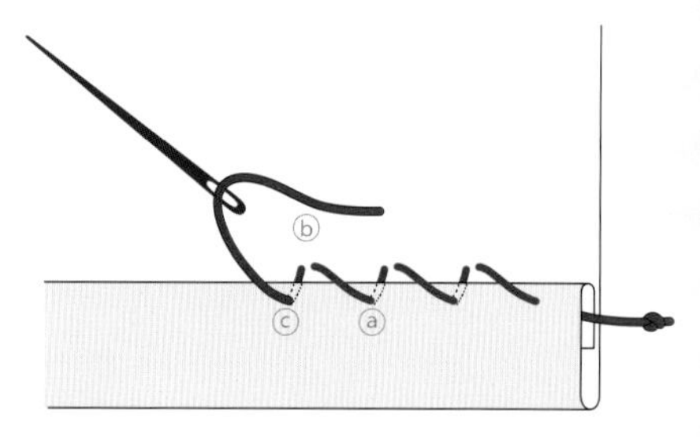

重複ⓐ～ⓒ的步驟，此為「斜針縫」。

藏針縫

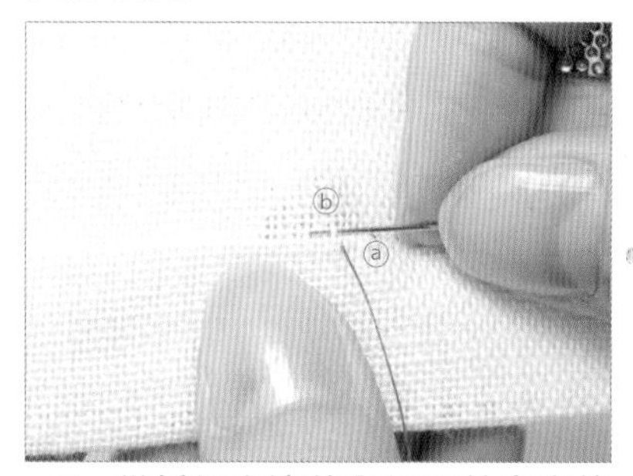

① 從折好布邊的內側向外穿出第一針（ⓐ），隨即挑起上方表布的1～2根紗線（ⓑ）。

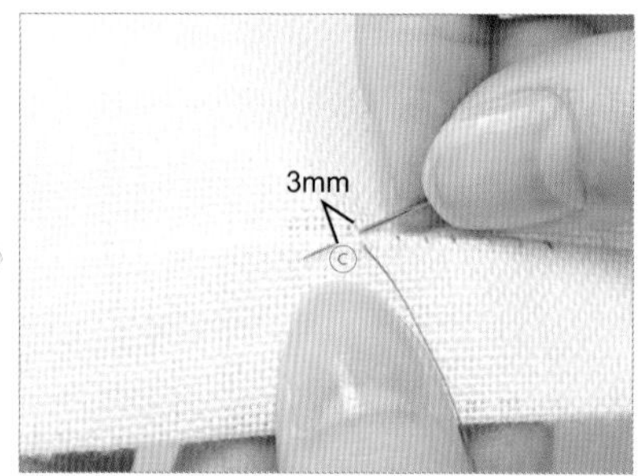

② 將線拉出，往前3mm左右，再從折邊內側入針（ⓒ），將線拉出。

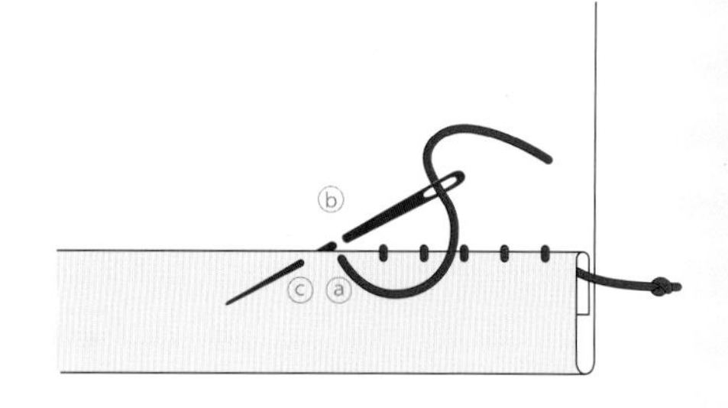

重複ⓐ～ⓒ的步驟，此為「藏針縫」。

對針縫

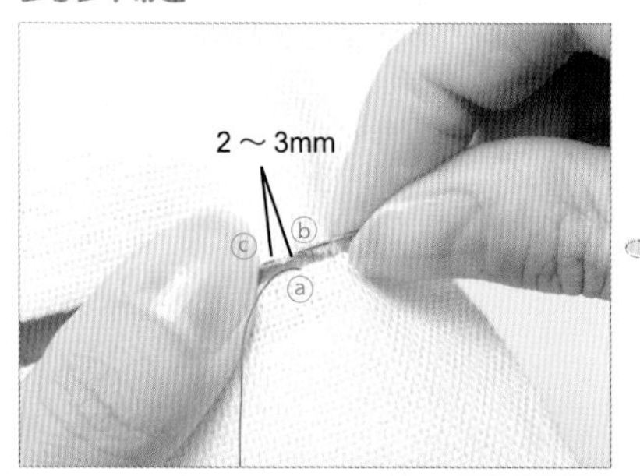

① 接合兩塊有折邊的布料，從近身那塊布的折邊內側入針（ⓐ），在另一塊布的折邊垂直插針約2～3mm，將線拉出（ⓑ、ⓒ）。

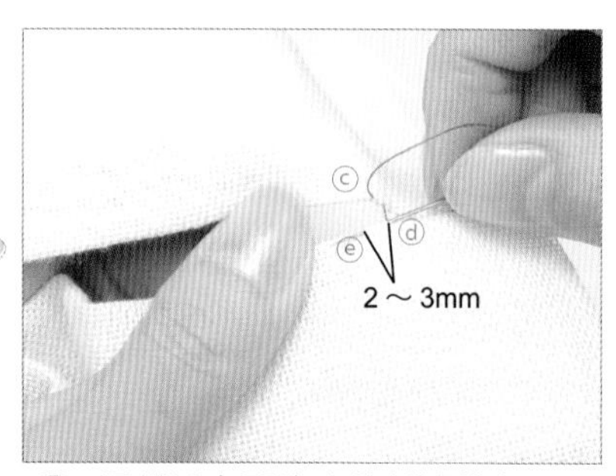

② 再從近身那塊布的折邊挑起2～3mm（ⓓ、ⓔ），將線拉出。

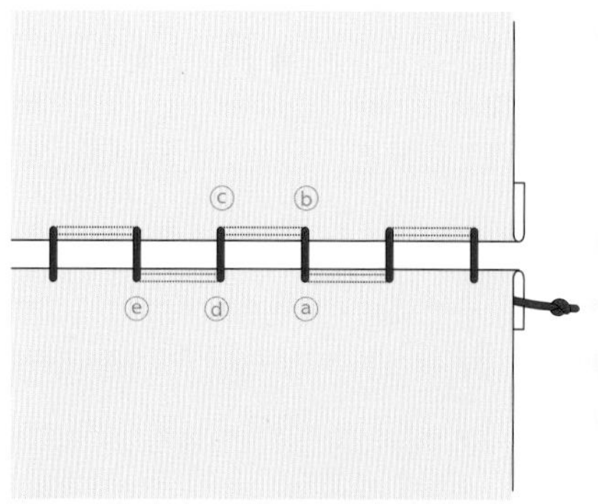

重複ⓐ～ⓔ步驟，像畫ㄇ字形般地縫合兩塊布，此為「對針縫」。

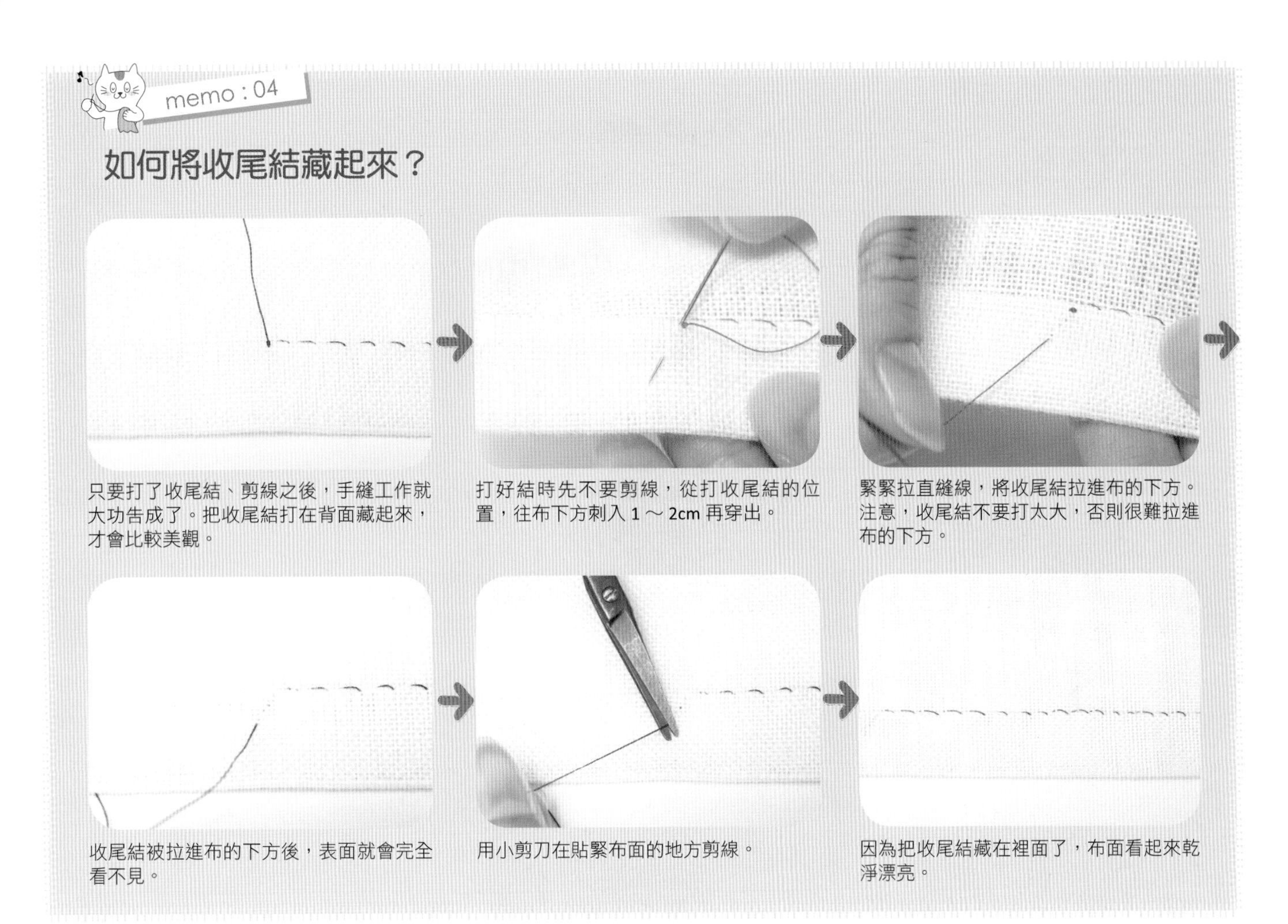

如何將收尾結藏起來？

只要打了收尾結、剪線之後，手縫工作就大功告成了。把收尾結打在背面藏起來，才會比較美觀。

打好結時先不要剪線，從打收尾結的位置，往布下方刺入 1 ～ 2cm 再穿出。

緊緊拉直縫線，將收尾結拉進布的下方。注意，收尾結不要打太大，否則很難拉進布的下方。

收尾結被拉進布的下方後，表面就會完全看不見。

用小剪刀在貼緊布面的地方剪線。

因為把收尾結藏在裡面了，布面看起來乾淨漂亮。

各種挑縫法

依照不同用途，挑縫法有各種變化。以下我們來比較看看 P26 裡三種縫法的特色。

斜針縫

通常用於裙子和褲子的下襬收尾等地方。

正面

反面

藏針縫

跟斜針縫比起來，這個縫法可以縫得更牢固。

正面

反面

對針縫

不論從正面或是反面都看不到接縫，用於接合返口等情況。

正面

反面

解決常見的困擾

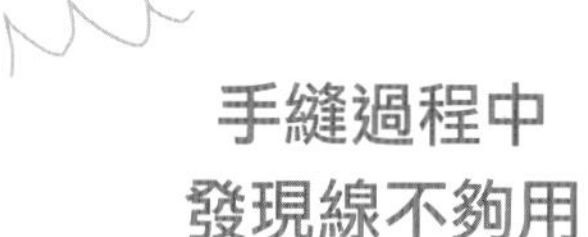

手縫過程中
發現線不夠用

↓

疊接續縫。

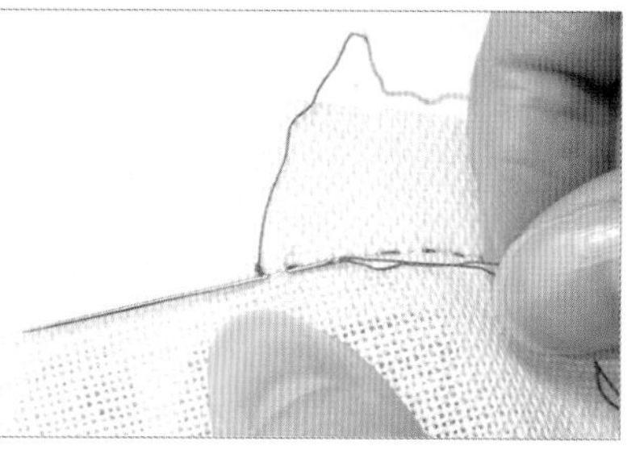

1 在縫線足夠可以做收尾結的時候，先打收尾結，縫一針回針縫，剪線。

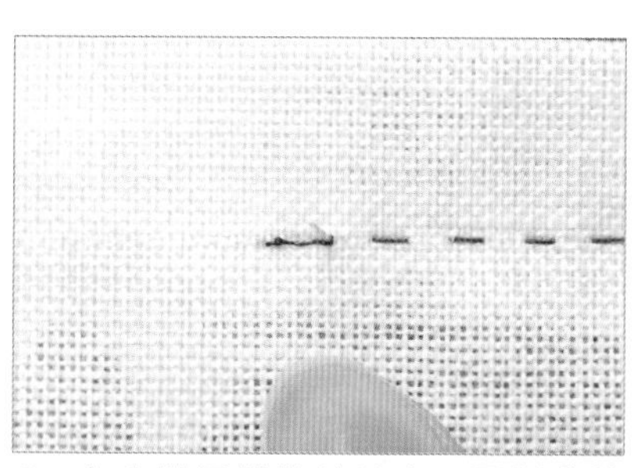

2 在 1 做回針縫的地方，用新穿的針線穿出針尖。

※為了方便辨識，圖中用其他顏色的縫線。

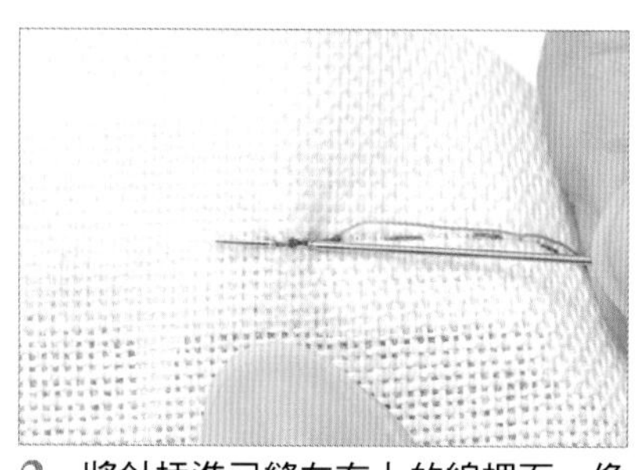

3 將針插進已縫在布上的線裡面，像要把線分開的感覺。

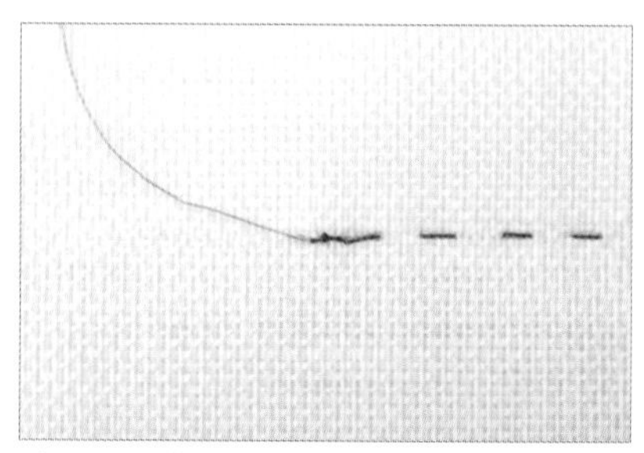

4 接下來按正常狀況繼續縫即可，這個接線的步驟稱為「疊接」。

縫到一半發現
縫線歪斜

用針的朝向比對縫線。

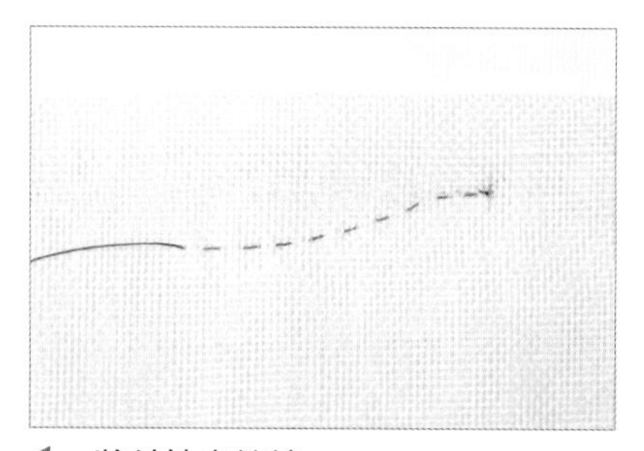

1 將針抽出縫線。

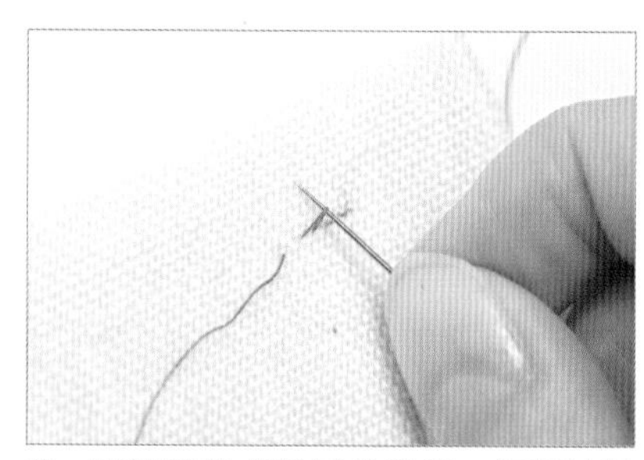

2 用拆線器或錐子的前端，仔細地把線拆掉，一直拆到開始歪斜的地方。參考下方的註解，重新縫過。

如何避免縫線歪斜？

重點在於筆直地運針！

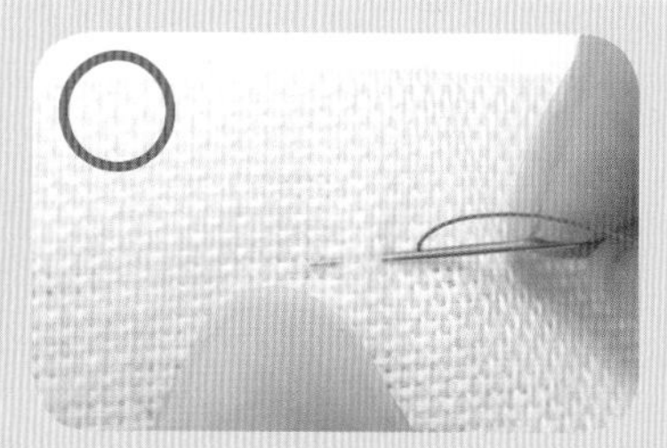

與縫線平行，筆直地下針。

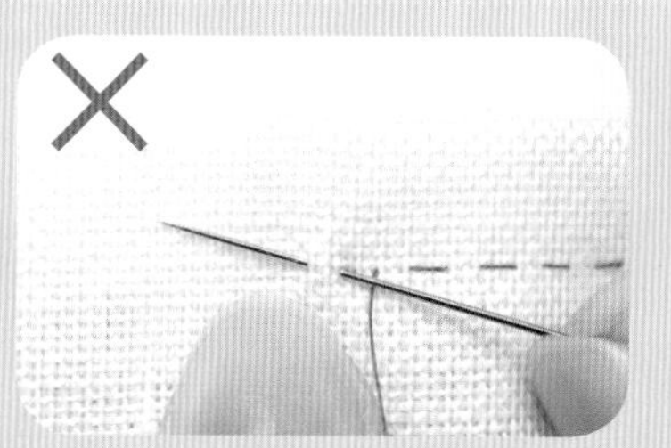

在歪斜的狀態下針的話，即使只有一點點歪斜，繼續縫下去的話，就會變得愈來愈歪。

縫針斷了

安全處理斷針。

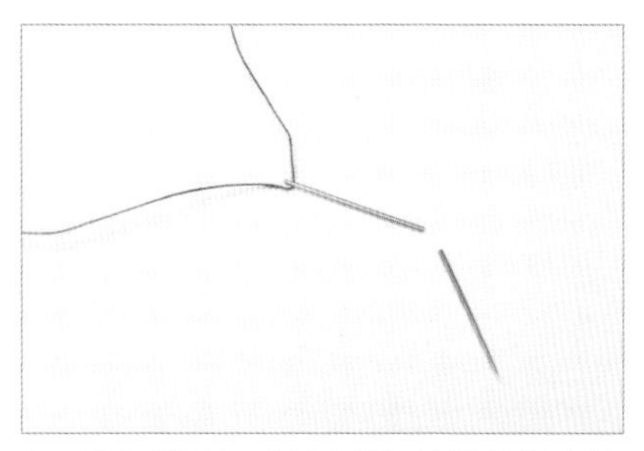

1 不要慌張，慢慢地將針從縫線上抽下來。

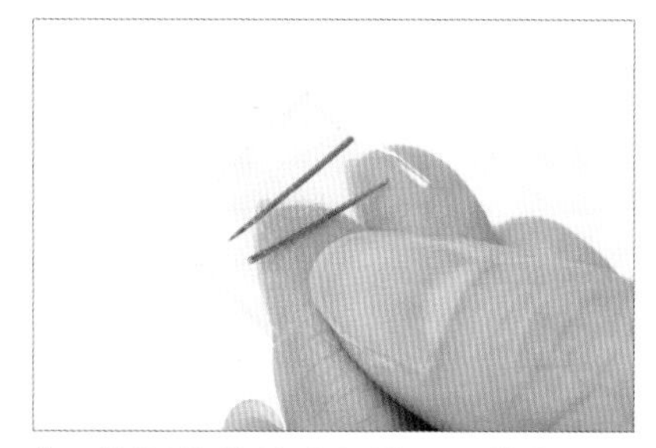

2 將斷掉的針貼在透明膠帶上，再用紙包起來，放進加蓋的容器裡，以免處理垃圾的清潔員不慎刺傷。

線糾纏在一起

用針尖把糾纏的地方仔細挑開。

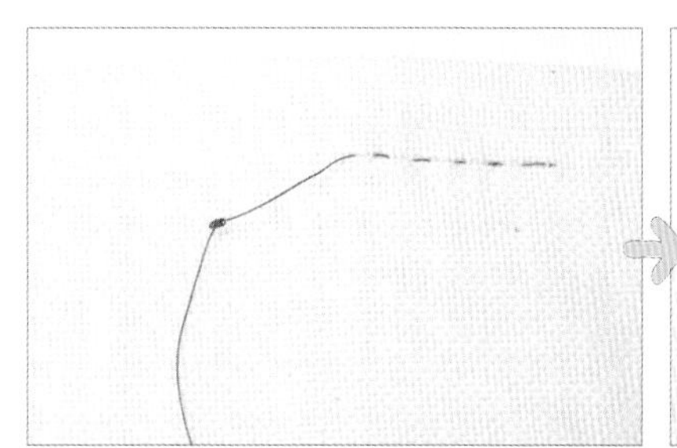

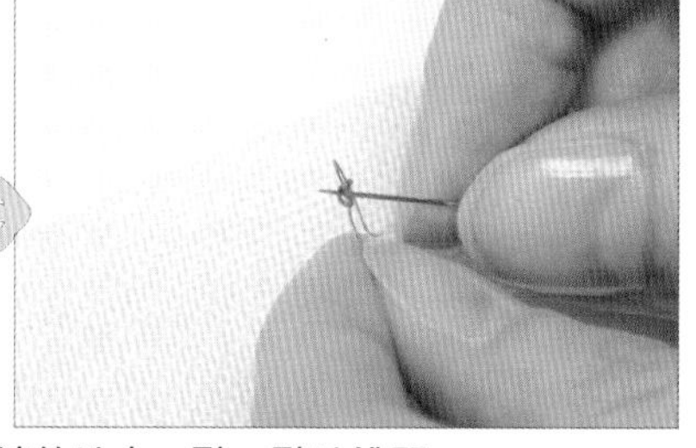

不要用力亂扯，用針尖等尖細物，將糾纏的地方一點一點地挑開。

memo : 06

如何避免縫線糾纏在一起？

在穿好線之後，只要多做以下這個「彈線」的動作，即使取了很長的縫線，也不容易糾纏在一起。
可以多彈幾次線喔！

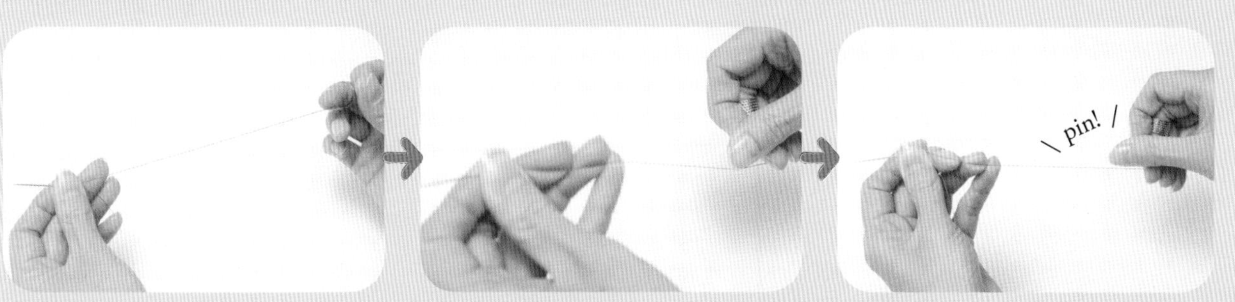

將縫線穿過針孔後，兩手分別緊緊抓著針和線尾。

用抓著線尾的拇指撥彈縫線，直到發出「pin」的聲響。

Lesson 1

日式鄉村束口袋

大容量款

可用來收納小物件又方便攜帶的束口袋，
是許多女孩的生活必需品。
只要會縫直線，就能輕鬆完成這款四角設計束口袋。
將縫份燙開往內折後手縫固定，
就能避免布邊綻線的問題。

達人小祕訣

❶ 以「包邊縫」處理縫份
❷ 在袋口穿緞帶

包邊款
這個款式增加了包邊和裡布，
雖然製作上稍微提高了難度，
但袋口的滾邊讓成品看起來更為精緻。
裡布的縫法和表布完全一樣，
只要重疊在一起，就可以輕鬆拼接起來。
達人小祕訣
❶ 縫製袋底
❷ 袋口的滾邊處理

日式鄉村束口袋／大容量款 pouch

完成尺寸

20×22cm

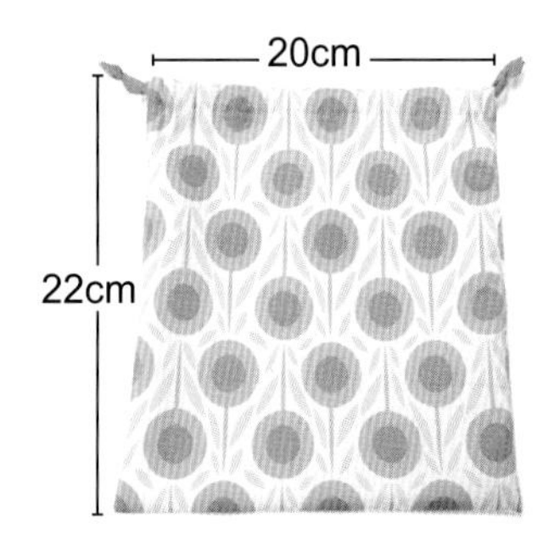

版型排列

※ 單位：cm

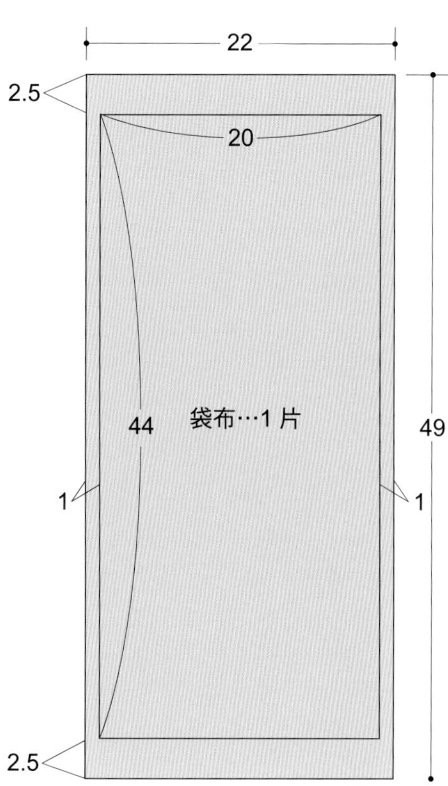

材料

本體布：棉 22×49cm
緞帶：1cm 寬 ×50cm…2 條

1. 對折後縫合兩邊

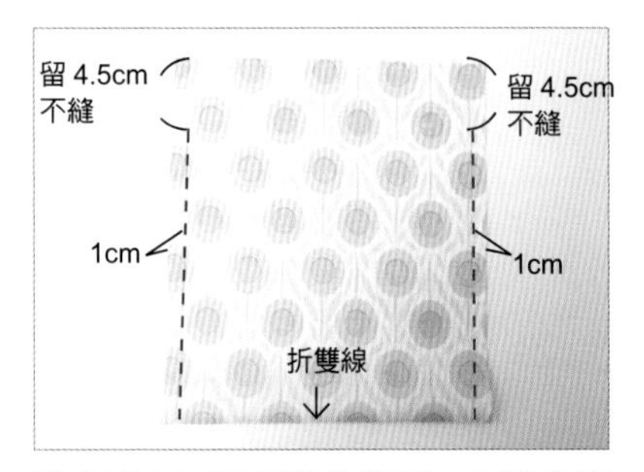

將本體布正面相對後對折，兩邊各留 1cm 縫份，以平針縫縫合兩邊。

2. 在縫份上做牙口

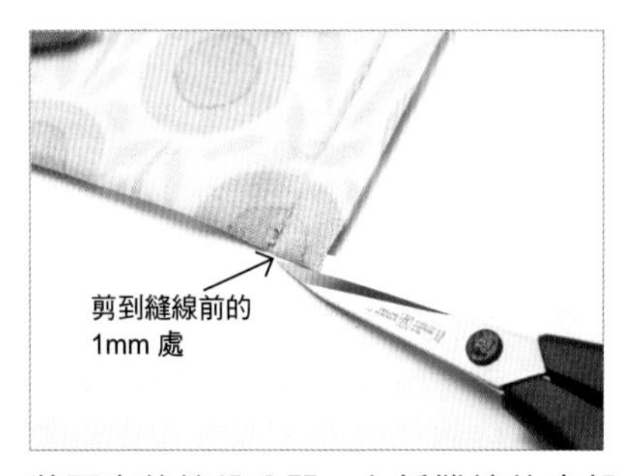

將兩旁的縫份分開，在折雙線的底部縫份上剪一個牙口。

3. 縫份燙開後往內折

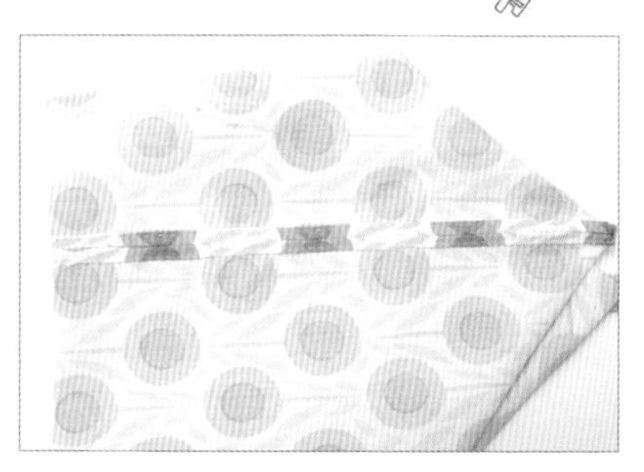

將縫份燙開後以平針縫固定，請參考右頁的「達人小祕訣」。

達人小祕訣

以「包邊縫」處理縫份

此為處理縫份的方法之一，將布邊往兩邊燙開後往內折，再以平針縫固定。

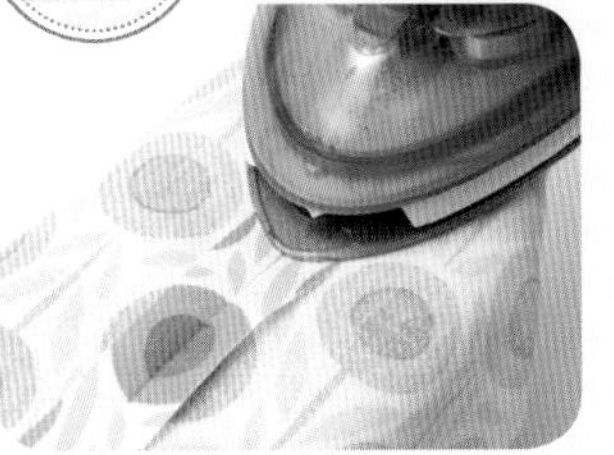

1 分開縫份，用熨斗燙平。

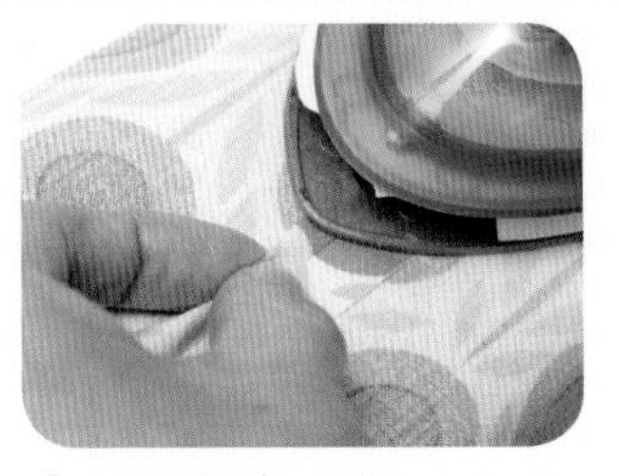

2 將布邊往內側折 5mm，用熨斗燙平。

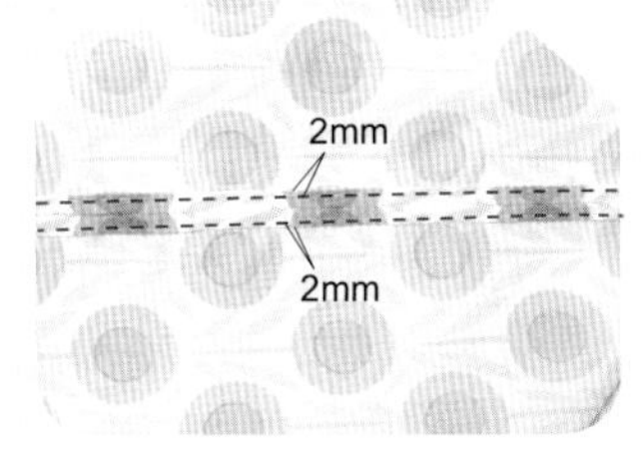

3 在距離折痕 2mm 的位置，用平針縫將縫份固定在表布上。

4 正面會看到縫線，因此請仔細地縫漂亮。

在袋口穿緞帶

使用穿繩器，就可以快速穿好緞帶、繩子、鬆緊帶等，也可以用安全別針來取代穿繩器。

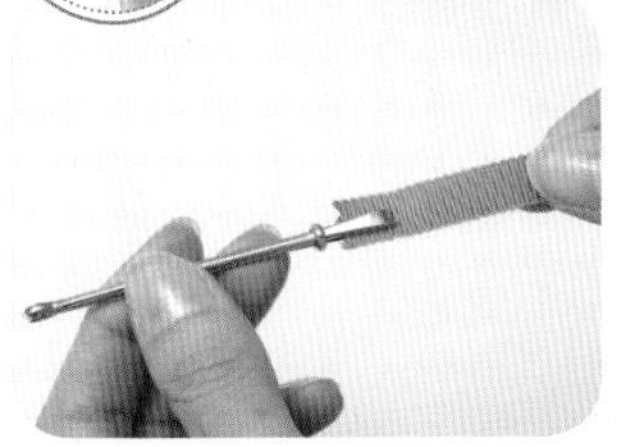

1 用穿繩器緊緊夾住緞帶的邊緣，用力拉扯看看以確認緞帶是否會滑開。

2 將穿繩器的圓頭部分伸進袋口，整條緞帶在裡面繞一整圈。

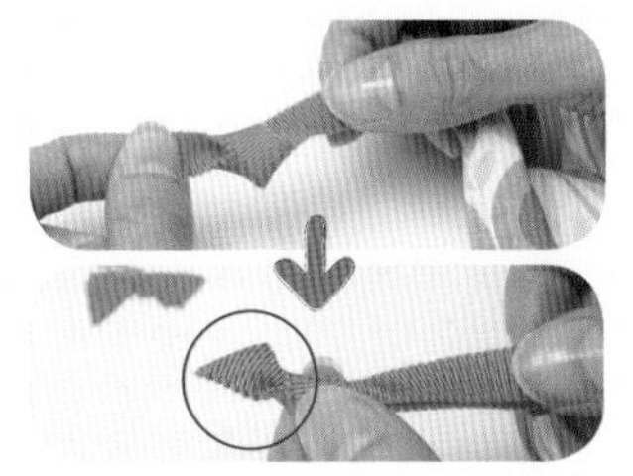

3 繞完之後，將緞帶拉出來打一個單結。將邊緣剪斜角，比較不容易綻線。

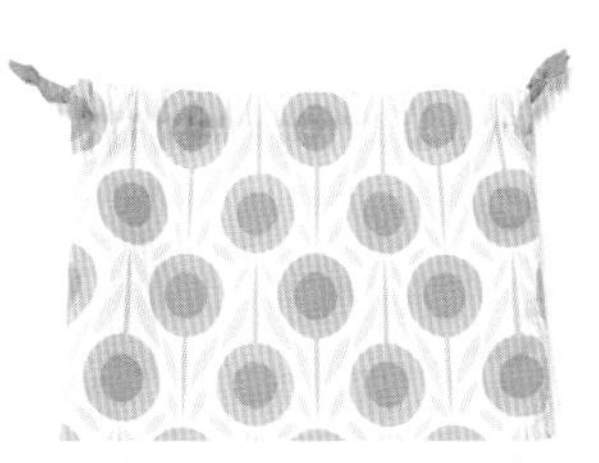

4 另一邊也以相同的方式，穿進緞帶繞一整圈、打結。

4. 袋口做三折收邊處理

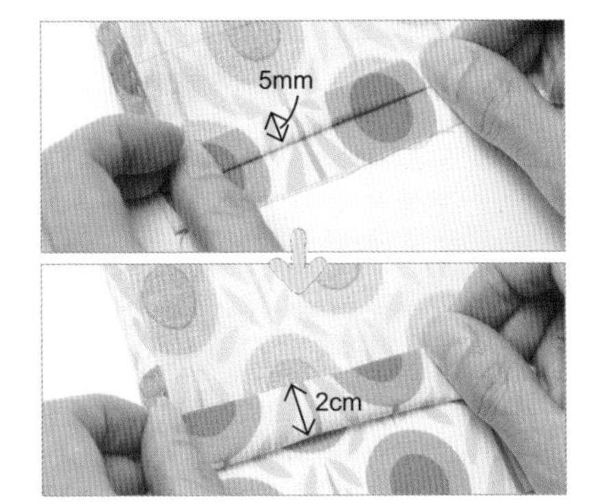

袋口邊緣折 5mm 後再折 2cm，用熨斗燙平。

5. 縫合袋口

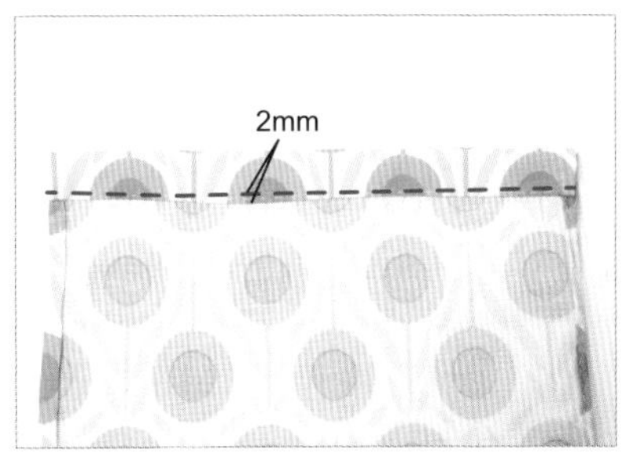

在距離步驟 4 的折痕 2mm 的地方，用平針縫縫一圈。

6. 穿緞帶

請參考上方的「達人小祕訣」，在袋口穿兩條緞帶，並分別在兩邊打結後即完成。

也可以用繩子
取代緞帶喔！

日式鄉村束口袋／包邊款 pouch

完成尺寸

20×23cm

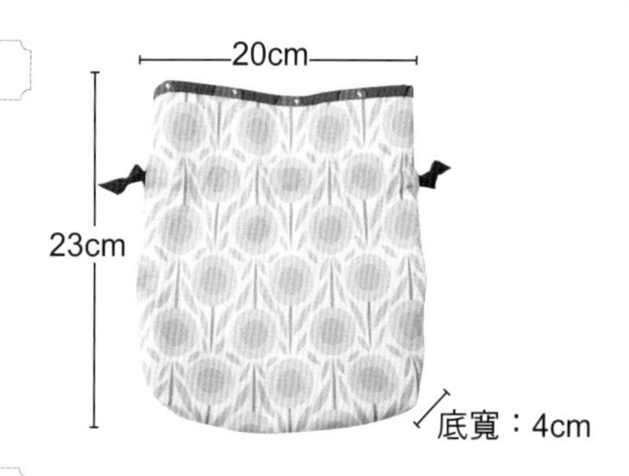

材料

本體布（表）：棉 22×46cm…1 片
本體布（裡）：棉 22×46cm…1 片
滾邊布：棉 22×3 cm…2 條
緞帶：1cm 寬 ×50cm…2 條

版型排列

※ 單位：cm

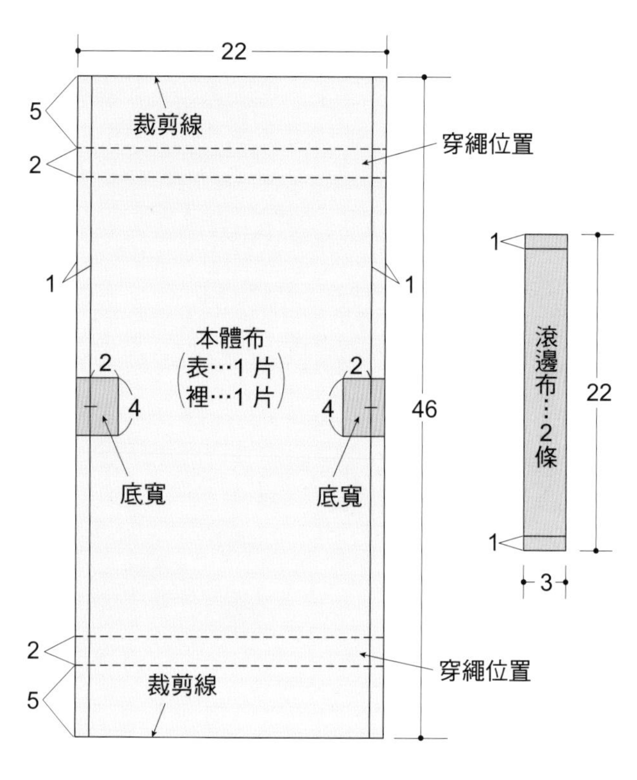

1. 布料對折後縫合

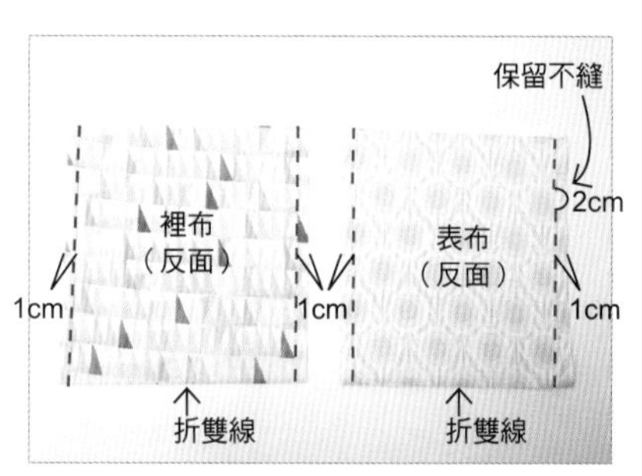

將本體布的表布和裡布分別對折，正面朝內，留下 1cm 的縫份以平針縫固定。

表布和裡布要同時縫製喔！

2. 縫製袋底

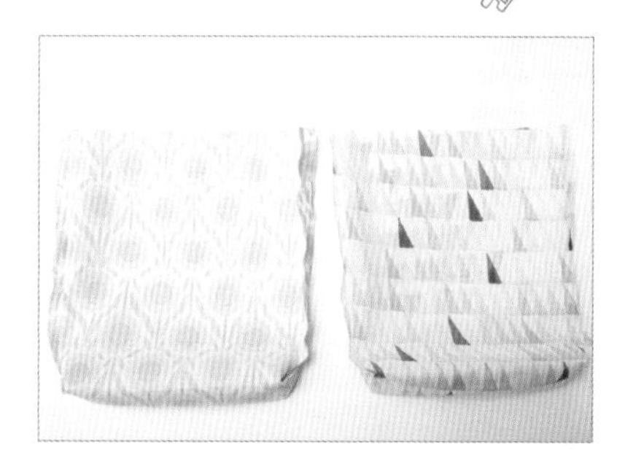

請參照 P35，在表布底端縫製 4cm 的袋底，裡布也用相同方式處理。

因為有製作裡布，所以縫份剪開也 OK！

3. 將裡布放進表布

將本體表布翻回正面，將裡布放進表布裡。

達人小祕訣

縫製袋底

將兩端的邊角打開成三角形之後再縫合，袋底就完成了。如此一來，袋子會顯得比較立體。

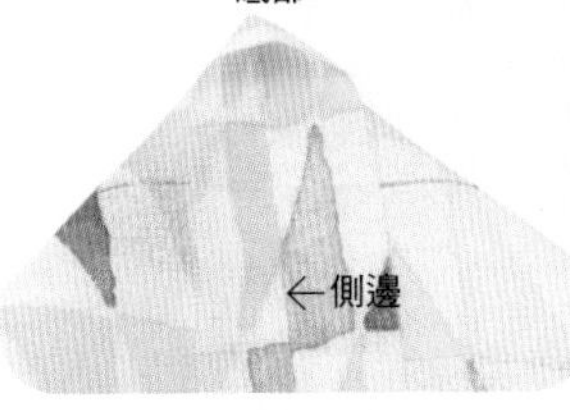

1 縫合兩個側邊之後，分開縫份，對齊縫線和底部的中心線，將袋子的邊角打開成三角形。

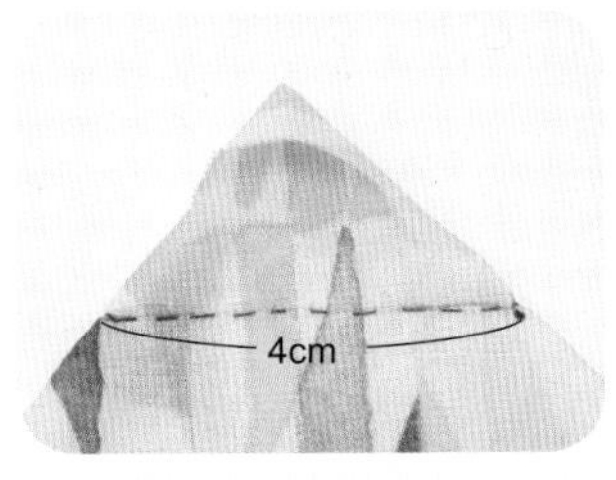

2 在紅線的位置入針，以平針縫固定。在這裡要做出 4cm 的寬度。

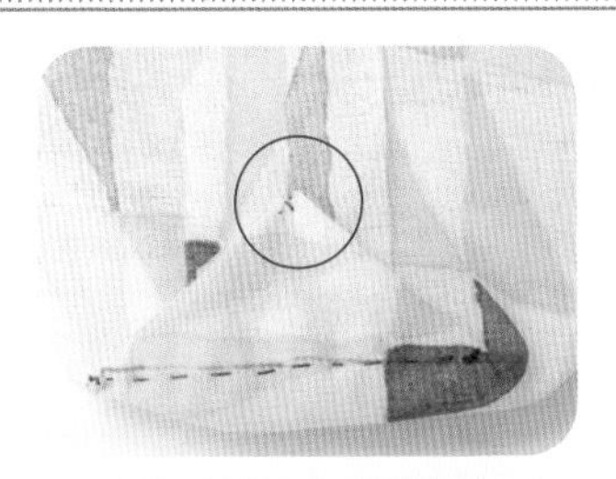

3 將三角形的頂點往側邊折，用縫線將頂點固定在縫份上，以免移位。

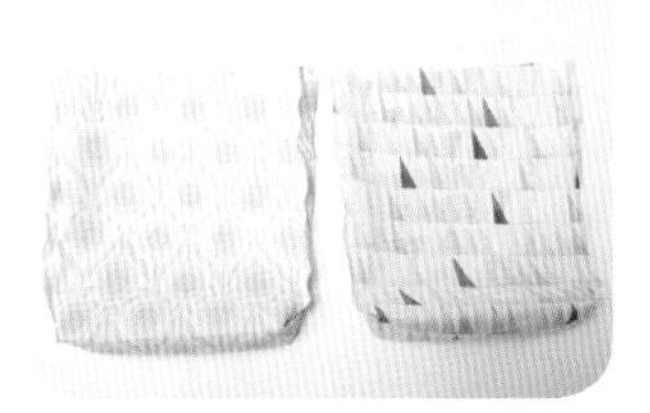

4 另一邊也以相同的方式處理。縫好之後，裡布重複以上步驟用相同的方式縫製袋底。

袋口的滾邊處理

用不同花色的布包覆布邊，稱為「滾邊」。這樣的設計會讓束口袋看起來更為精緻。

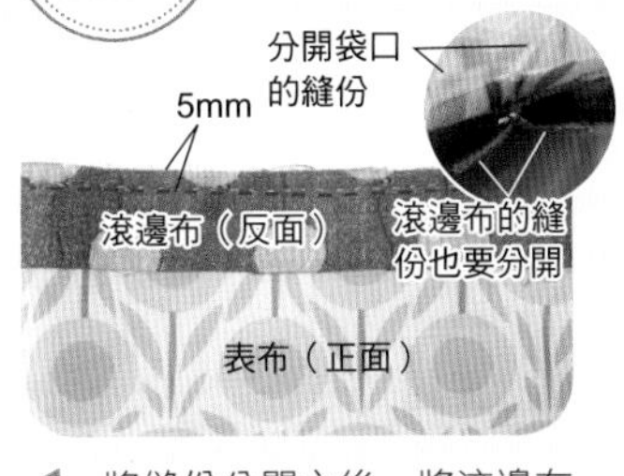

1 將縫份分開之後，將滾邊布和袋口正面相對後疊在一起，在距離布邊 5mm 的地方，以平針縫固定。

2 將滾邊布往上翻折，將三分之一的部分往內側折。

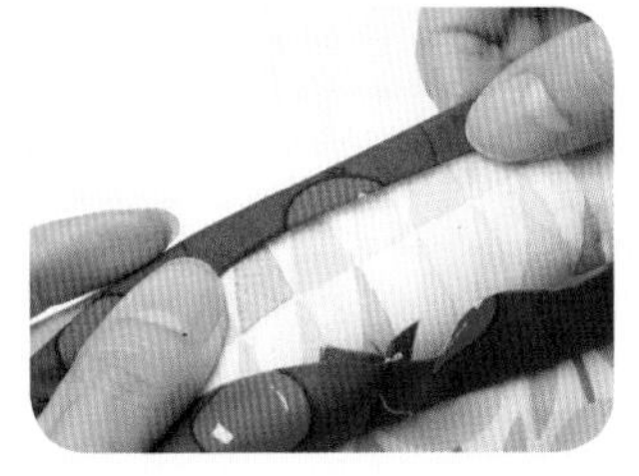

3 再往內折一次相同的寬度，包覆袋口。

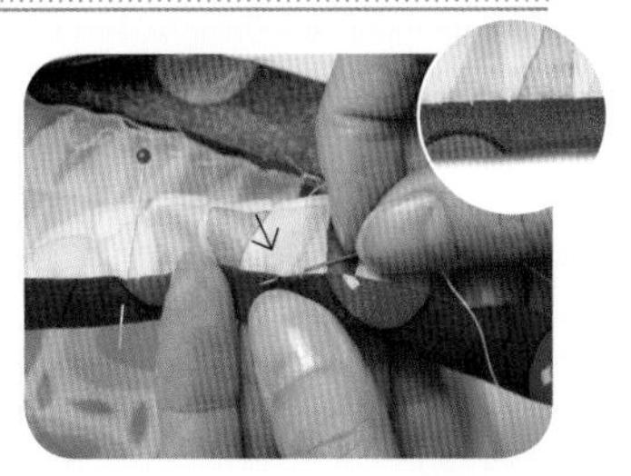

4 一邊挑起裡布，一邊以藏針縫固定（參照 P26），直到完成袋口一整圈的製作。

4. 製作滾邊條

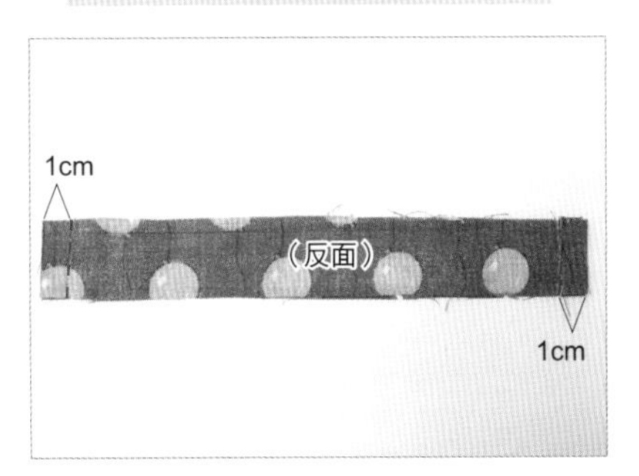

將 2 片滾邊布正面相對後對折，兩端皆留下 1cm 的縫份，以平針縫固定。

5. 袋口滾邊處理

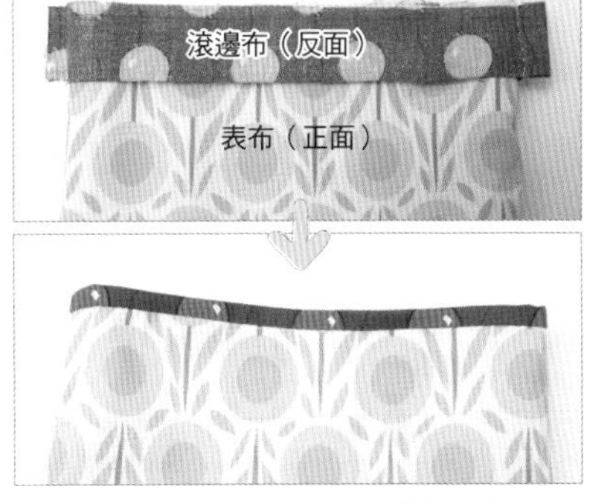

將滾邊布與袋口正面相對後疊在一起，參照上方的「達人小祕訣」做滾邊處理。

6. 穿緞帶

在距離袋口 5cm 的位置和再往下 2cm 的位置用平針縫整個縫一圈。詳見 P33 的說明穿上緞帶，在兩邊打結後即完成。

Lesson 2

百搭托特包

皮繩款

可以背在肩上，
又可以放很多東西的托特包，
不論是上班族或是學生都適用。
直接縫成袋狀後，
再裝上漂亮的皮繩當作提帶，
即可快速完成。

達人小祕訣

接縫內袋

麻繩款

高度比皮繩款略高，
包底也加寬了一些，容量變得更大了。
先安裝金屬扣眼，再穿過麻繩，
就可以完成提把的部分，
不論是外出購物或是渡假都很好用。

達人小祕訣

安裝扣眼

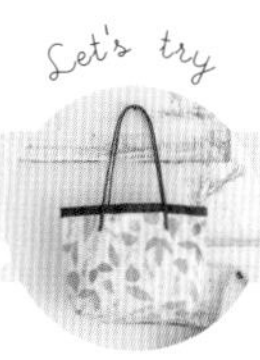

皮繩款 tote bag

完成尺寸

28×20×8cm

材料

表布（棉）：
30×22cm…2 片
10×22cm…1 片
17×29cm…1 片

裡布（棉）：
30×22cm…2 片
10×22cm…1 片

市售的皮繩：高 23cm× 寬 1.5cm…1 組
緞帶：1.8cm 寬 ×58cm…1 條

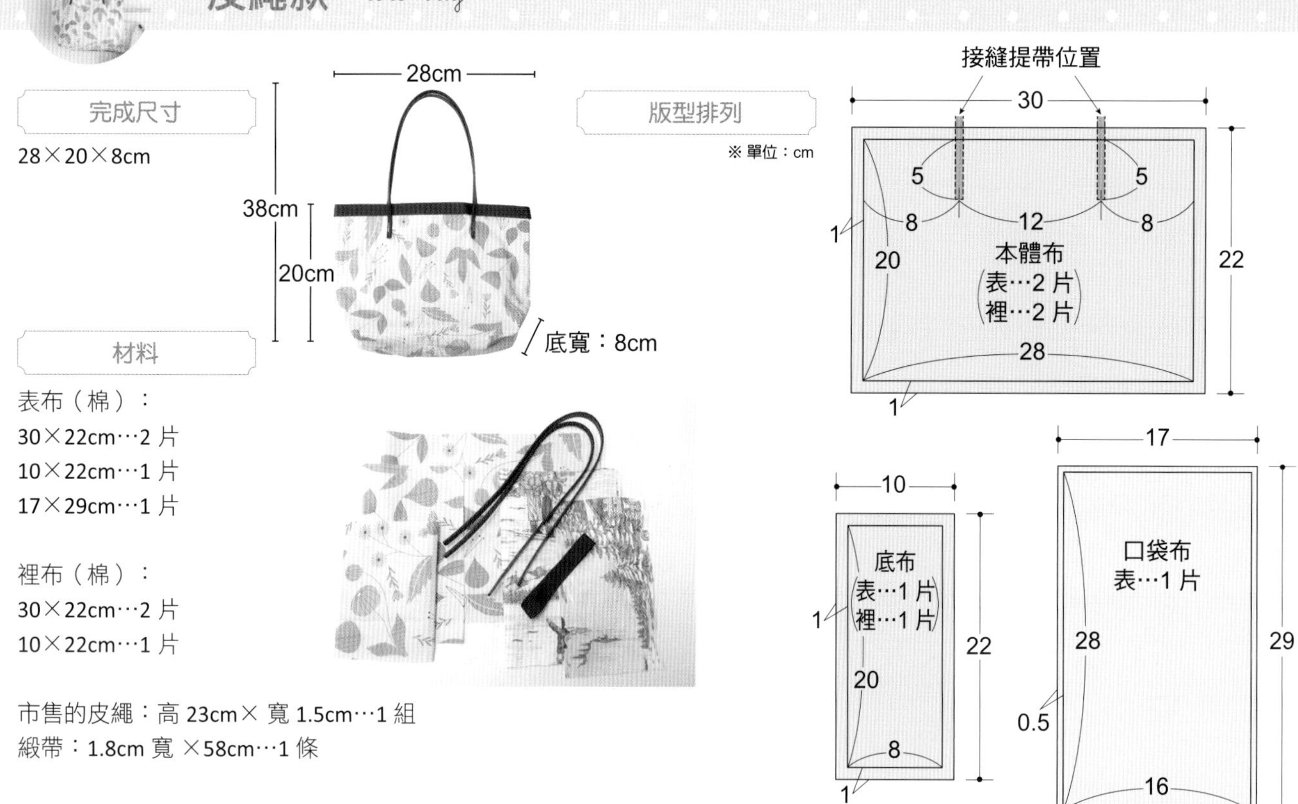

麻繩款 tote bag

完成尺寸

28×24×10cm

材料

表布（棉）：
30×26cm…2 片
20×12cm…1 片

裡布（棉）：
30×26cm…2 片
20×12cm…1 片

繩子：直徑 1cm×1m
扣眼：直徑 1.8cm…4 組
●備用工具：透明膠帶

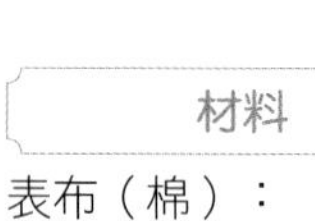

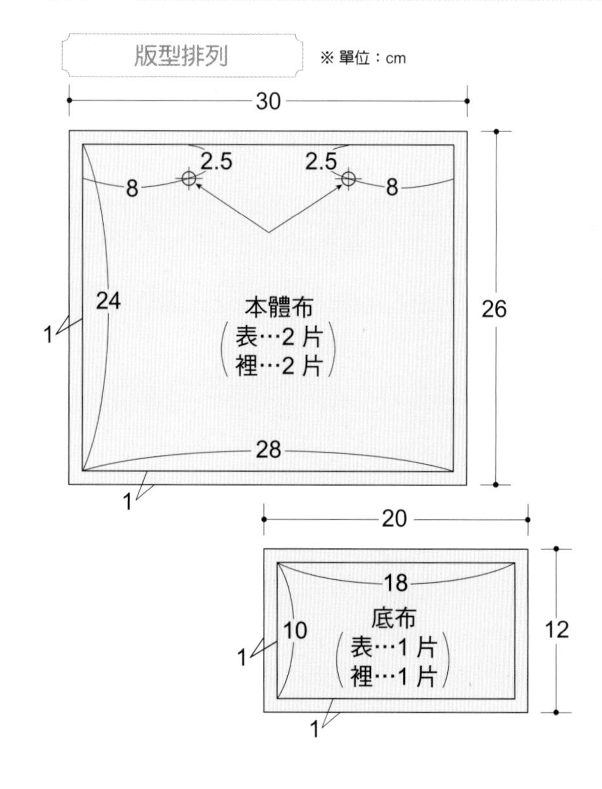

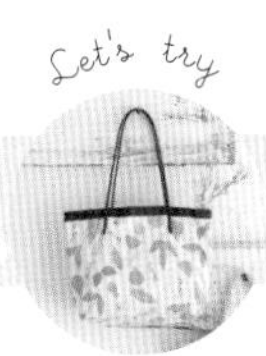

Let's try

百搭托特包／皮繩款 tote bag

1. 對折後縫合兩邊

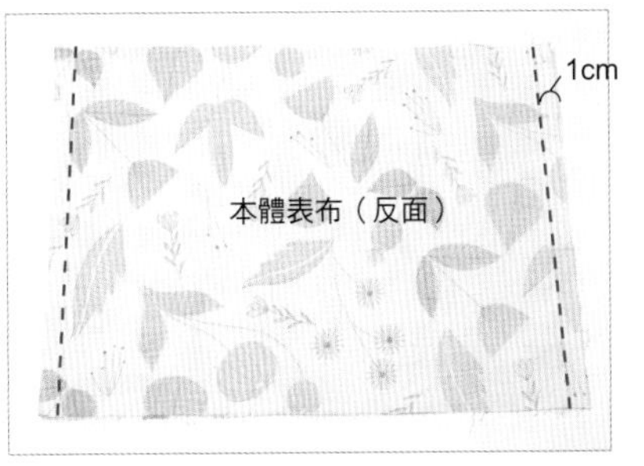

將 2 片本體布正面相對後對折，兩邊各留 1cm 縫份，以平針縫縫合兩邊。

2. 縫合表布和底布

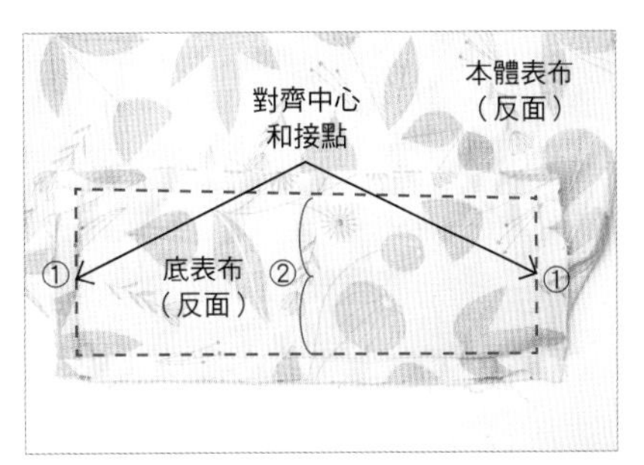

分開兩側邊的縫份，對齊底布的短邊①和本體表布，兩布正面相對後縫合。接下來，底布的長邊②也與本體表布對齊後縫合。

3. 接縫內袋

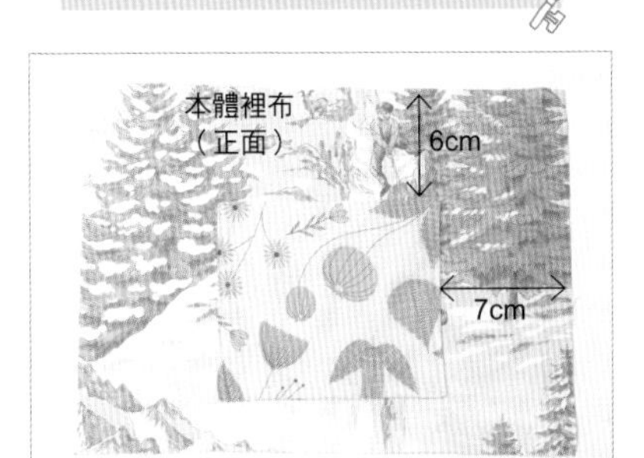

請參考下方的「達人小祕訣」，將內袋接縫在本體裡布的其中 1 片上。

4. 縫合本體裡布

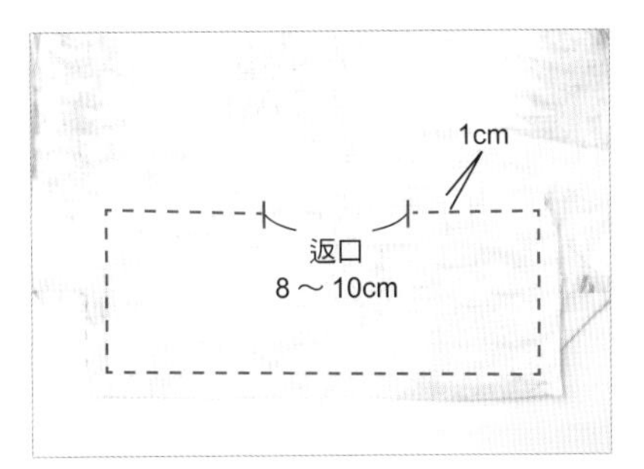

本體裡布也和本體表布一樣縫合兩邊，接縫底布。此時，在縫合途中留下 8～10cm 不縫，當作返口。

5. 將 4 放進 2 裡

翻回正面，將 4 放進 2 的裡面。

6. 縫合袋口

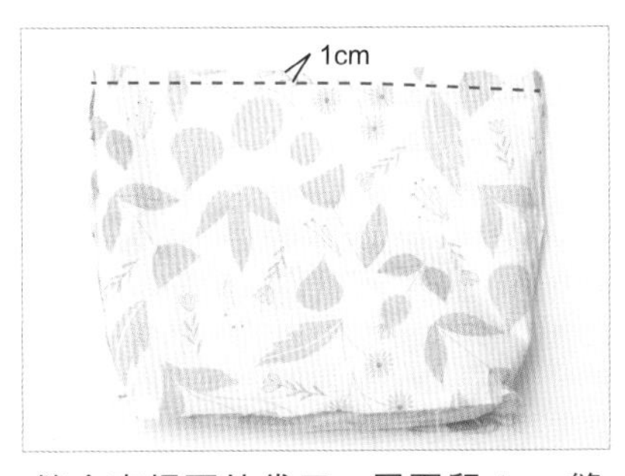

縫合表裡兩片袋口，周圍留 1cm 縫份，以平針縫固定。

接縫內袋

在平面的狀態下先接上口袋，會比形成袋狀時才處理來得簡單。只要稍微多花點心思做個口袋，就能增加收納空間，很方便喔！

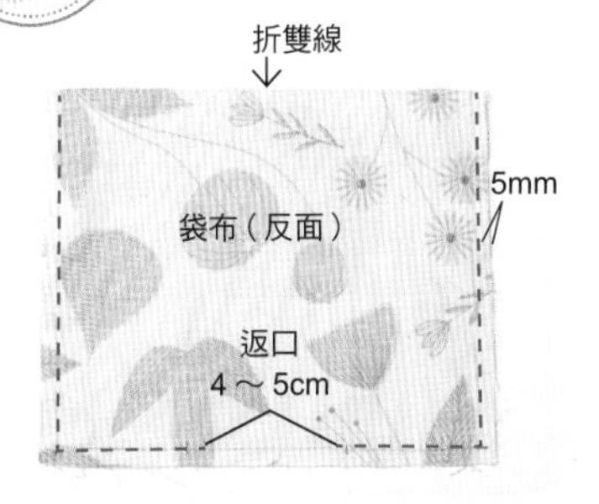

1 將袋布的正面相對後對折，以平針縫縫合整圈，留下 4～5cm 返口不縫。

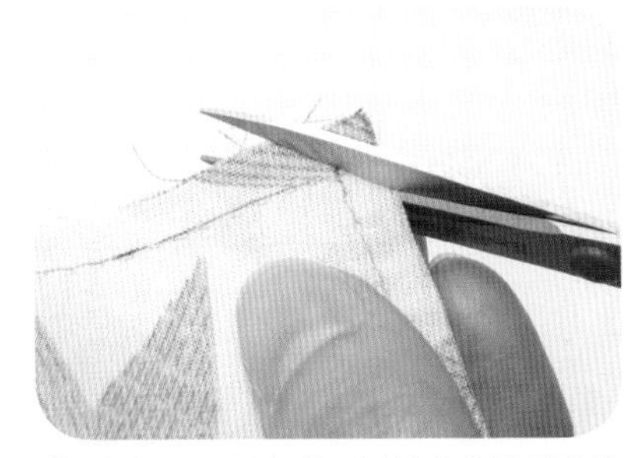

2 在翻回正面之前，以斜角剪掉轉角的縫份，翻過來時才會呈現漂亮的直角。

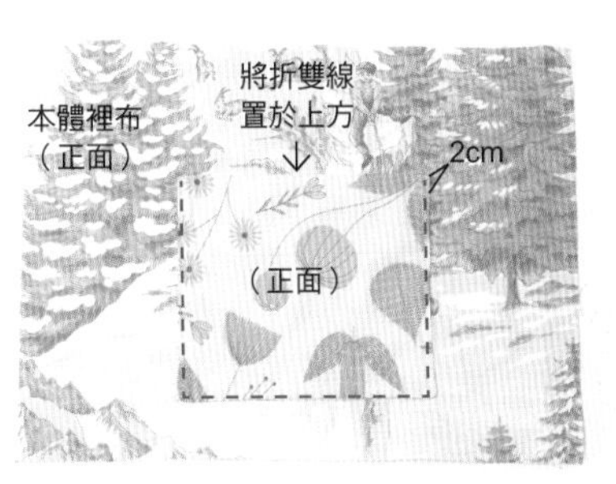

3 翻回正面後，將袋口與本體裡布的正面疊在一起，除了袋口的部分不縫，其他三邊皆以平針縫縫合。

7. 翻回正面

從預留的裡布返口抽出表袋，將袋子翻回正面。

8. 縫合返口

以對針縫（詳見 P26）縫合返口。

9. 在袋口接縫緞帶

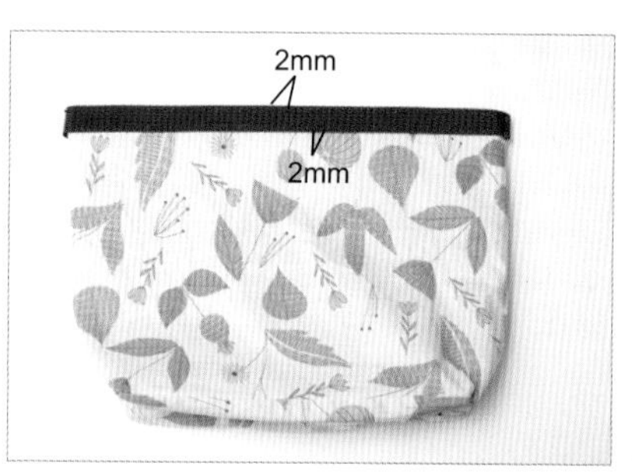

用緞帶在袋口做裝飾。緞帶的邊緣往內折 1cm 重疊。距緞帶上下 2mm 的位置，以平針縫縫合一整圈。

10. 接縫提帶

事先在市售的皮製提帶上打孔以便穿線。使用厚布料專用的縫線（或麻線），將兩條併作一條之後再穿線，將提帶牢牢地固定在袋子上。

緞帶是設計上的亮點！

百搭托特包／麻繩款 tote bag

1. 在袋口安扣眼

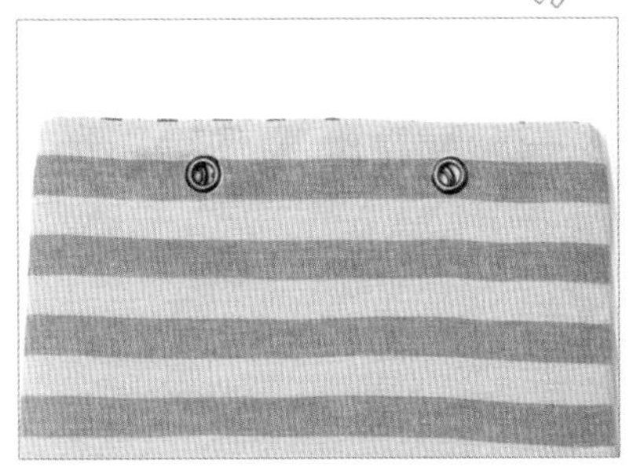

一開始的製作步驟與「皮繩款」相同（步驟 1～2、4～8），安扣眼的方式詳見 P42 的「達人小祕訣」。

2. 裁剪繩子

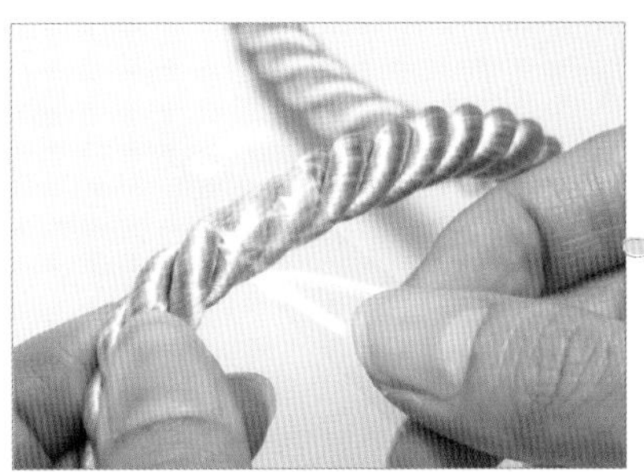

因為繩子容易脫線，先用透明膠帶包覆想要裁剪的地方再下剪。

3. 穿繩後打結

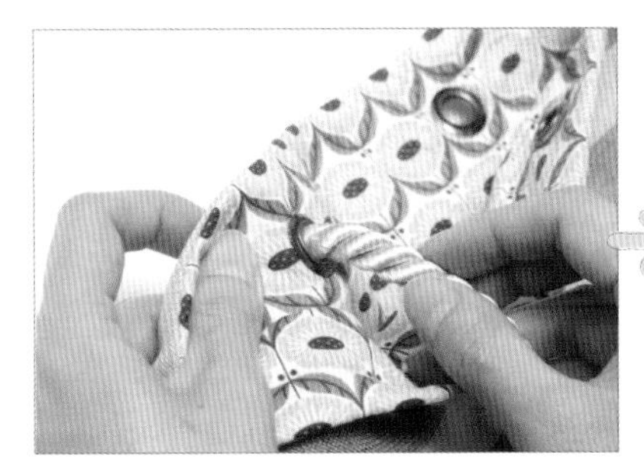

從袋子的裡側，將繩子從扣眼穿出，前端打個結。

4. 鬆開繩子的前端

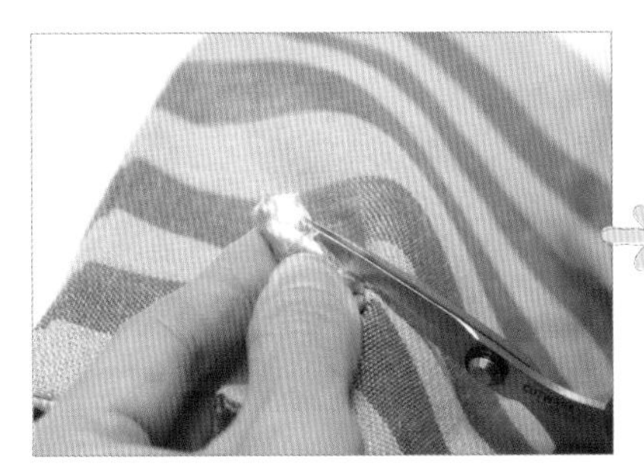

折掉透明膠帶，將麻繩前端的繩結撥鬆。

繩結撥鬆後，繩結比較不易解開，也散發出可愛氣息喔！

memo : 07

現成握把要去哪裡買？

握把可在手工藝品店購得，但其實在大創等 39 元店就可以買到。初學者不妨先購買比較便宜的款式，熟悉後再挑選質感較佳的製品。

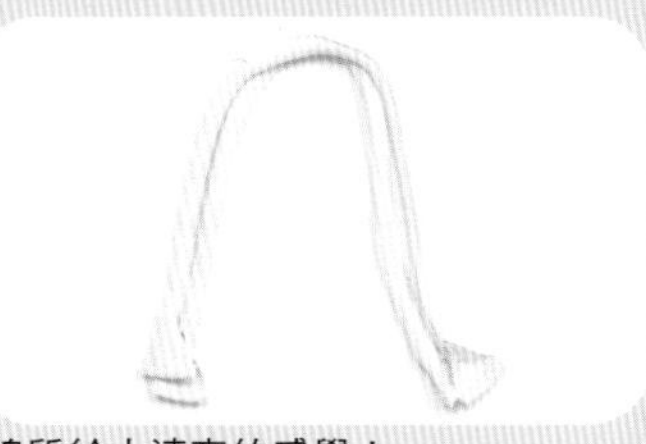

棉質給人清爽的感覺！

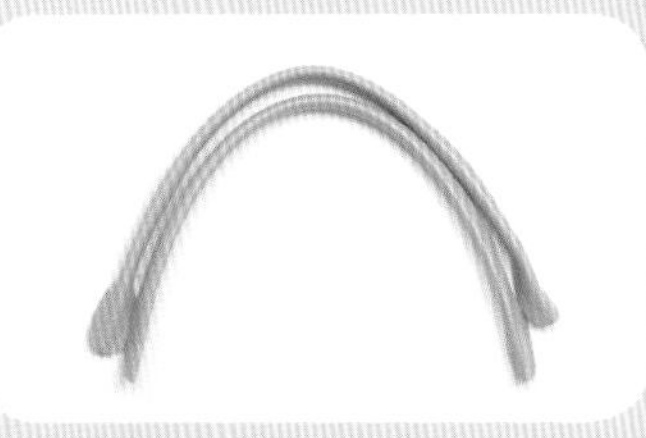

皮製提帶給人精明的印象！

多重蕾絲做成的繩子，也可以當提帶使用喔！

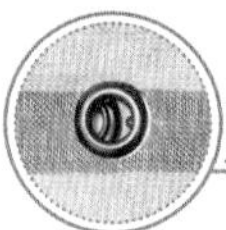

達人小祕訣

安裝扣眼

這個金屬配件的形狀看起來像鴿子的眼睛，因此稱為「扣眼」。
因為要在布面上打洞，請確實確認好位置再動手，否則無法修補。

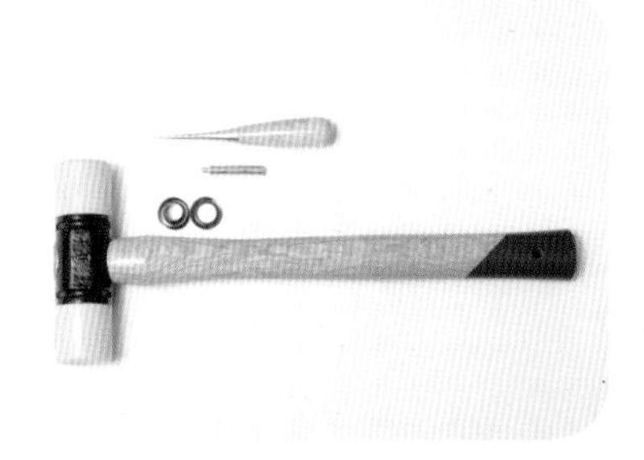

準備扣眼和工具。除了錐子和錘子，其他材料皆可在材料行購得。

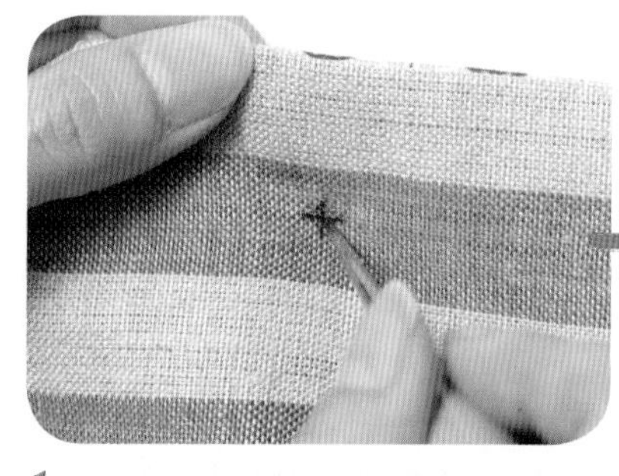

1 在要安扣眼的位置上標記號，用錐子置入、打孔。

2 配合扣眼的直徑，用剪刀剪開扣孔。

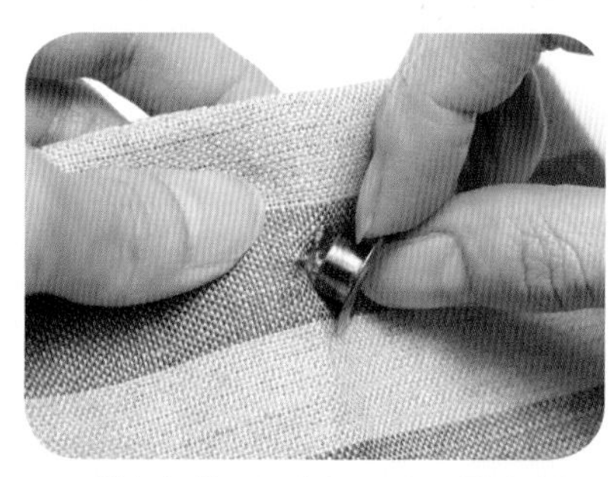

3 從包包的正面將扣眼的凸側置入剪開的圓孔內。

4 在包包的反面疊上扣眼的凹側。

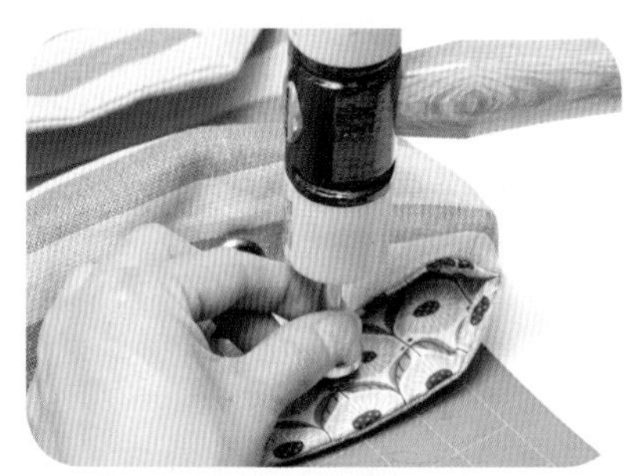

5 將 4 放在堅固的板子上，在扣眼上放置專用的金屬配件，以錘子敲打固定。

before

after

6 在其他三個需要安裝扣眼的地方，重複執行以上步驟。

Lesson 3

和風素雅口金包

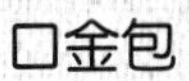

來製作可愛女孩一定要擁有的口金包吧！
口金有各式各樣的尺寸和款式，
只要從本書學會口金和布料之間的接合訣竅，
就能自由自在縫製各種零錢包和中大型手拿包。
在口金裡塞紙繩的步驟比較麻煩一些，
但只要先將紙繩用縫線固定住，
就能輕鬆解決喔！

達人小祕訣

接合口金和布料

和風素雅口金包 purse

完成尺寸

16×16.5×4cm

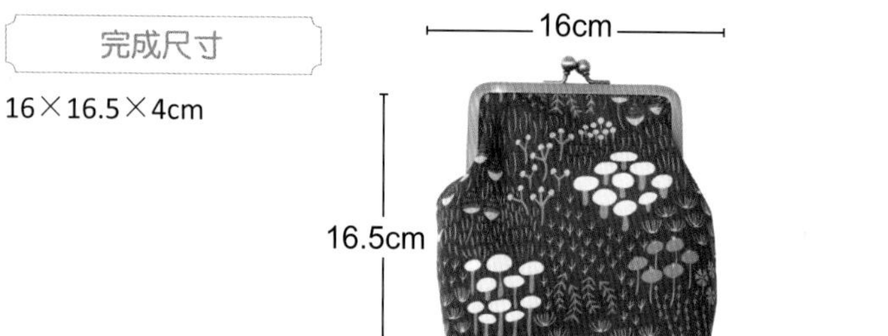

材料

表布（棉）：
18.5×18cm…2 片
裡布（棉）：
18.5×18cm…2 片
口金：10.5×4.5cm…1 個
紙繩：40cm…1 條

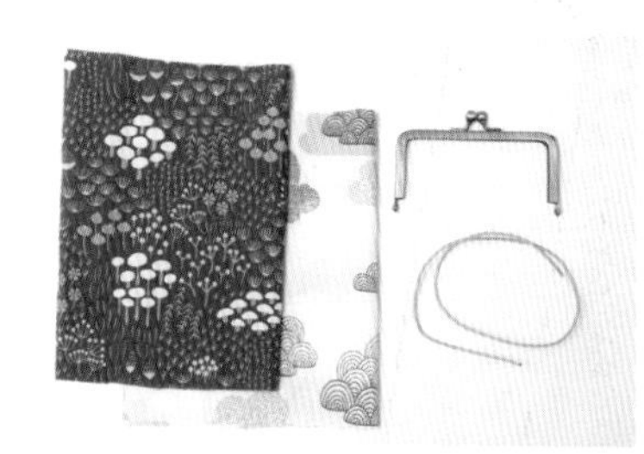

版型排列

※ 單位：cm

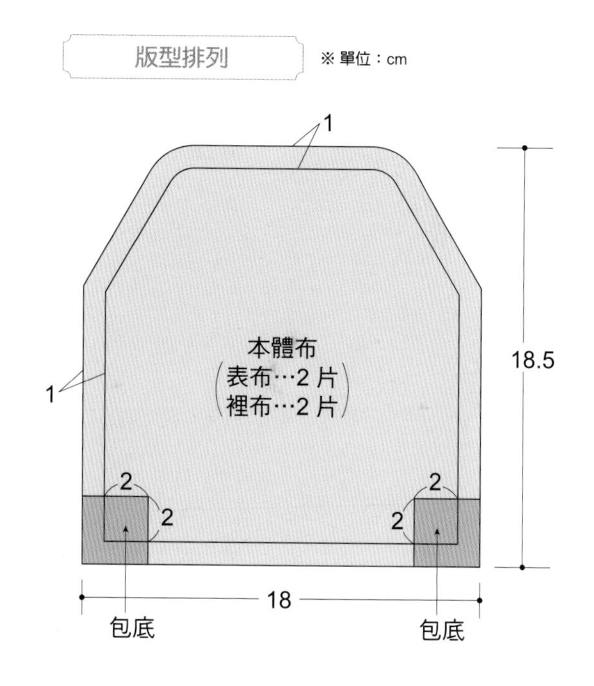

如何繪製口金包的紙型？

若買不到與圖中一模一樣的口金款式，請依以下方法測量口金部分的紙型。

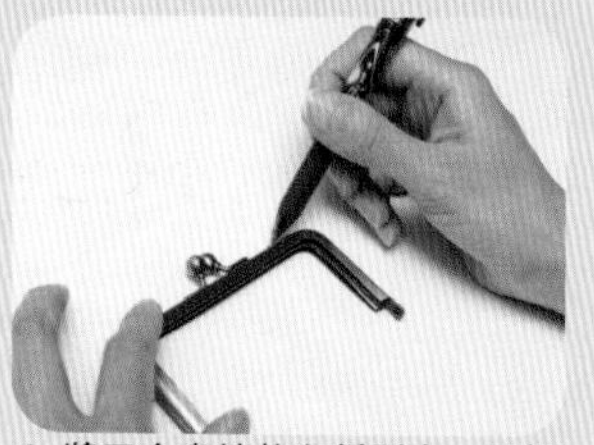

1 將口金直接放在紙型上，用鉛筆描出外框。

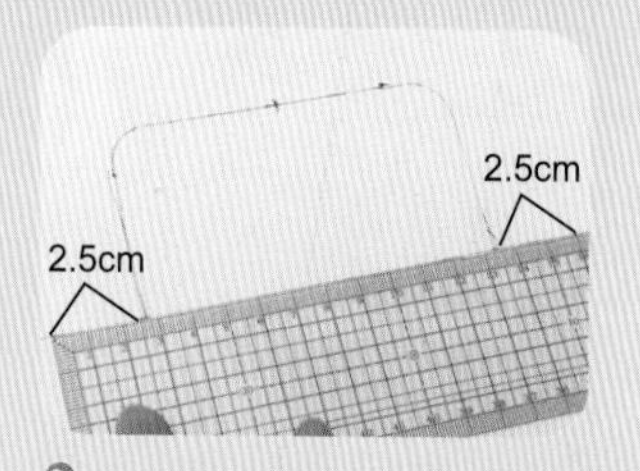

2 在步驟 1 描好的外框下方放一把平行的尺，量取左右的寬度。左右各往外多量 2.5cm，也可依個人喜好決定寬度。

3 在步驟 2 畫好的寬度左右兩端，各畫一條斜線拉到口金的左上角和右上角。

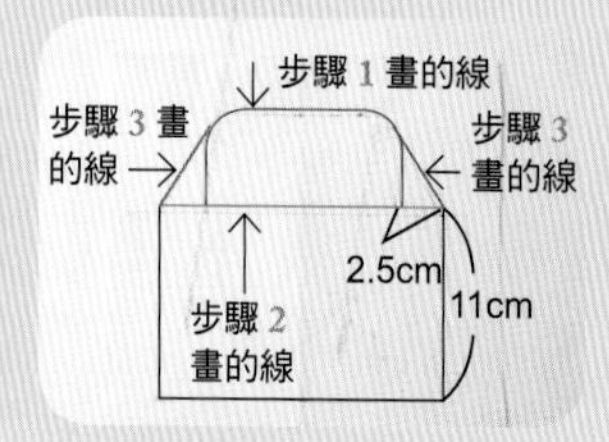

4 在步驟 2 畫好的線左右兩端，垂直往下測量長度。圖中所測量到的長度是 11cm，也可依個人喜好改變長度。

紙型

口金包紙型
※ 放大影印 200% 後使用
❶＝縫份 1cm

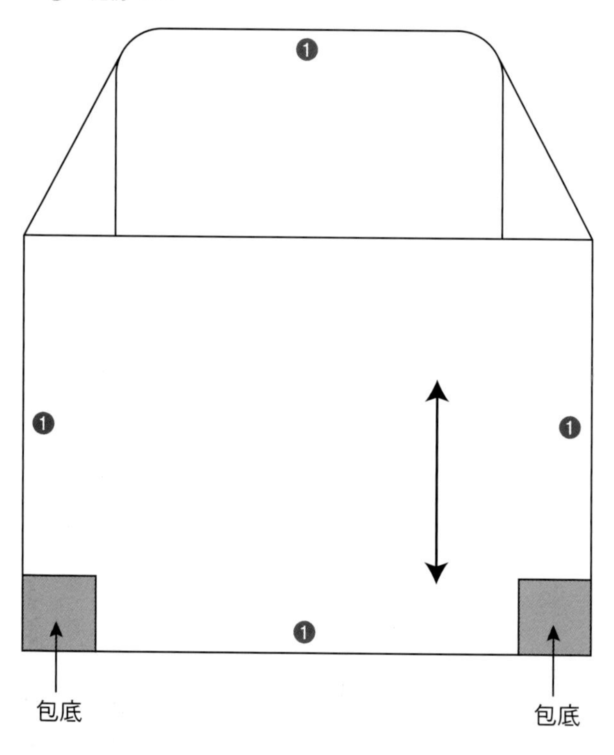

和風素雅口金包 purse

1. 將表布正面相對疊合

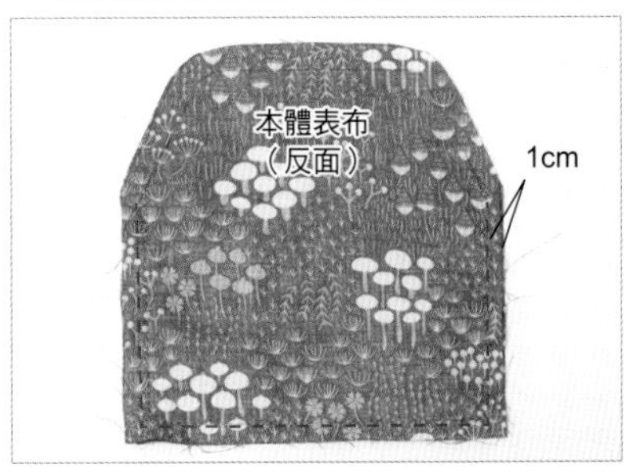

將兩片表布的正面相對疊在一起，預留口金的部分，留縫份 1cm 以平針縫縫合兩邊和底部。

2. 縫製包底

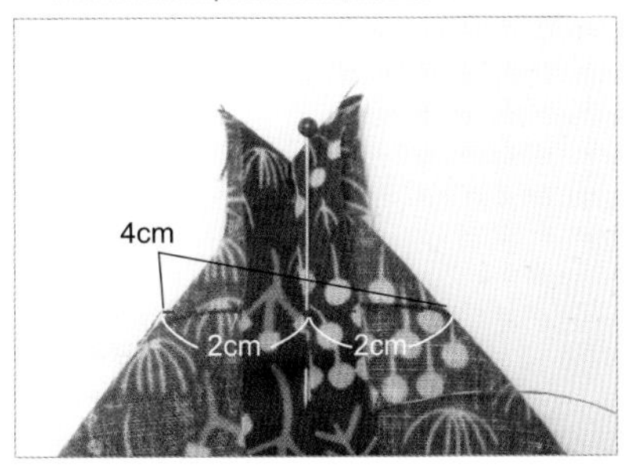

分開縫份，用熨斗燙平後，縫製 4cm 的包底（詳見 P35）

3. 相同的方式處理裡布

裡布也和表布一樣，縫合兩邊和底部並縫製包底。

到目前為止，製作步驟和束口袋 & 手提袋一樣喔！

4. 將表袋放入裡袋中

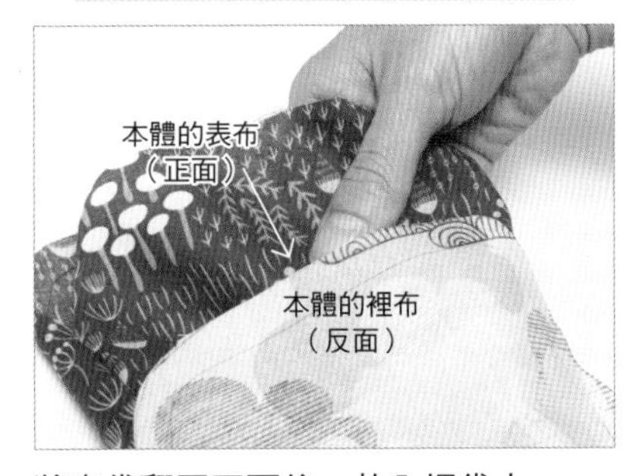

將表袋翻回正面後，放入裡袋中。

5. 縫合口金的邊緣

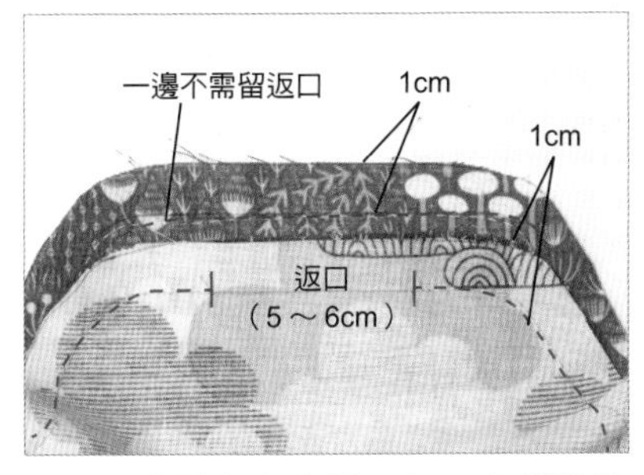

沿著圖中的紅色虛線，在口金的邊緣留 1cm 縫份，用平針縫將表裡布整齊地縫合起來。注意，另一邊要預留 5～6cm 不縫，當作返口。

6. 翻回正面

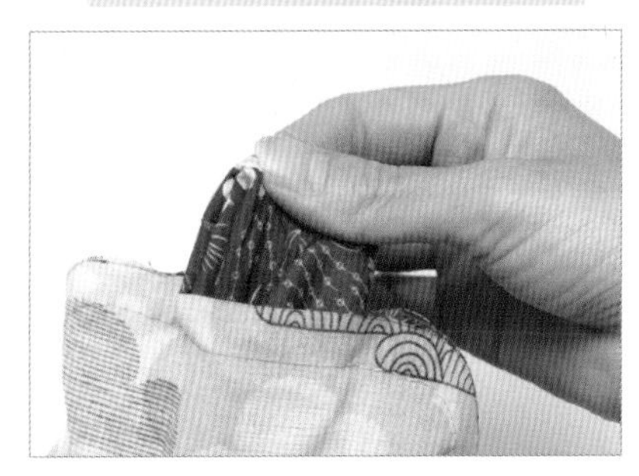

從返口抽出表袋，將袋子整個翻回正面。

7. 縫合返口

以對針縫（詳見 P26）縫合返口。

8. 接縫口金

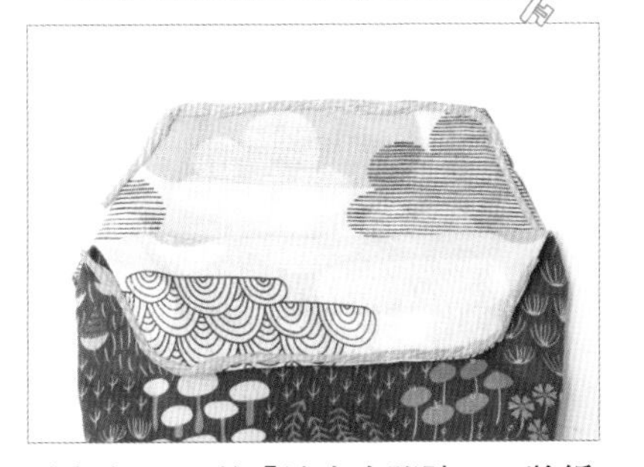

請參考 P46 的「達人小祕訣」，將紙繩固定在布邊上，然後接縫口金。

9. 完成

等接著劑完全乾燥後即完成。

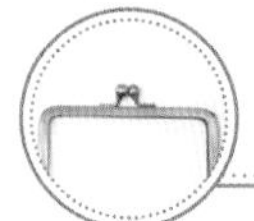

接合口金和布料

先將紙繩固定在袋口，再接縫口金。
即使是初學者也可以看圖學會，請務必挑戰看看！

材料以外的準備工具／接著劑、鉗子、平頭螺絲起子、剪刀、牙籤

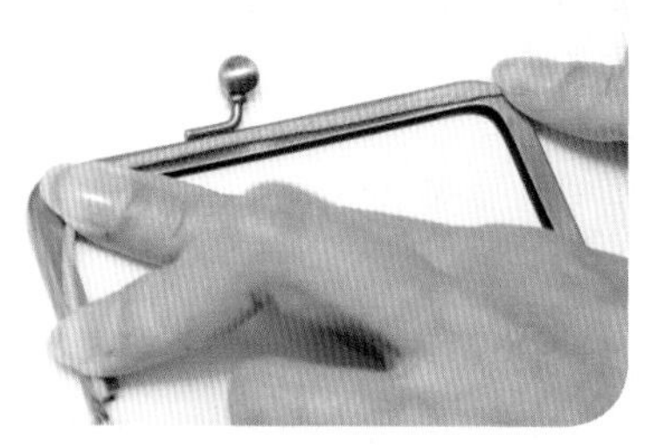

1 配合口金的長度裁剪紙繩。

2 輕輕揉開紙繩的捻線。

3 用縫線將紙繩固定在口金側。

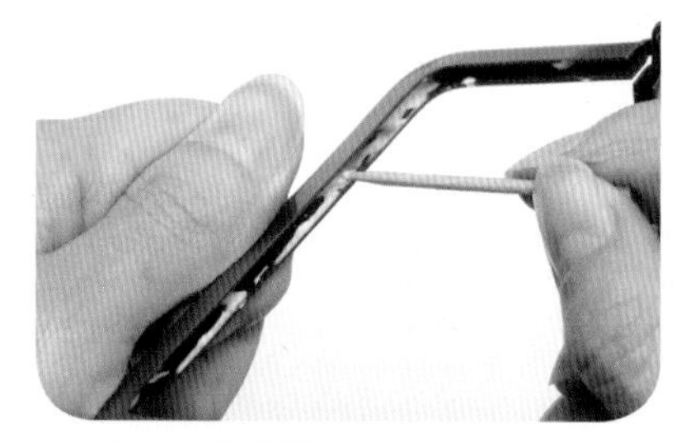

4 在口金的溝槽裡塗上接著劑，利用牙籤等小工具均勻抹開。

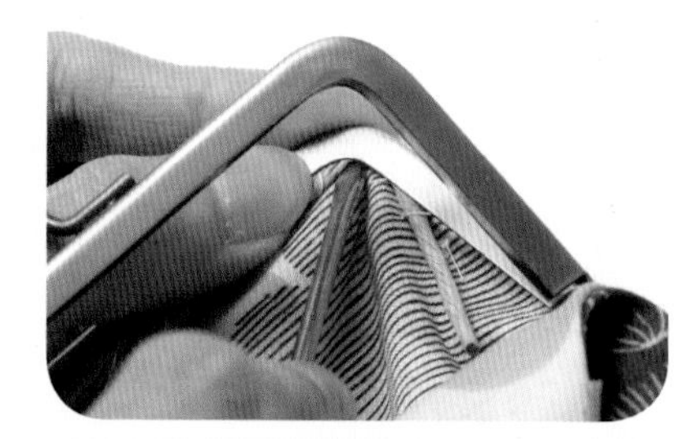

5 用平頭螺絲起子等工具，將固定好紙繩的布邊塞入口金裡。

6 用剪刀將露在口金外面的紙繩剪掉。

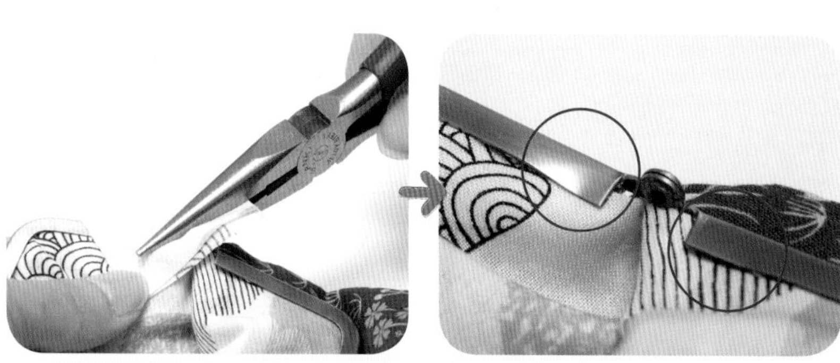

7 用剩布等包覆住口金的邊緣，再用鉗子壓緊。
保持口金打開的狀態，直到接著劑完全乾燥為止。

只要緊緊壓住避免布脫落，
即可漂亮地完成！

Lesson 4

方形吐司流蘇化妝包

化妝包

像方形吐司一樣，好收又好拿的箱型化妝包。
因為開口夠大，物品容易拿取，空間也很夠用。
拉鍊用手縫沒有想像中的困難，初學者也沒問題！
用繡線就能完成可愛流蘇，大家一起來挑戰看看！

達人小祕訣

手縫拉鍊

◆option◆

製作流蘇

方形吐司流蘇化妝包 caramel purse

完成尺寸

12×6×8cm

12cm
高度：6cm
8cm

材料

表布（棉）：
22×30cm…1 片
滾邊布：
22×3cm…2 條
裡布（棉）：
26×30cm…1 片

拉鍊：20cm…1 條
繩子：直徑 3mm×15cm…1 條
繡線：1 束
蕾絲帶：5mm 寬 ×4cm…1 條

版型排列

※ 單位：cm

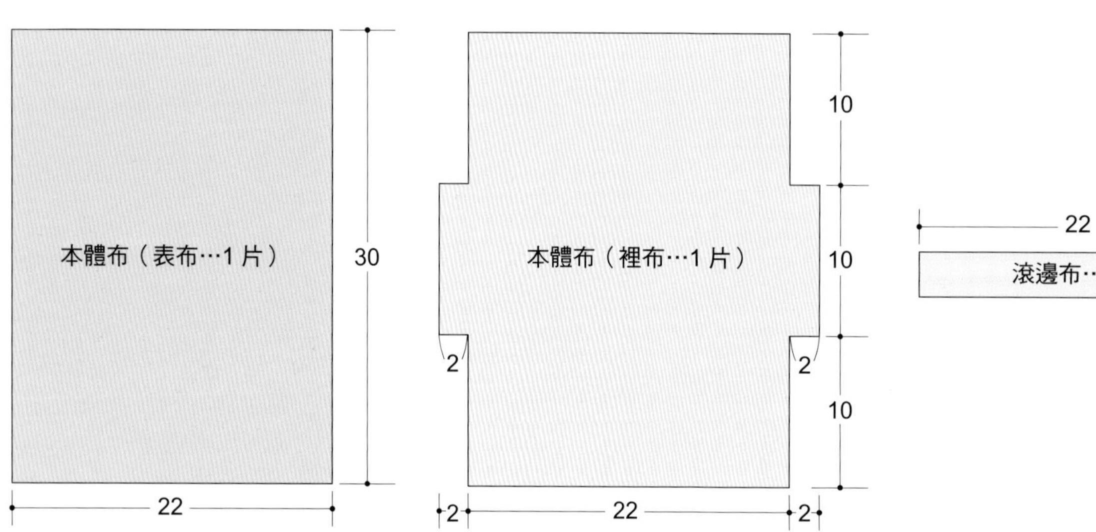

1. 重疊裡布、表布、滾邊布

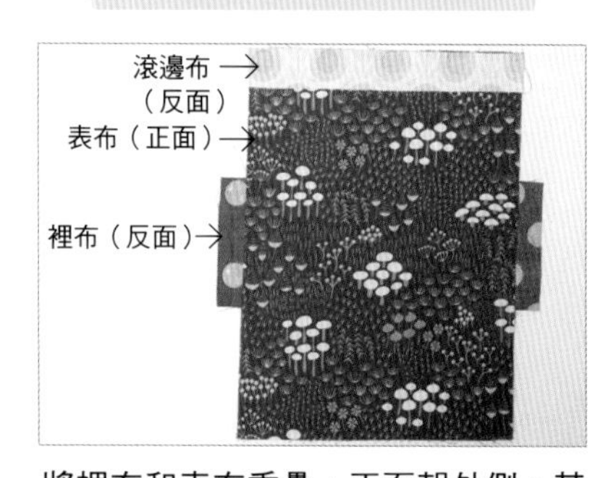

將裡布和表布重疊，正面朝外側，其中一條的滾邊布反面朝上，並疊在表布上方。

2. 縫合

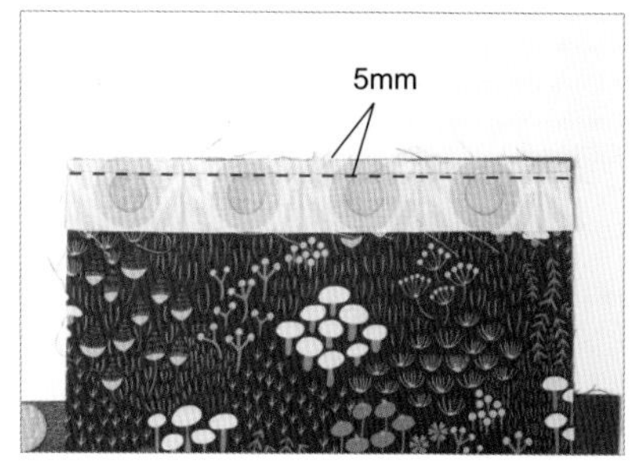

從 1 的上方留縫份 5mm，以平針縫縫合表布和滾邊布。

3. 用滾邊布包邊

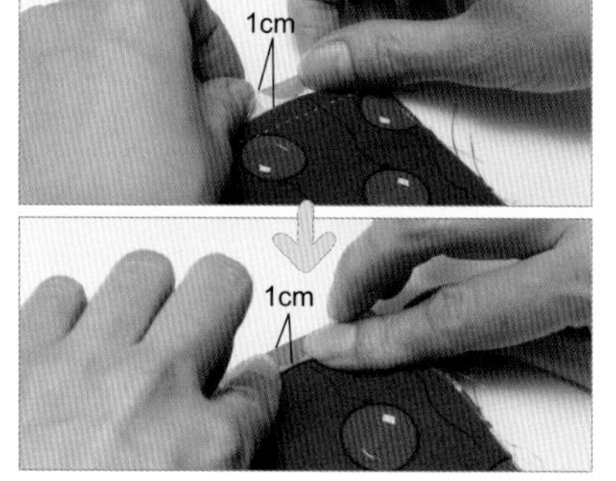

將滾邊布翻回正面，往裡布側折 1cm 後再往內折 1cm（即三折收邊），將布邊包覆起來。

4. 假縫

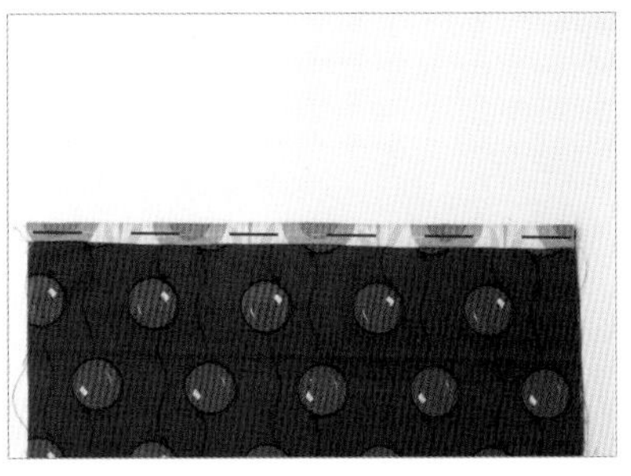

以假縫固定 3。另一邊也同樣疊上滾邊布縫合，做三折收邊後假縫。

5. 接縫拉鍊

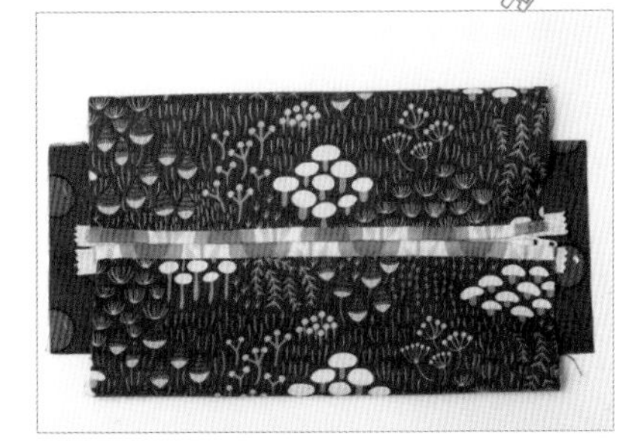

請參考下方的「達人小祕訣」，接縫好拉鍊後，拆下先前假縫的縫線。

6. 折疊

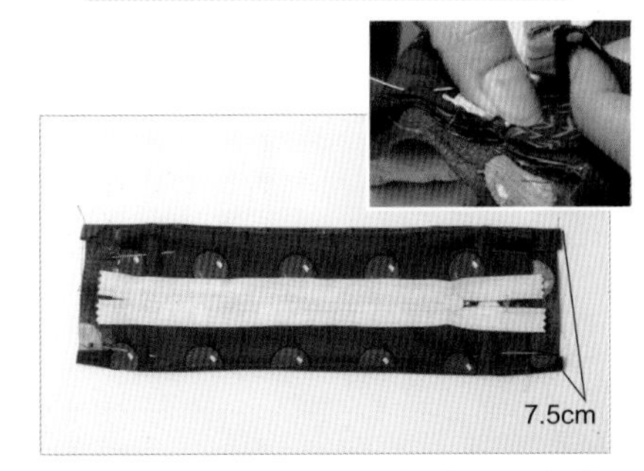

將化妝包翻回裡面，並將表裡布對齊折疊成 7.5cm 寬，如上圖。

7. 縫合返口

從邊緣到邊緣，距離 1cm 內側處，以平針縫固定左端到右端。中間遇到拉鍊鍊齒的部分時，則改用全回針縫（詳見 P25）縫牢。

8. 剪掉拉鍊的邊緣

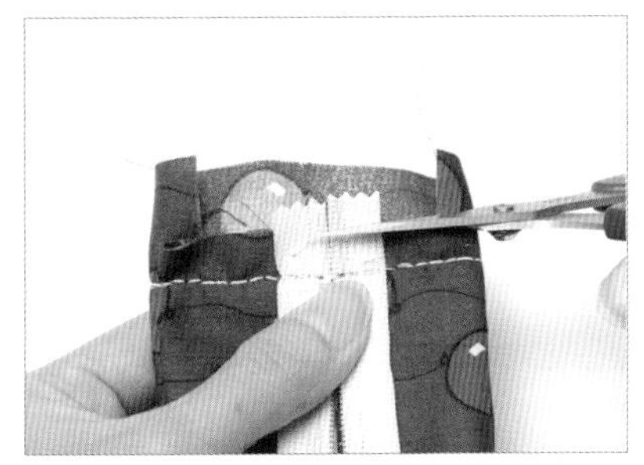

剪掉超出縫份的拉鍊布料。

9. 用裡布的縫份包覆

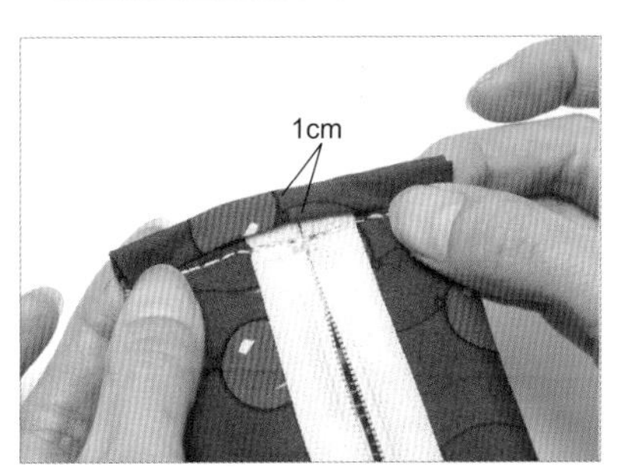

將裡布縫份較長的部分往內折做三折收邊，以此包覆布邊。

達人小祕訣

手縫拉鍊

以手縫方式接縫拉鍊的訣竅，是以「拉鍊拉上」的狀態時先用珠針固定好，但要在拉鍊開啟的狀態縫合，這樣就能完美手縫好拉鍊。

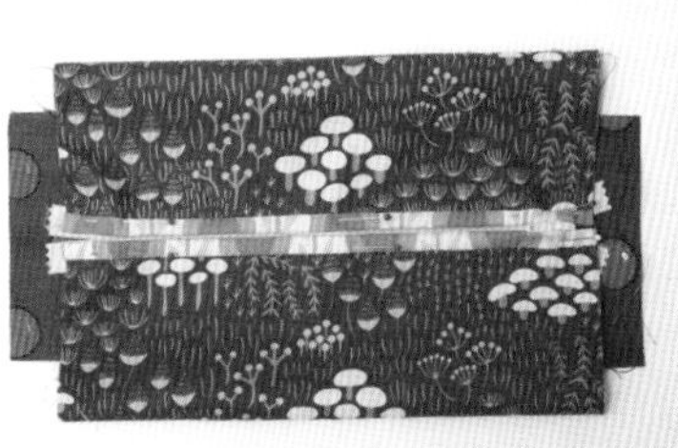

1 對齊本體布兩邊的滾邊，疊在關閉狀態的拉鍊上方，先仔細以珠針固定好。

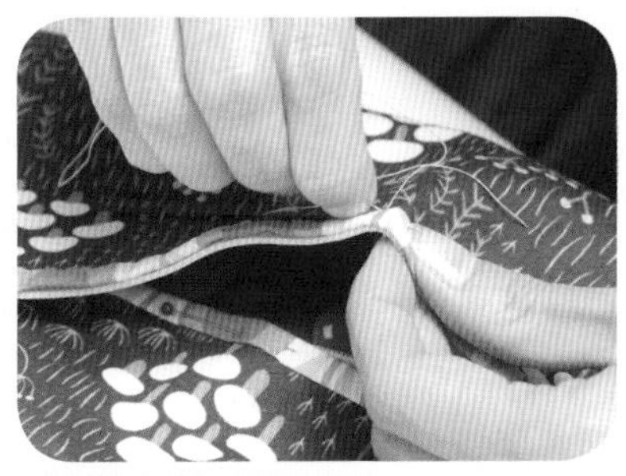

2 在拉鍊開啟的狀態，以平針縫縫合滾邊的折邊和拉鍊。

10. 以藏針縫方式縫合

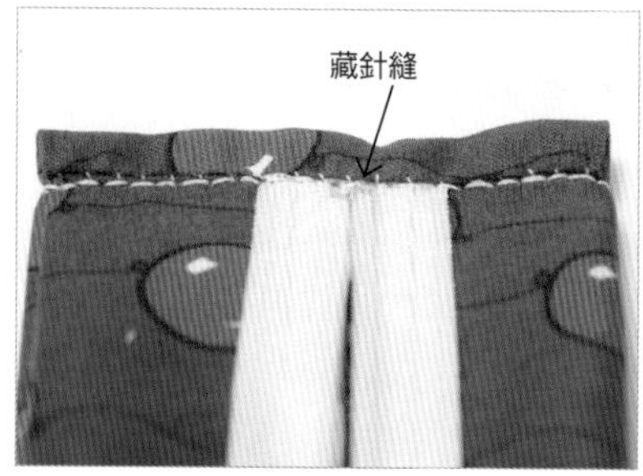

以藏針縫（詳見 P26）縫合 9 的折邊，另一邊也以相同的方式處理。縫好後翻回正面。

11. 接流蘇

如果想讓成品更精緻漂亮，可以另外製作流蘇接在拉鍊的拉頭上，製作方法詳見右頁。

完成！

◆option◆

製作流蘇

只要變換繡線和繩子的組合，就能製作各式各樣的流蘇，
接在化妝包或手提袋上，立刻提升作品質感！

材料以外的準備工具／縫線、剪刀、接著劑、牙籤

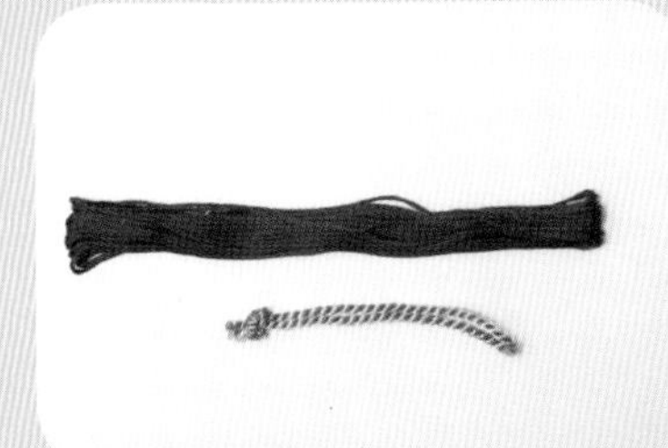

1 準備等長的繡線1束，並將繩子的兩端打一個結。

2 將繩子打結的結球放在繡線的中心，用繡線包覆。

3 以縫線纏繞結球下方的位置，緊緊固定好。

4 剪開繡線的兩端，將繡線對折成包覆結球的狀態。

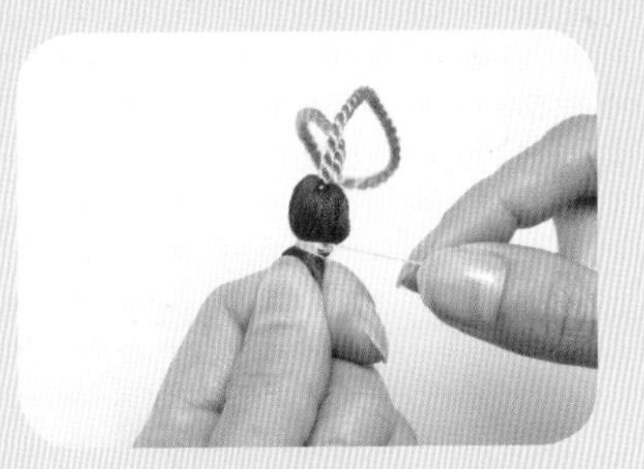

5 再度用縫線纏繞結球下方的位置，緊緊固定好。

6 將繡線底部用剪刀修齊。

7 在蕾絲帶上沾接著劑，捲繞在5纏繞的縫線外側。

8 用牙籤尖端的部分將繡線挑鬆。

9 流蘇完成！

分版製圖就像拼圖一樣有趣！

如果要製作有裡布的作品，則至少必須購買 2 種 110cm 寬的布料各 50cm。這個尺寸的布料，最多可以做出幾種作品呢？以下要為大家示範，如何有技巧地搭配表布、裡布和滾邊布，用最不浪費布料的方式做出更多的作品。

以下布料可以任意搭配出 (1) 日式鄉村束口袋／包邊款、(2) 百搭托特包／皮繩款、(3) 和風素雅口金包、(4) 方形吐司流蘇化妝包等四件作品的表布、裡布、袋布和滾邊布。

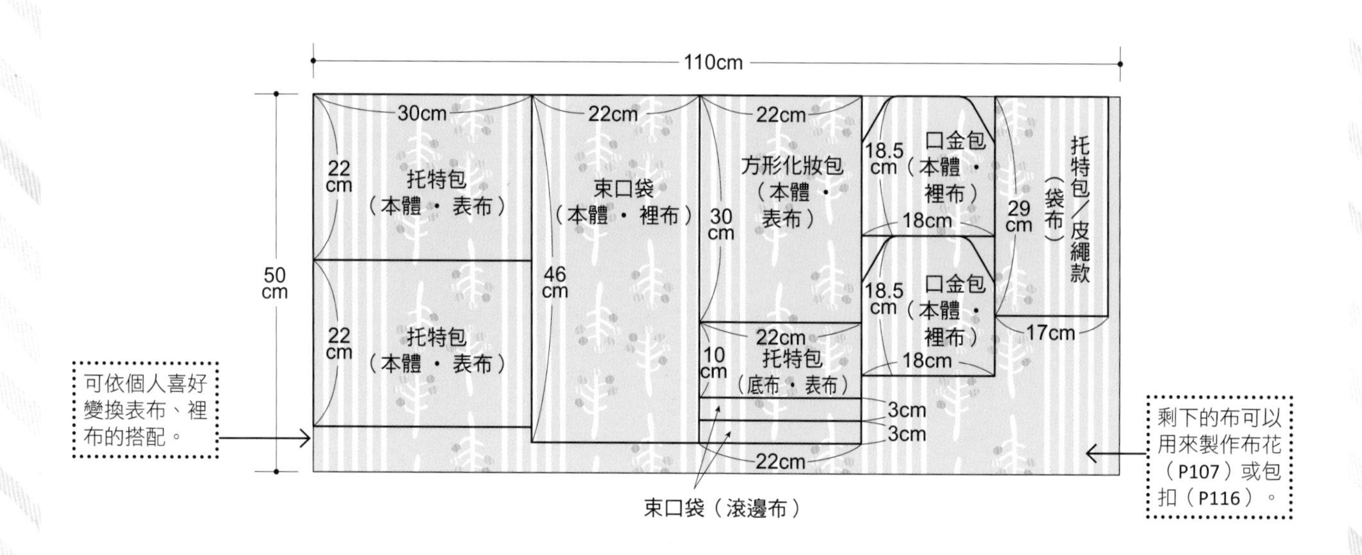

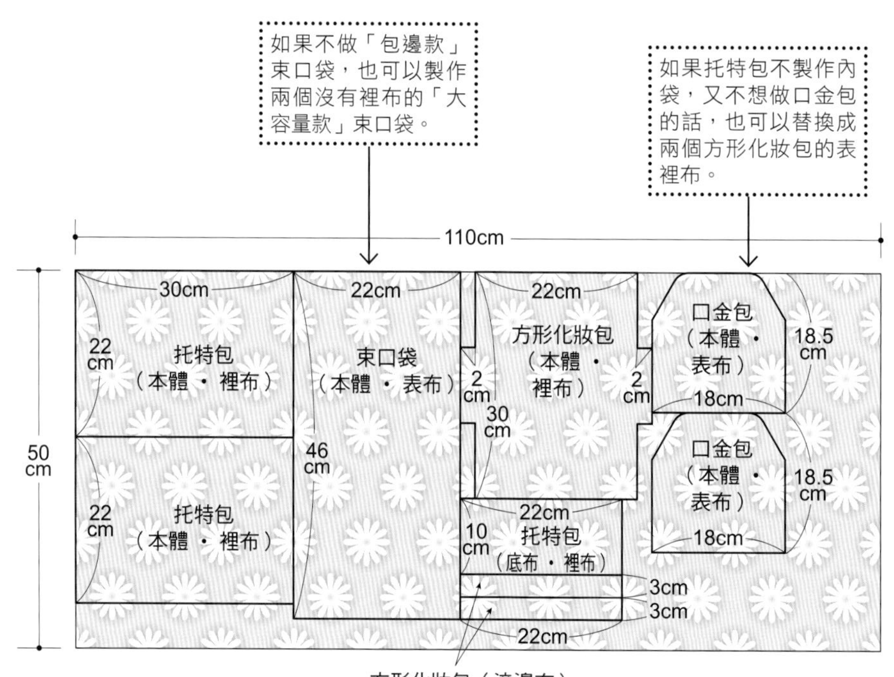

Chapter 3

機縫一年級生的課表

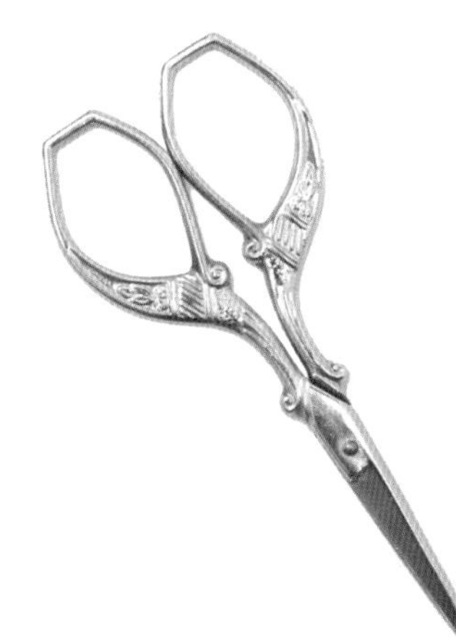

家庭用縫紉機的功能愈來愈多樣化，
使用起來也更為簡單便利。
如果能夠擁有一台縫紉機，
能夠製作的作品就會大大增加。
不只是小型物件，也可以挑戰製作衣物，
接下來就讓我們開始縫紉機的基礎課程吧！

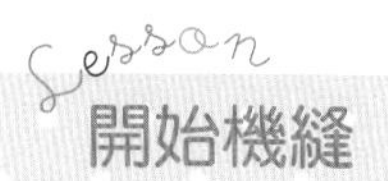

縫紉機的構造

縫紉機各部位的名稱、位置及操作方式等，會因不同的機種而有一些差異。以下說明一般家庭用縫紉機的基本構造，建議初學者剛開始使用時，要一邊參考使用說明書、一邊嘗試各種功能。

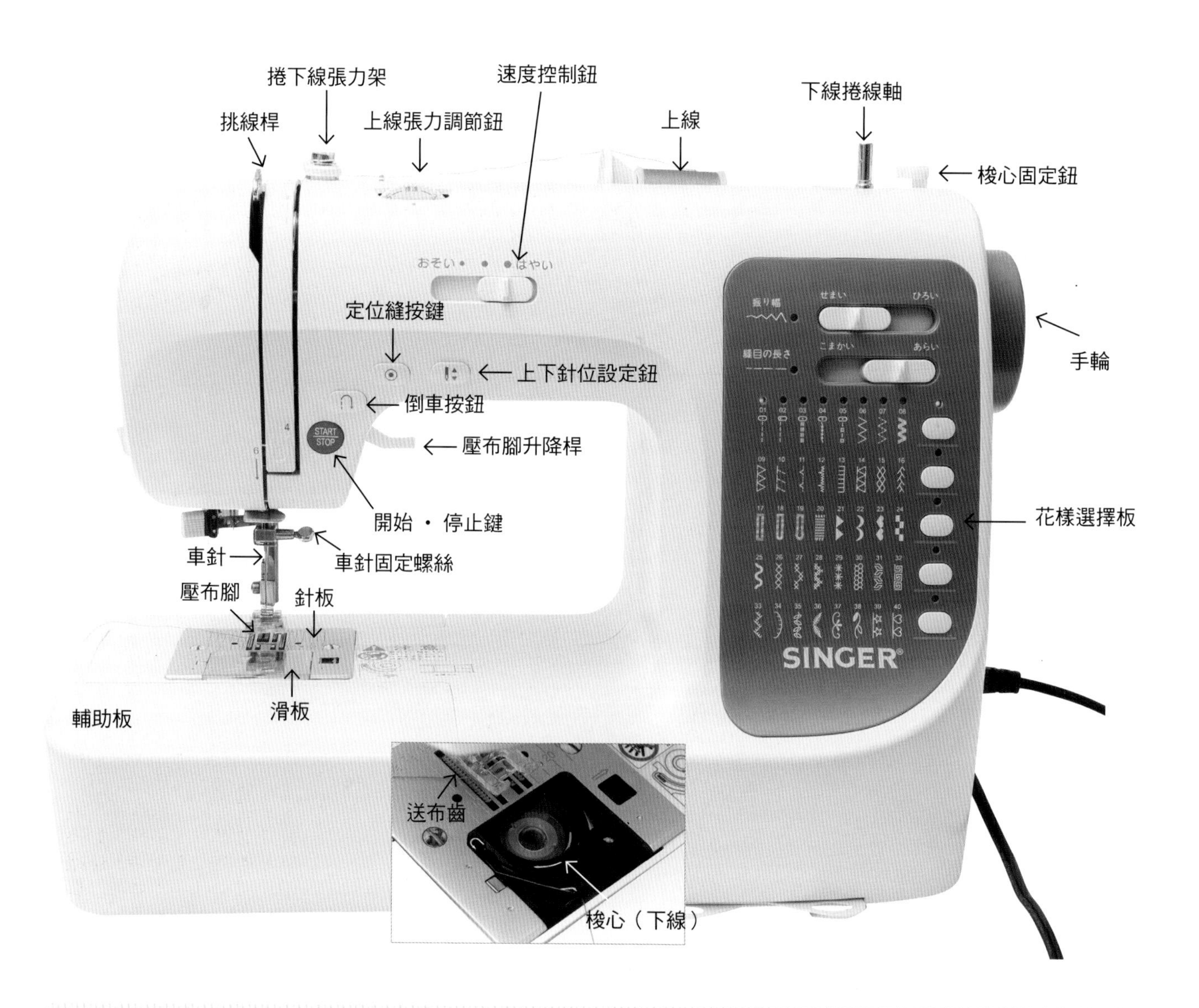

家庭用縫紉機的選擇建議

現在的家庭用縫紉機，以智慧型的電腦縫紉機為主流，除了基本縫法之外，還有各種刺繡及拼布花樣，可以滿足各種手工藝的製作需求。然而，即使購買了最高階的多功能機器，還是有不少人發現自己根本「用不慣」，反而喜歡功能最簡單的簡易機器，我自己就遇過不少這樣的案例。

購買縫紉機之前，請先思考自己最常製作什麼樣的作品，以及將來的使用頻率有多高，以此作為挑選機器的基準，才能選擇到最適合自己的機器。如果可以的話，最好走一趟實體店面比較，並當場試用看看。除此之外，售後服務是否完善，也是挑選縫紉機的重點。

常用機縫線與車針的介紹

縫紉機要根據所縫布料的厚度更換適合的機縫線與車針。若無法區分布的厚度，選用一般布料用的機縫線與車針即可。

布	機縫線	車針	特徵
薄布	一般用 90 號、60 號（※）	7 號、9 號（※）	愈薄的布料，就要使用愈細的機縫線，完成狀態才會漂亮。像水晶紗等輕薄透的布料、常用來當作衣物內襯的嫘縈等等，布很容易鉤紗，車縫時要注意。
一般布料	一般用 60 號	9 號、11 號	精梳棉、麻布、被單布、雙面針織布等皆屬於布面平滑的布料，比較容易車縫，推薦給初學者使用。
厚布料	一般用 30 號、60 號	14 號、16 號	丹寧布、帆布、斜紋軟呢等布面平坦的布料，雖然屬於厚布料，但也是容易車縫的素材。不過，如果需要把布疊起來時，車縫厚布容易造成斷針或下線糾纏，請初學者小心。
針織用	針織用 50 號	針織專用車針 11 號	布面平滑的針織布、毛巾布、羅紋布等具伸縮性的材質，皆需使用針織專用的機縫線和車針。

※機縫線的號碼愈大，線愈細；車針的號碼愈大，針愈粗。

縫紉機的基本設定

開始車縫之前，上線和下線都要設定好，
只要有一個地方弄錯了，就無法進行車縫。
注意，下線的捲繞方向、設定方法以及穿線步驟，
會因縫紉機的機種而稍有不同。

1. 設定車針

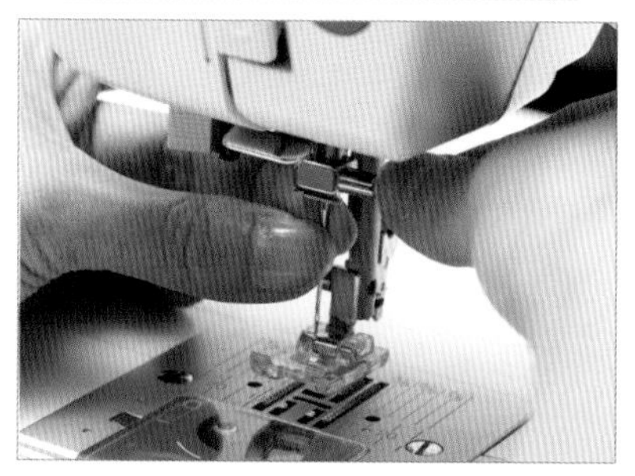

鬆開車針、固定好螺絲，將車針平坦的一邊朝向後側，把車針筆直往上推，直到推到最裡面再栓緊螺絲。

2. 梭心繞線

將要使用的下線捲繞在縫紉機附屬的梭心上。參考使用說明書，將上線放在捲下線的張力架上、拉出縫線，把線尾穿進梭孔裡面後，先用手捲繞幾次。

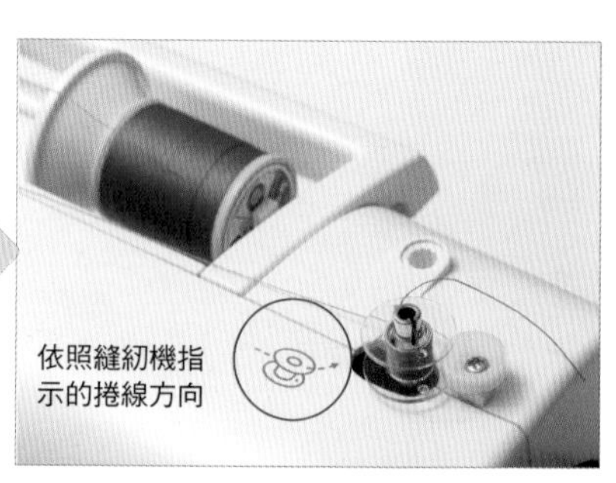

將梭心放進繞下線的捲軸上，按下啟動鍵之後，縫紉機就會自動將線捲繞在梭心上。捲繞結束後，機器也會自動停止動作。

3. 設定梭心

將梭心放在內梭盒裡，從梭心拉出約 10cm 的線。

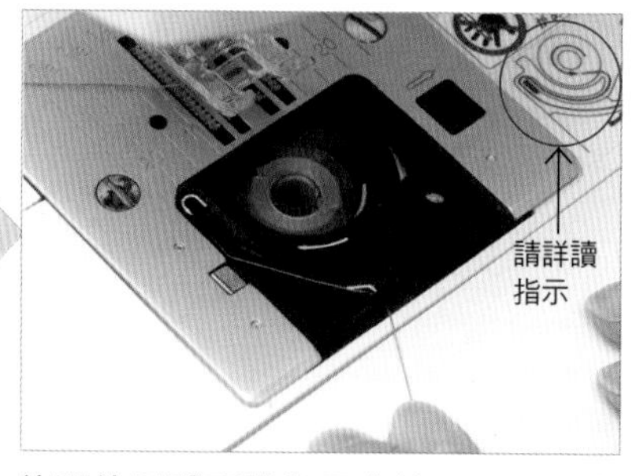

依照使用說明書指示穿線。如果沒穿好線就無法車縫，請正確完成每一個步驟。

4. 穿上線

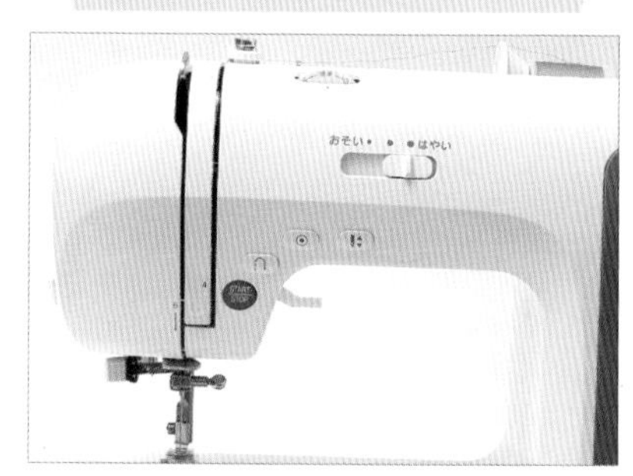

依照使用說明書指示，將上線正確地穿過縫紉機各處，最後將線穿進車針的針孔裡。

5. 引下線

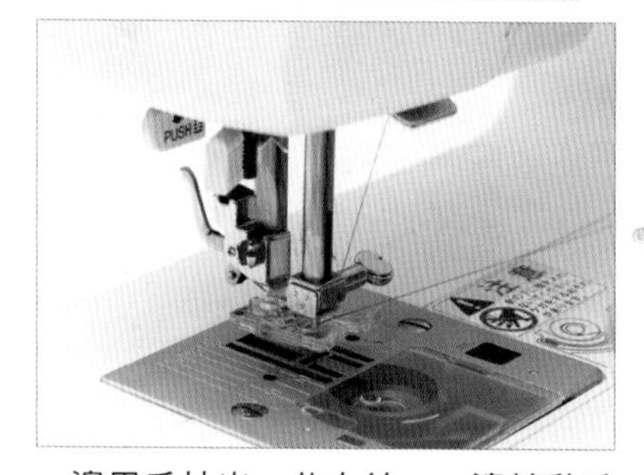

一邊用手拉出一些上線，一邊轉動手輪放下車針。

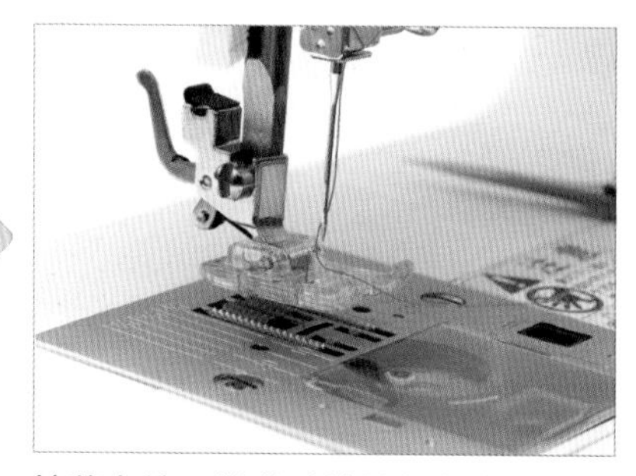

拉著上線、轉動手輪並提起車針，就能引出下線。

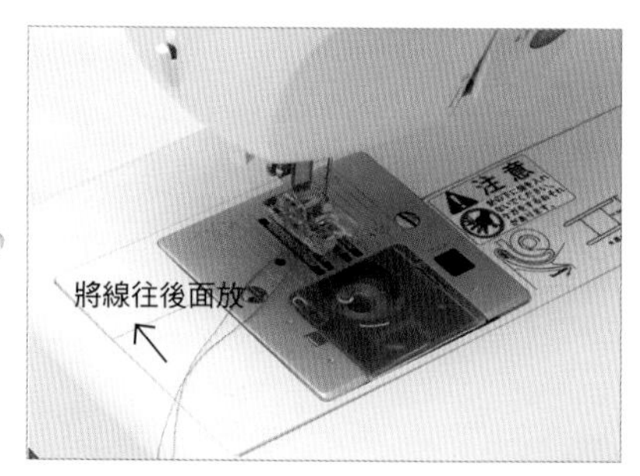

拉出約 10cm 的下線，和上線一起放在後面。

直線車縫

終於要啟動縫紉機了！
首先，先嘗試直線車縫。準備好練習用的布，我們開始吧！

1. 開始車縫

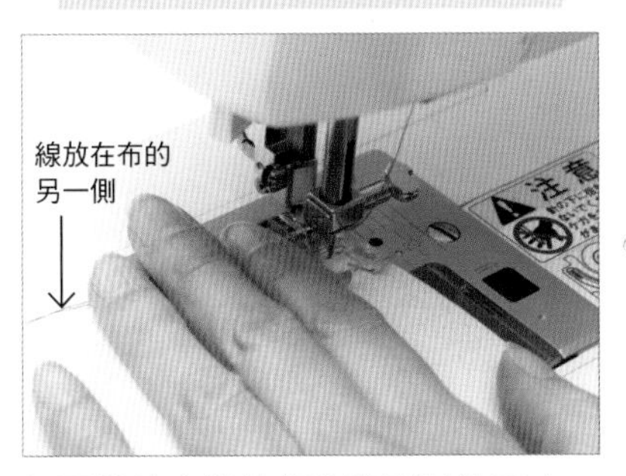

把要開始車縫的部位移到針的下方、放好布，左手輕壓住布面以免歪斜。

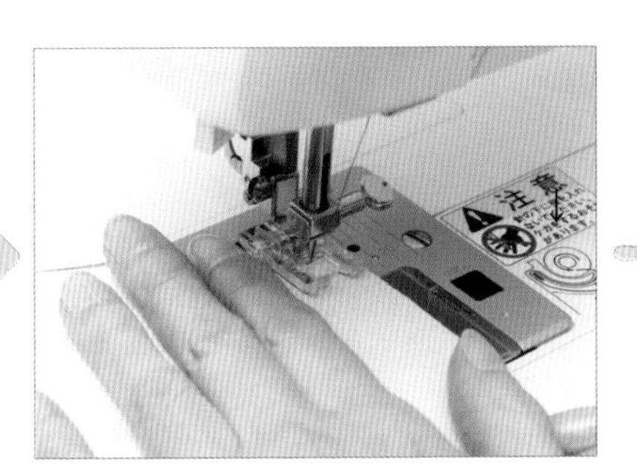

按下啟動鍵，往前車縫 1cm 左右。

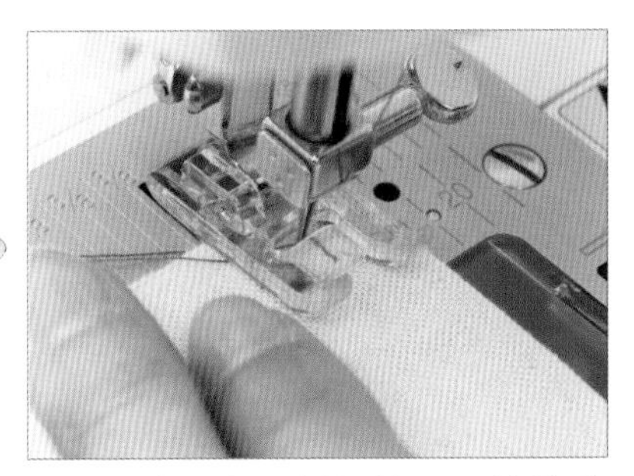

按下倒車按鈕，倒退縫回開始的位置。

2. 往下縫

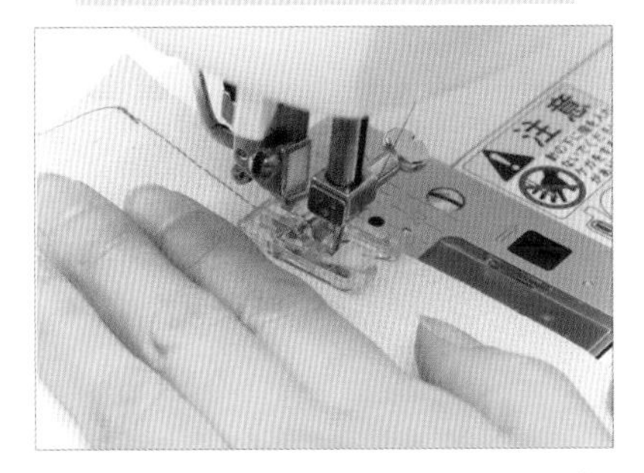

再度按下啟動鍵，重疊縫線並繼續往下車縫。

3. 結束車縫

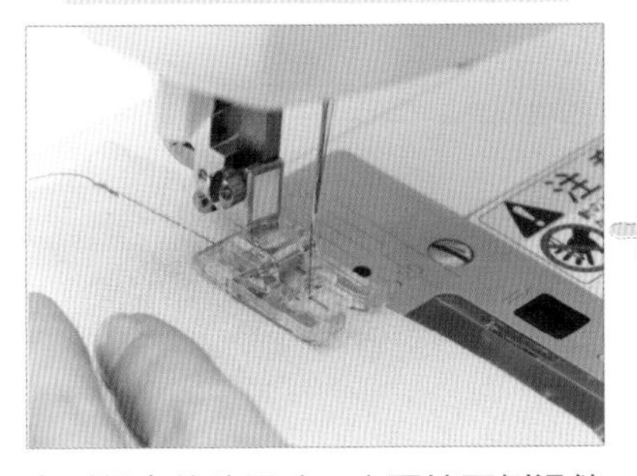

來到結束的位置時，也要按下倒退縫按鈕，倒車約 1cm 左右，再重疊縫到結束位置。

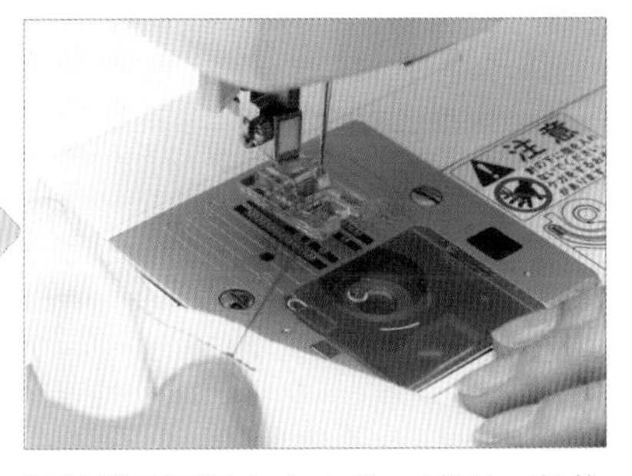

將針提高到最上方之後，連布一起往旁邊或後面拉出縫紉機。

4. 剪線

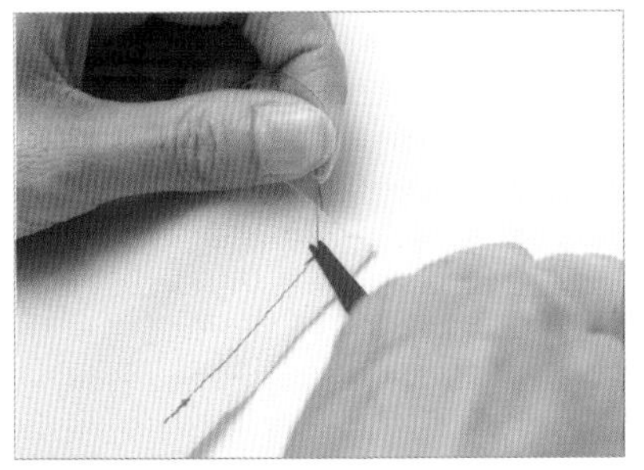

剪線。由於有做倒車所以不會綻線，可以貼著布面剪線。

memo : 09

拔掉珠針的最佳時間點？

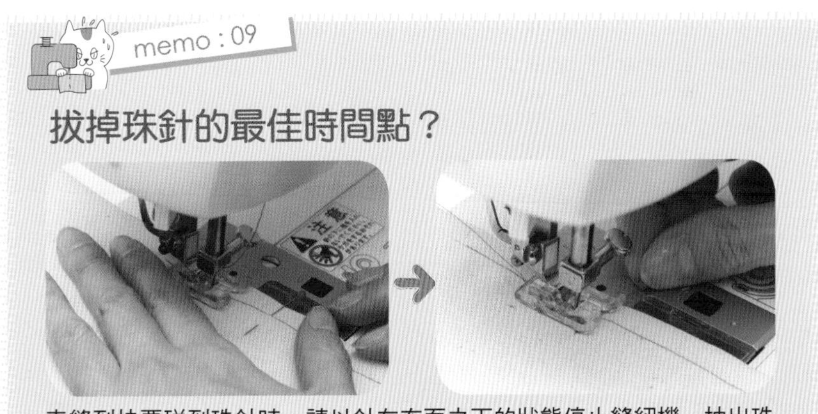

車縫到快要碰到珠針時，請以針在布面之下的狀態停止縫紉機、抽出珠針。若連珠針一起車縫過去，很容易造成斷針或車針變形。

車縫密度的設定

車縫密度的設定，數字愈大、針距就愈大。
如果不是很厚或很薄的布料，通常我們會設定在一般布料的密度，因為使用頻率最高。

以一般布料的車縫密度為基本，再依布的厚度調節。

「疏縫」為調鬆上線的狀態，在假縫、打褶時暫時固定用，方便之後拆線。

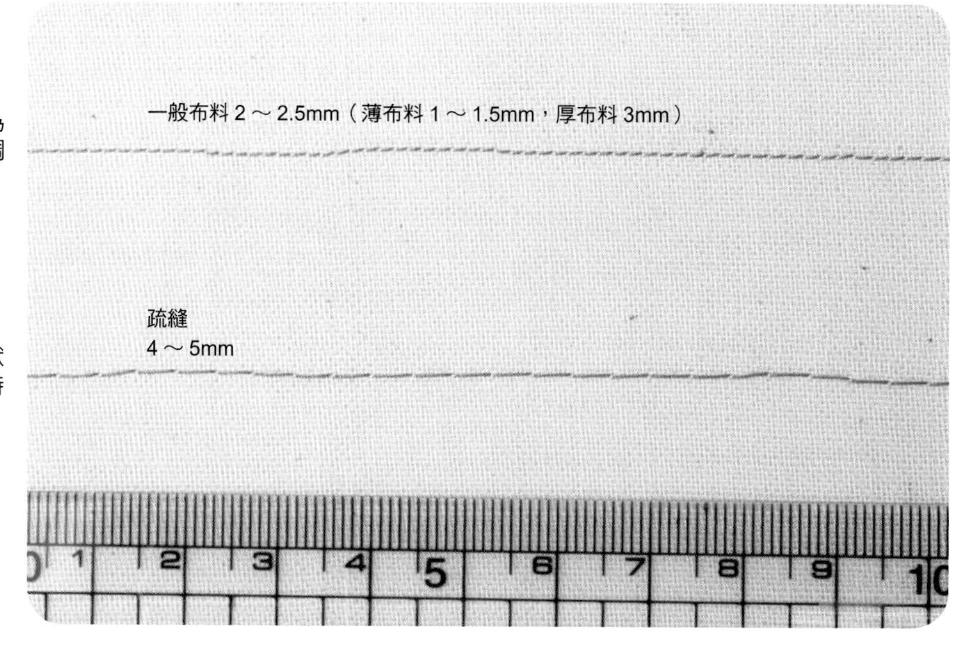

直線車縫的訣竅

訣竅 1

車縫時要以穩定的速度前進，並確認布邊是否直直地往前移動。

訣竅 2

針板的刻度顯示從落針位置算起的距離，依此刻度直線往前即可。例如圖中標示「10」的位置，表示在距離布邊 10mm（1cm）的位置車縫。以 cm 為單位的機型則會標示為「1」。

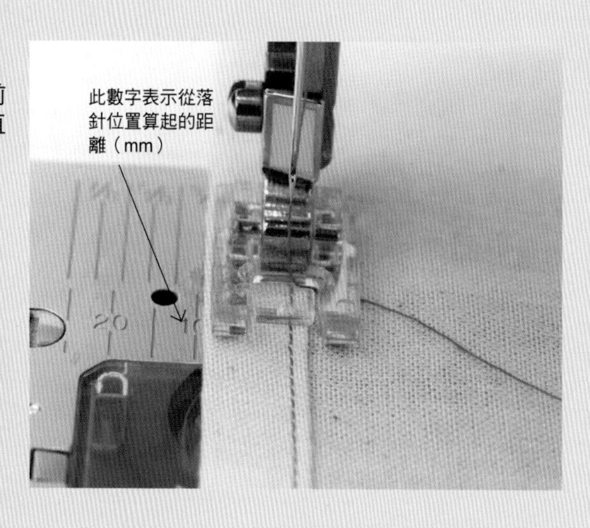

訣竅 3

如果手邊有「方格尺」，不妨使用看看。

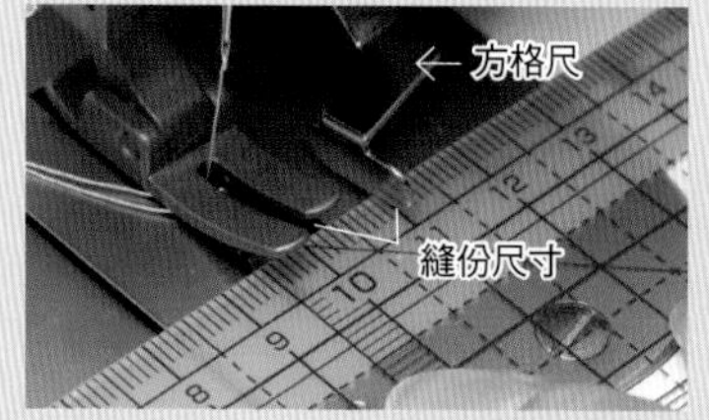

設定好方格尺，就可以調節縫份寬度。也可以用一般量尺從壓布腳的中心點量測。

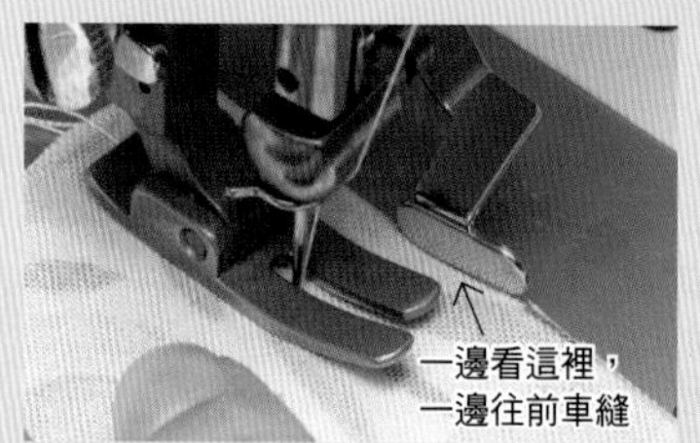

車縫時，方格尺的邊緣要對準布邊。

熟悉各種車縫方法

直線車縫時轉直角、車曲線、常用在布邊收尾的 Z 字形車縫等等，這些都是基本的車縫法，幾乎每個作品都會用到，請務必熟練。

車縫轉角

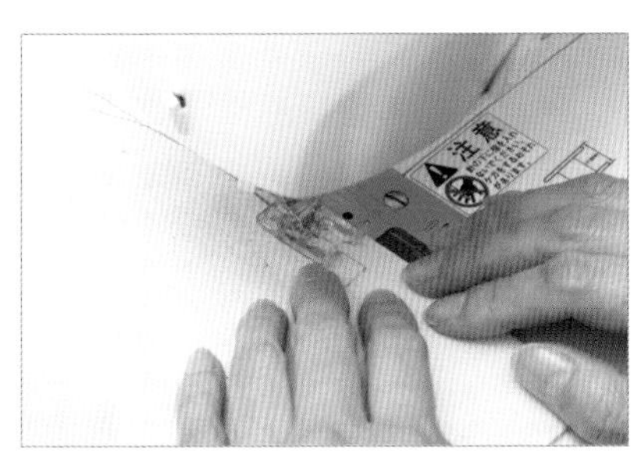

1 以一般的速度車縫到要轉角的位置。

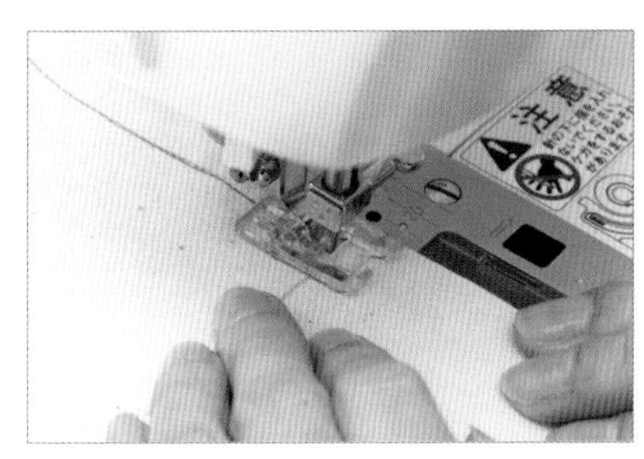

2 車縫到轉角處請先暫停，這時車針在布面之下。

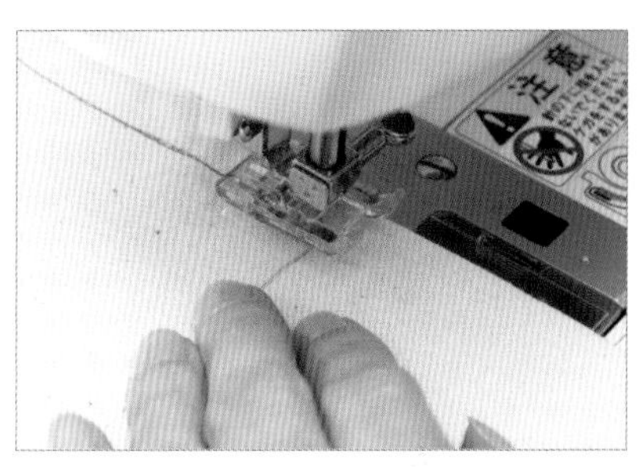

3 以車針在布面之下的狀態抬起壓布腳。

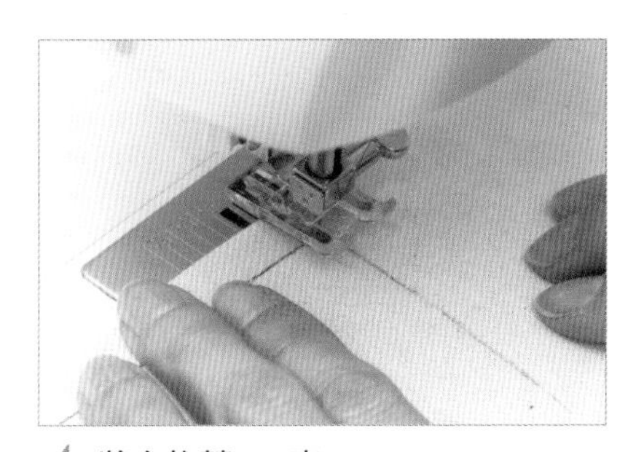

4 將布旋轉 90 度。

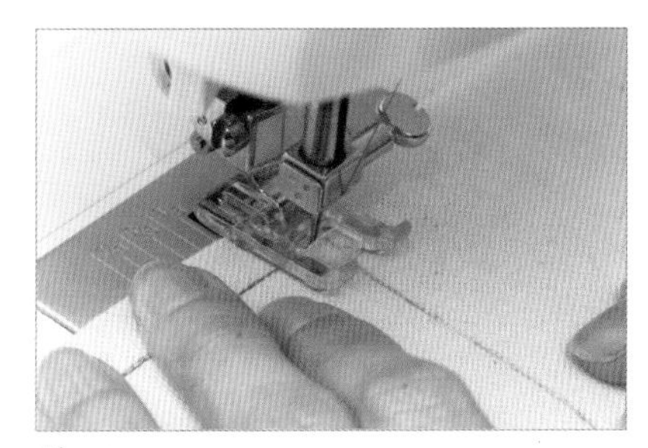

5 放下壓布腳。

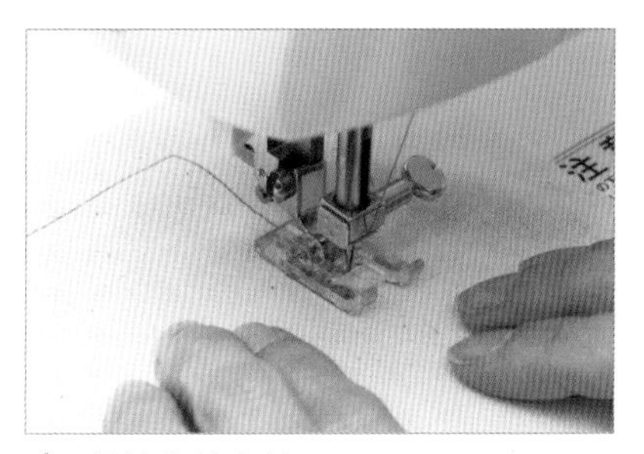

6 繼續往前車縫。

車縫曲線時，重點在於不要求快喔！

車縫曲線

1 車縫到曲線時請先暫停，將車針維持在布面之下，並配合曲線移動布面，慢慢車縫出曲線。

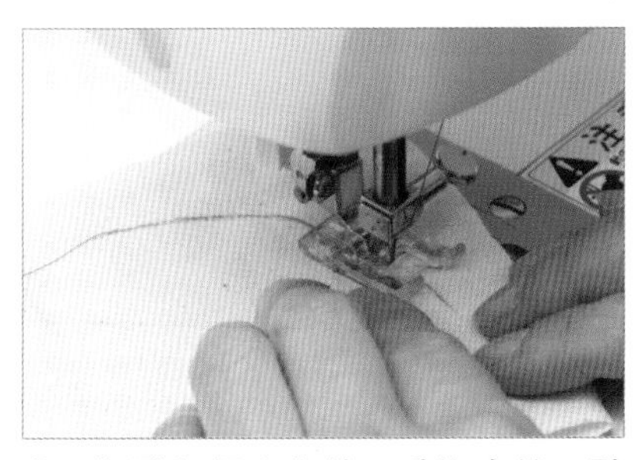

2 為避免超出曲線，重複車縫一點即暫停、移動布面，再繼續車縫的步驟。

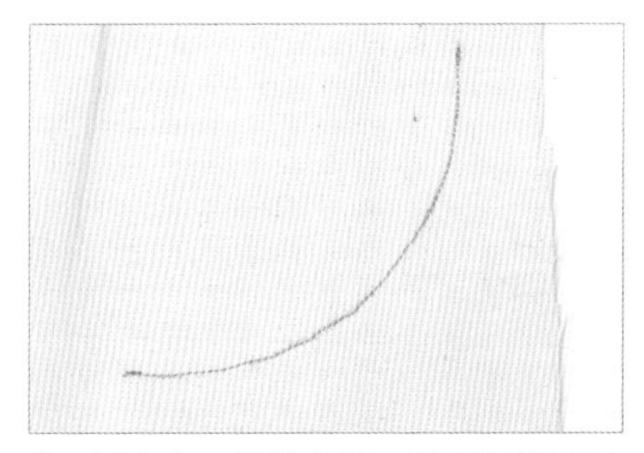

3 別心急，慢慢車縫，就可以漂亮地完成曲線！

Z 字形車縫

1 更換 Z 字形車縫專用的壓布腳。

2 轉動手輪以確認 Z 字形的寬幅。

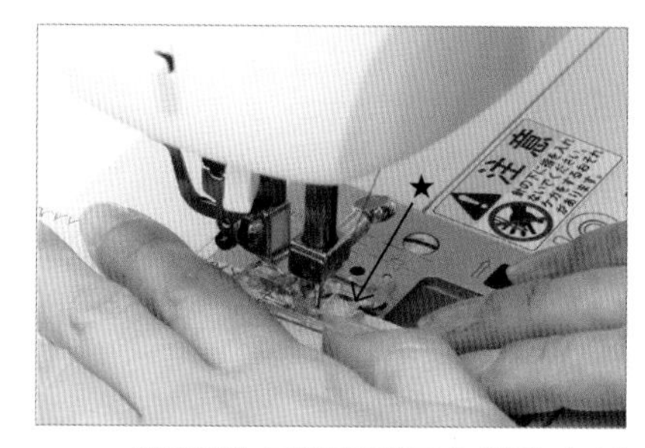

3 一邊確認布邊移到壓布腳的★部分，一邊進行車縫。

車縫時，遇到布面容易跑掉的情況，可以試試以下的方法！

車縫薄布

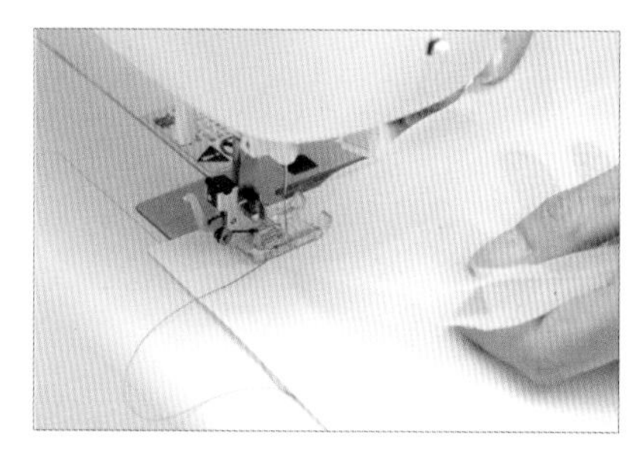

1 將布疊在牛皮紙或影印紙上再車縫。

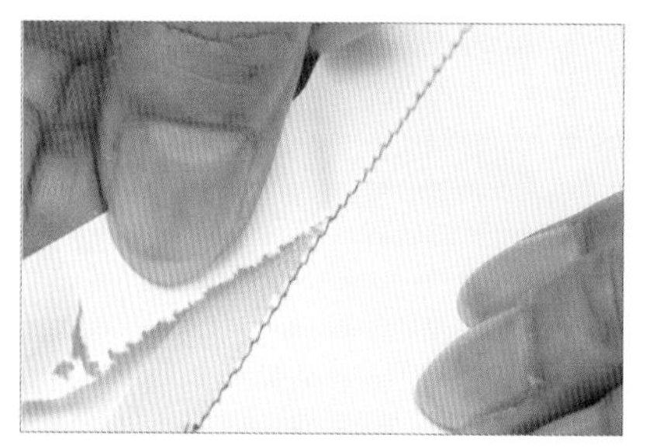

2 縫完後，從接縫處小心地撕開紙，取出紙張。

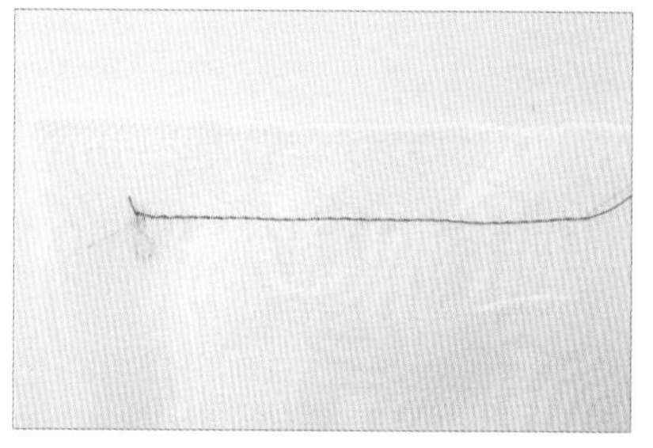

3 工整地縫好薄布。

車縫不同厚度的布料

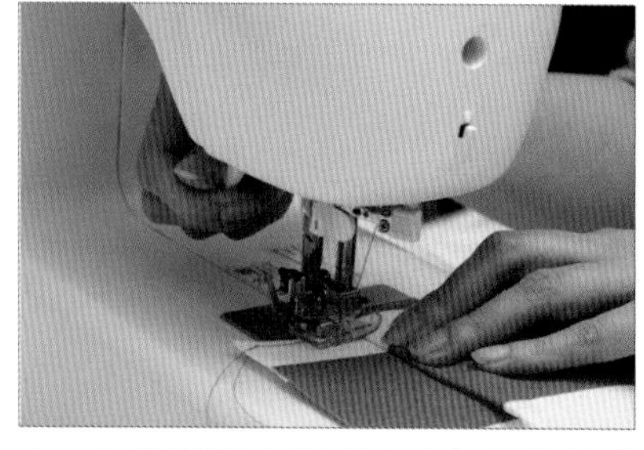

1 車縫到開始出現厚度差距的地方時先暫停，將車針維持在布面之下。

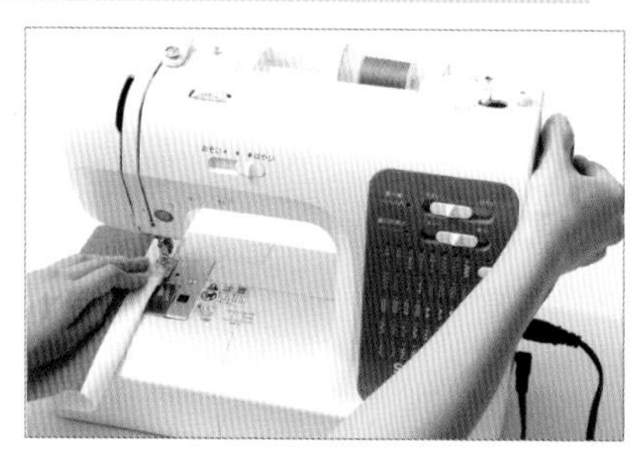

2 轉動手輪讓車針前進，直到車縫過有厚度差距的部分，再調回自動模式，繼續往前車縫。

memo : 11

紙方格尺有什麼妙用？

市面上有販售一種稱為「紙方格尺」的工具，只要用熨斗燙過，就可以直接黏著在布面上，特別推薦在直線車縫或車縫薄布時使用。第一次使用時，建議先在剩布上試用，以確認能否乾淨地撕下。此外，熨斗的溫度不可過高，請根據布料的材質設定溫度。

解決常見的困擾

當車縫的縫線出現異常，請先確認看看是否有灰塵或線屑掉入縫紉機裡，並檢查上下線是否設定正確。
如果車縫失敗也不要緊張，只要拆線再重新車縫即可。

上下線不合 ➡ 確認上線或下線是否設定正確。

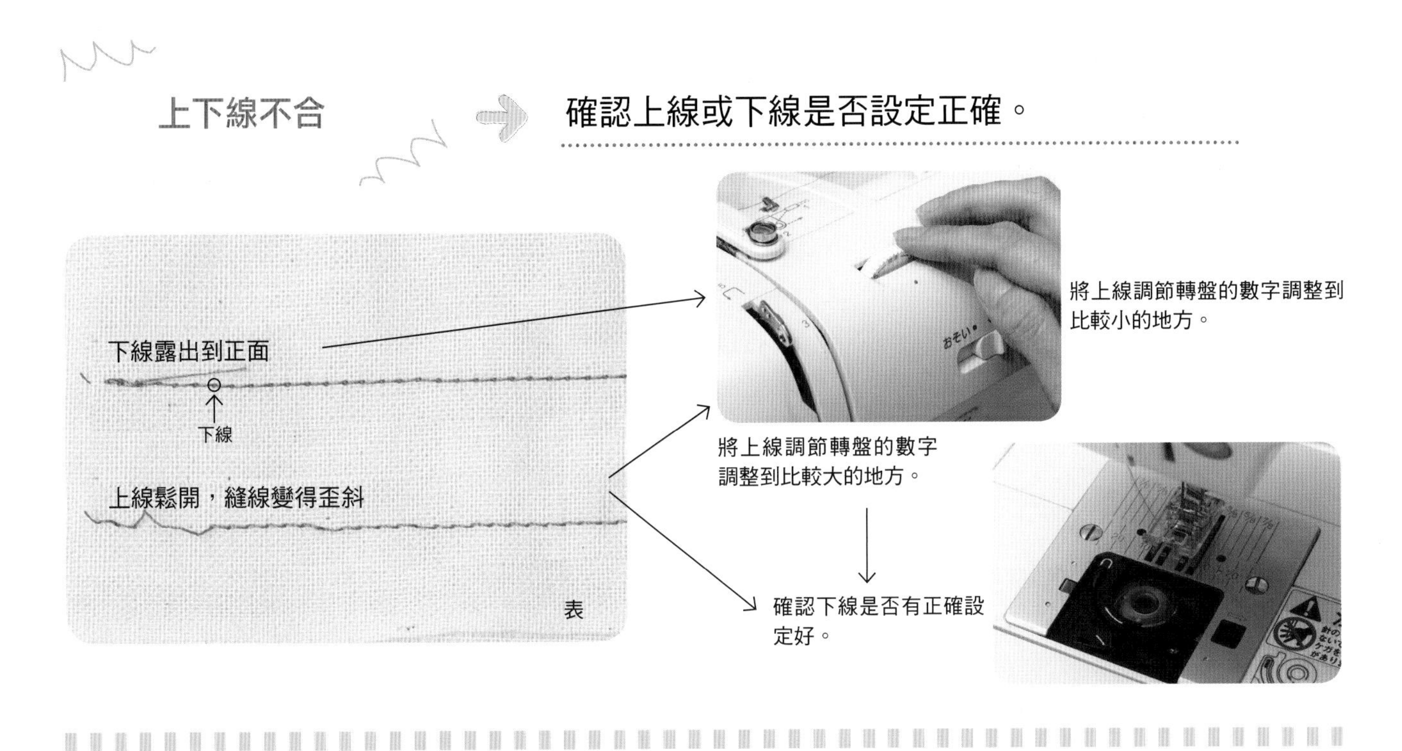

車縫錯誤 ➡ 以拆線器等工具拆開縫線，重新車縫。

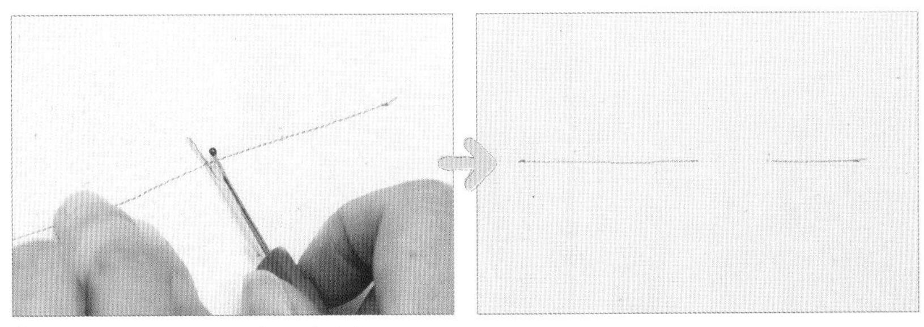

1 將縫錯的部分仔細拆除乾淨。

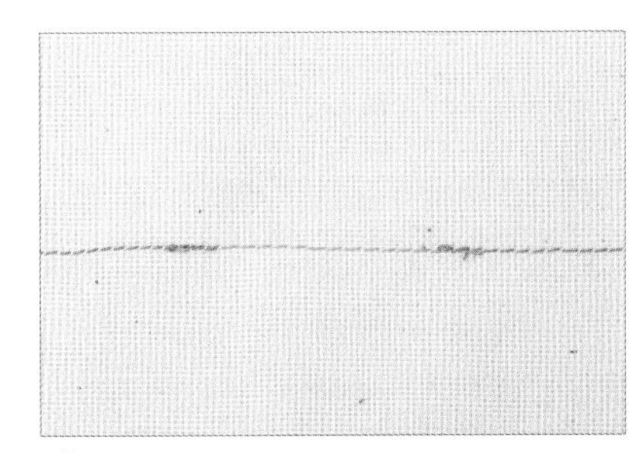

2 重新車縫鬆開的部分。下針時要重疊車縫2～3針，縫到另一端時也要重疊車縫2～3針。

※為了方便辨識，圖中使用不同顏色的線。

Lesson 1 抱枕套

挑戰用縫紉機製作一個抱枕套吧！
素面款特別設計成袋狀，開口處用綁繩打成可愛的蝴蝶結，形成設計亮點。
花邊款則是縫上蕾絲和緞帶點綴，搭配素雅的和風布料。
扣孔部分使用後開式設計，利用繡線手縫扣孔非常簡單，即使是初學者也能立刻上手。

抱枕套／素面款 cushion cover

完成尺寸

35×35cm

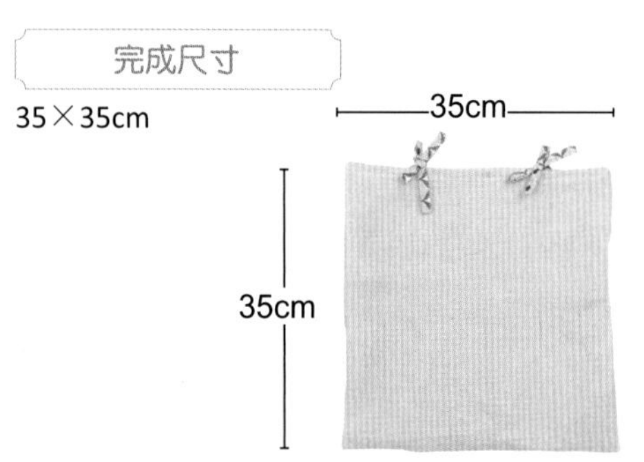

材料

表布（麻）：
37×74cm…1 片
綁繩布（棉）：
20×3.5cm…4 片

版型排列

※ 單位：cm

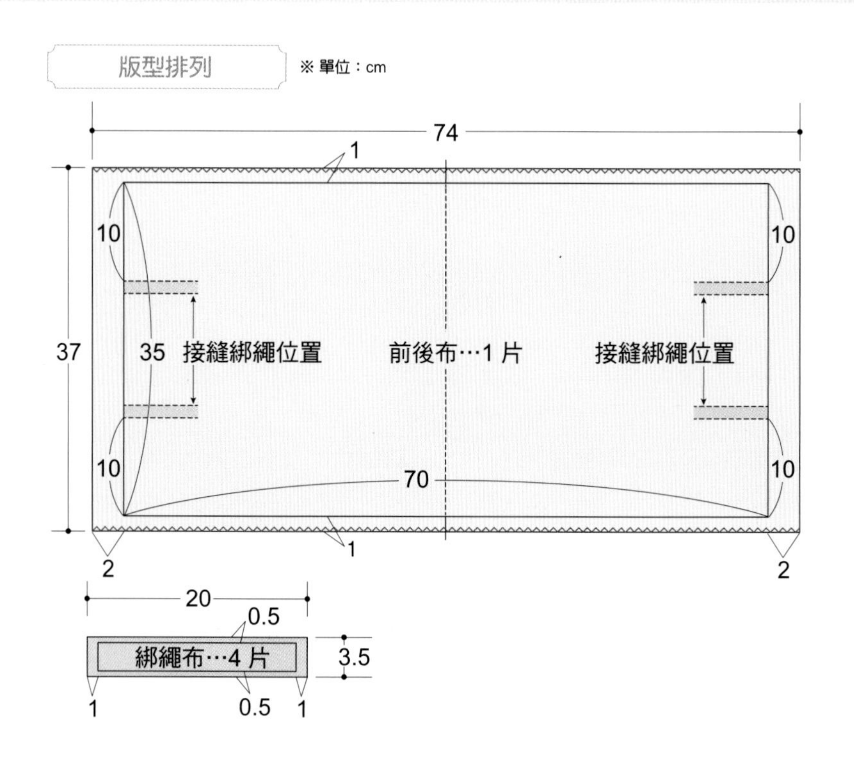

抱枕套／花邊款 *cushion cover*

完成尺寸

35×35cm

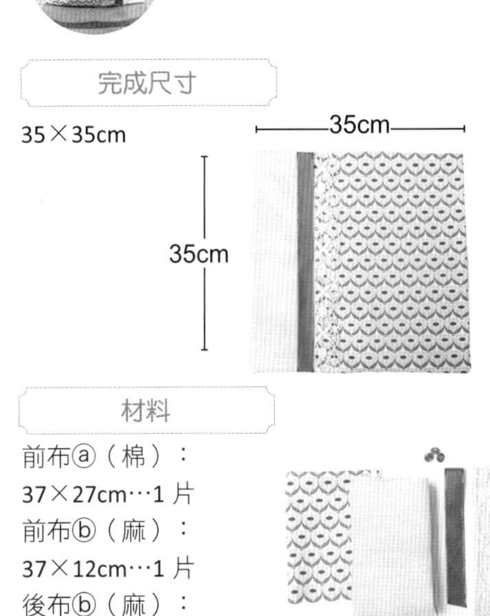

材料

前布ⓐ（棉）：
37×27cm…1 片
前布ⓑ（麻）：
37×12cm…1 片
後布ⓑ（麻）：
37×23cm…2 片
鑲邊蕾絲：4～6cm 寬 × 約 40cm…1 條
緞帶：2.5cm 寬 × 約 40cm…1 條
單腳鈕扣：直徑 1.3cm…3 個
繡線：適量

版型排列

※ 單位：cm

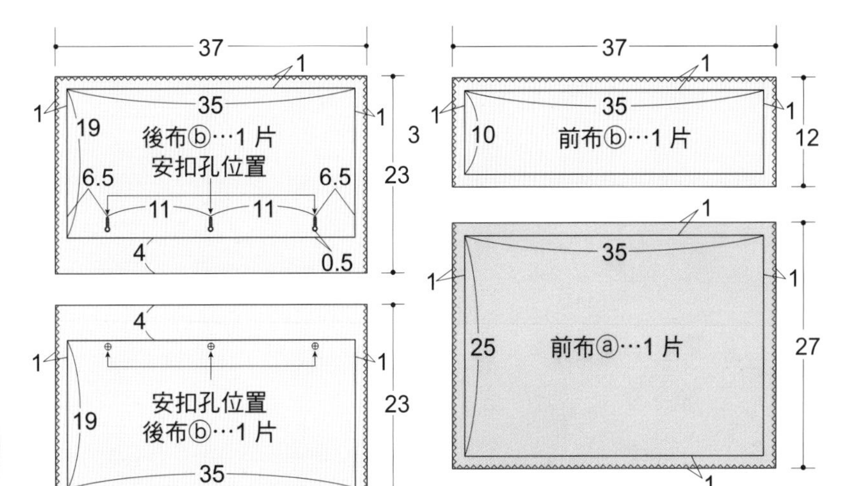

Let's try

抱枕套／素面款 cushion cover

1. 用縫紉機製作綁繩

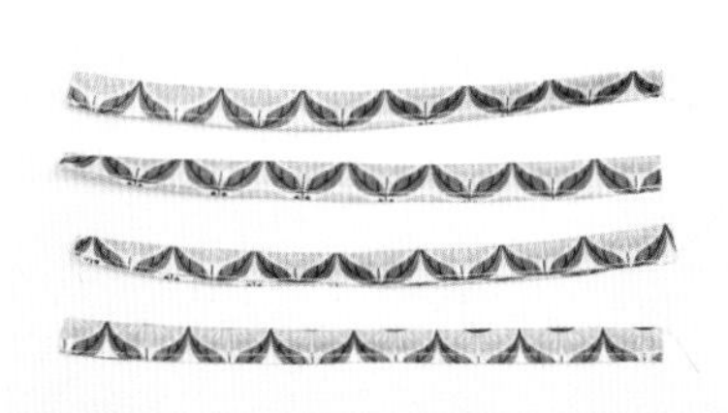

詳見下方的「達人小祕訣」，縫製好4條綁繩。

2. 縫製袋子

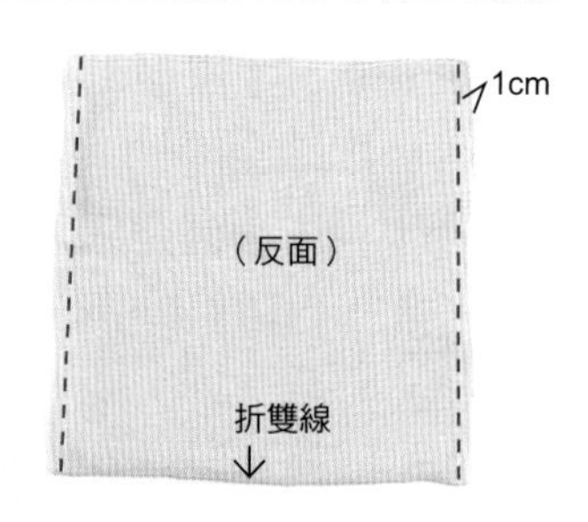

將前後布正面相對後對折，兩邊各留1cm縫份，車縫兩邊。

3. 袋口做三折收邊，放入綁繩

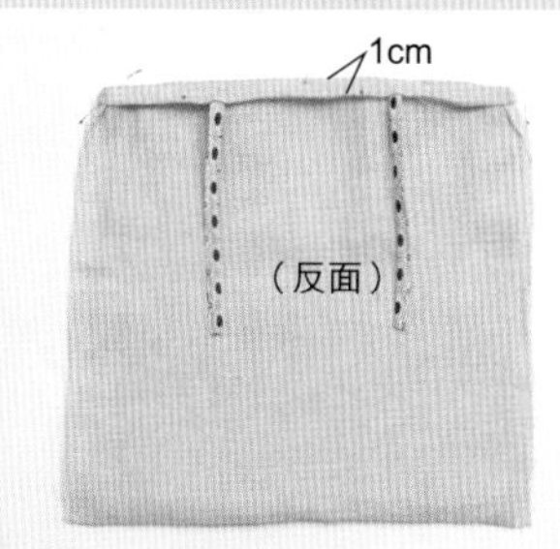

將袋口的布邊往內折1cm後再往內折1cm，用珠針固定好。將沒有封口的那端綁繩塞進布邊。

4. 用縫紉機車縫袋口

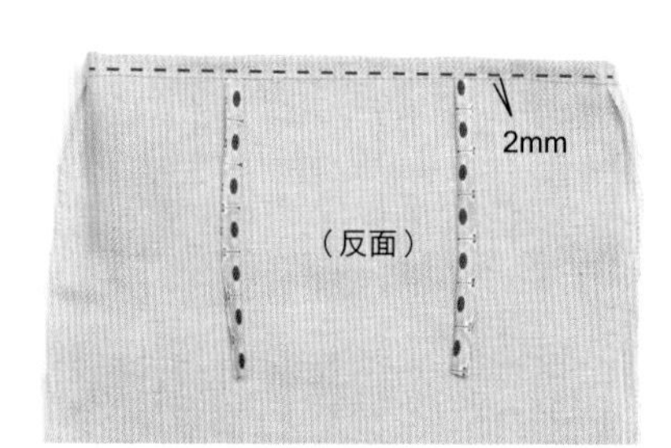

用縫紉機車縫距折邊2mm的位置一整圈，一併固定好綁繩。

5. 將綁繩往上折並固定

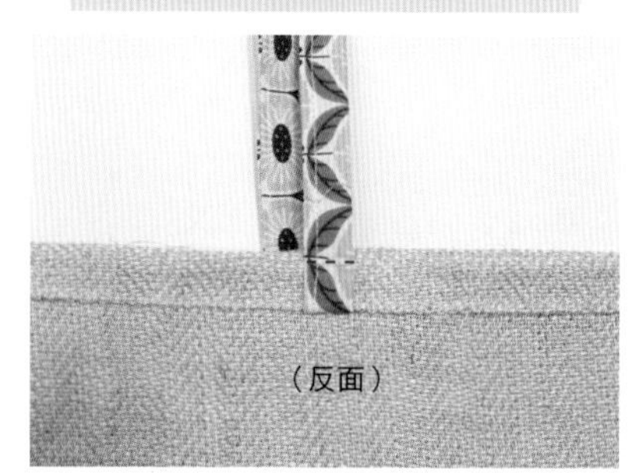

將綁繩從折邊往上折，再車縫一道固定。

6. 翻回正面

翻回正面後，將市售抱枕芯放進去，將綁繩打成蝴蝶結後即完成。

達人小祕訣

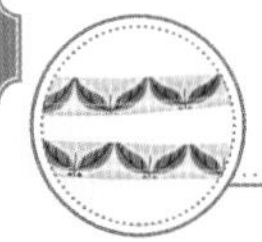

用縫紉機製作綁繩

將布條作四折邊車縫起來即可，圍裙（P72）的綁繩也是用這種方式製作。

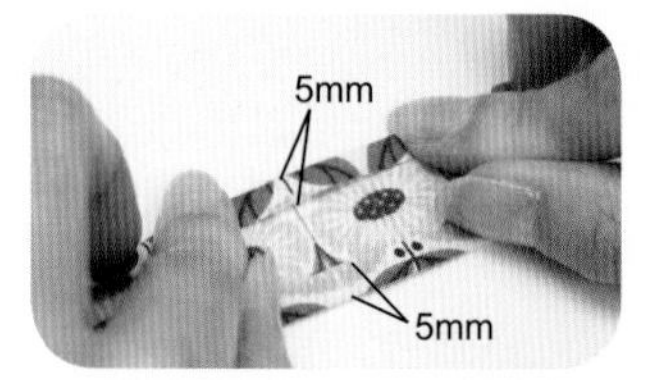

1 將綁繩布攤開，在長邊的上下各往內側折5mm燙平。

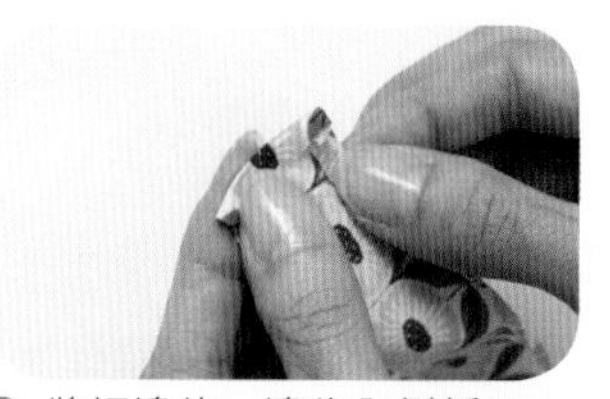

2 將短邊的一邊往內側折5mm燙平。

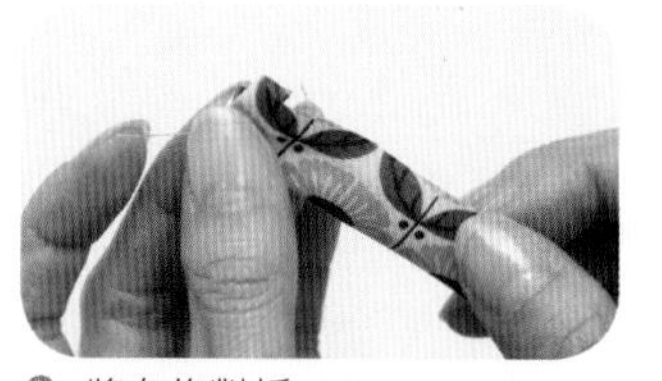

3 將布條對折。

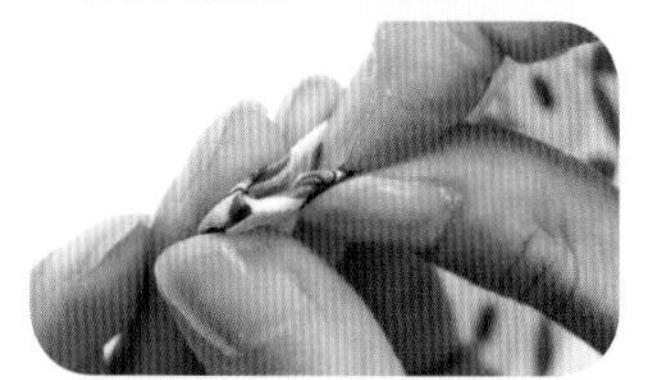

4 用長邊折疊的布覆蓋短邊折疊的布。

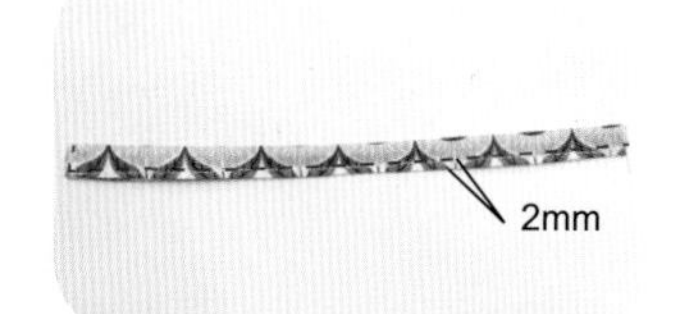

5 車縫距折邊2mm的位置。

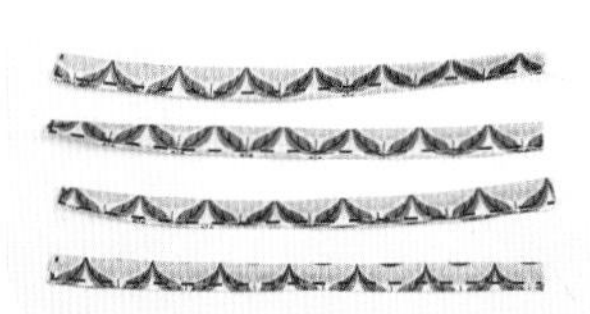

6 重複相同的動作，總共需要縫製4條綁繩。

抱枕套／花邊款 cushion cover

1. 接合前布

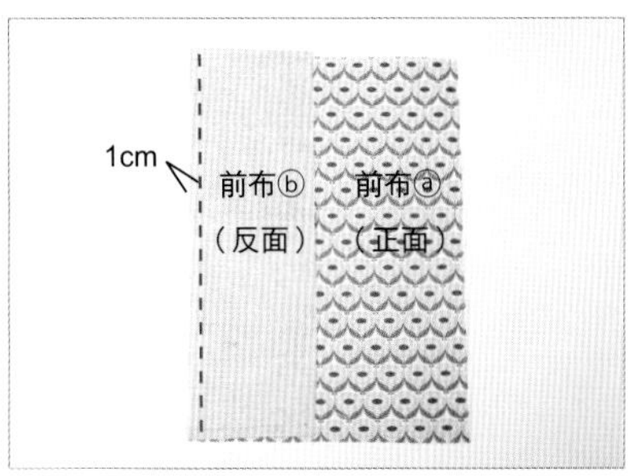

將前布ⓐⓑ的正面相對，留 1cm 縫份接合起來。

2. 疊上蕾絲

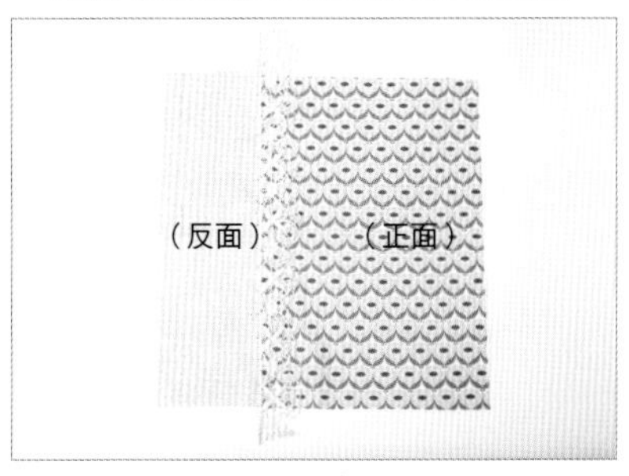

分開 1 的縫份並用熨斗燙開，在正面接合的位置疊上蕾絲。

3. 疊上緞帶，車縫

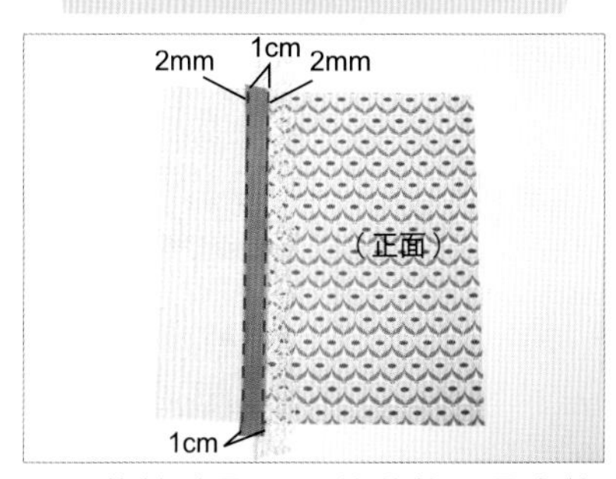

以和蕾絲重疊 1cm 的狀態再疊上緞帶，兩邊距邊緣 2mm 的部位各車縫一道。

4. 後布的布邊做三折收邊

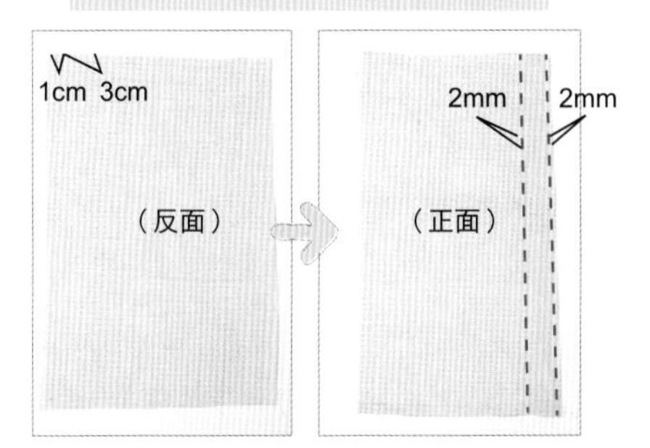

將後布的袋口側邊緣折 1cm 後再往內折 3cm，從正面車縫距折邊兩端 2mm 的位置。另 1 片也以相同方式處理。

5. 製作手縫扣孔

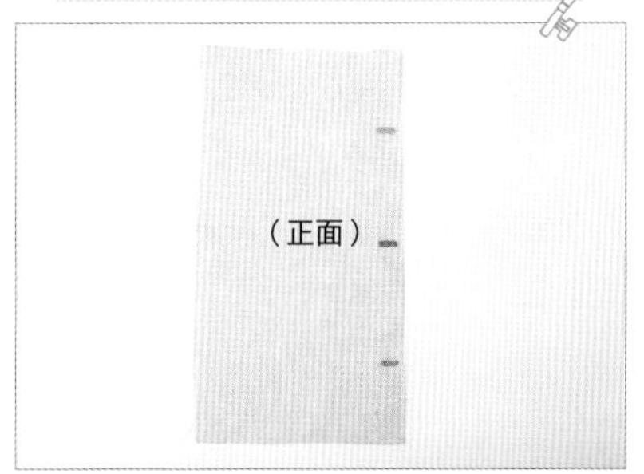

請參考 P66 的「達人小祕訣」，在 4 預定要安裝扣孔的位置上，手縫製作三個扣孔。

6. 縫單腳鈕扣

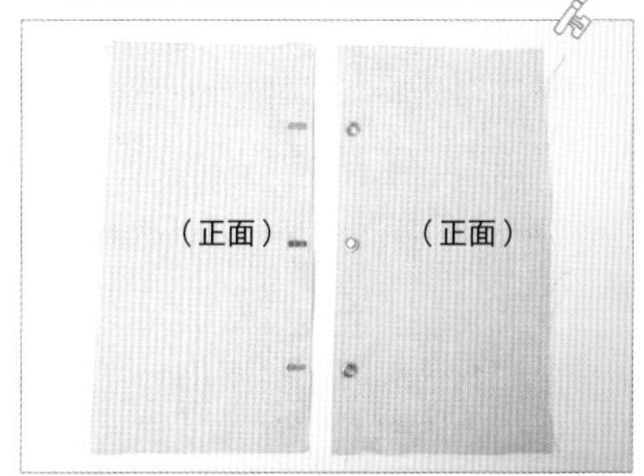

請參考 P66 的「達人小祕訣」，在另 1 片的後布上縫單腳鈕扣。

7. 重疊後布，車縫

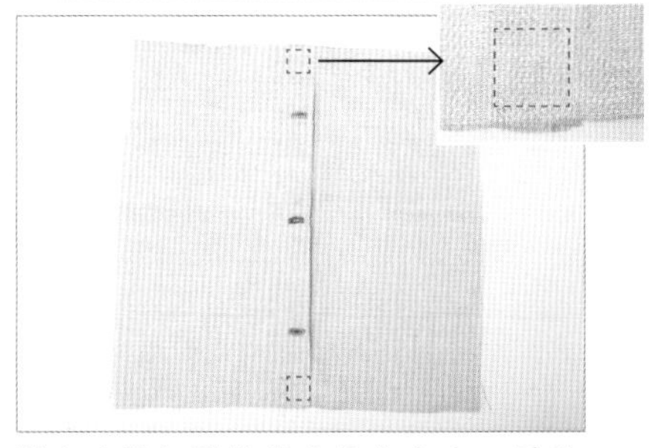

將有安裝扣孔的後布疊在上方，重疊兩片後布，在上下兩個角落縫合成 3cm 的正方形。

8. 縫合正面和反面

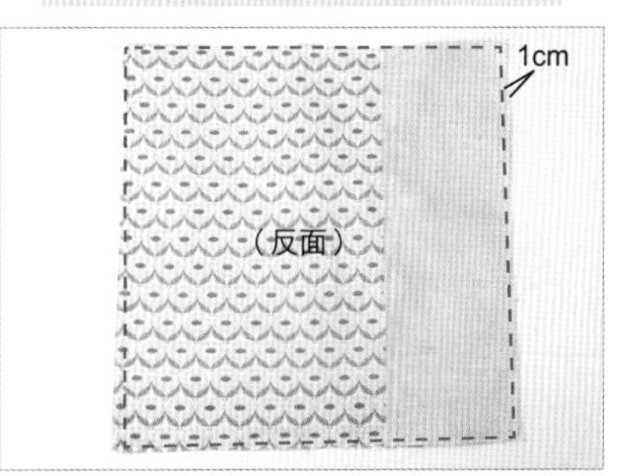

將 3 與 7 正面相對並對齊，留 1cm 縫份縫一整圈，剪掉露出的緞帶和蕾絲。

9. 從袋口翻回正面

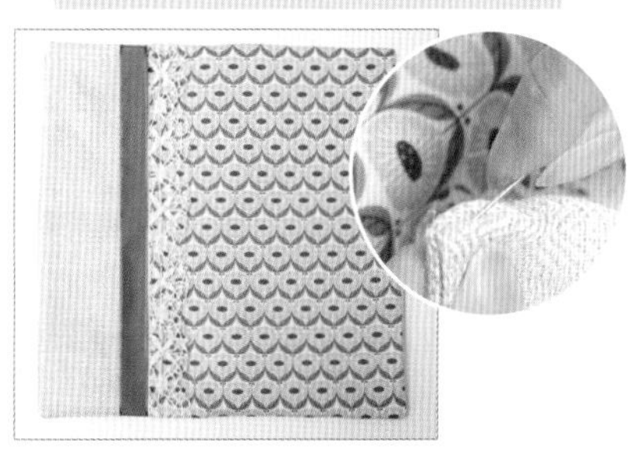

從袋口翻回正面，利用針尖調整出漂亮的折角後即完成。

達人小祕訣

利用繡線製作扣孔

有些縫紉機有製作扣孔的功能，沒有的話可以自行使用「扣眼縫」技巧來製作。
所需的繡線長度，大約是以扣孔長度 ×30 倍為標準。

預先做「扣眼縫」，布就不容易綻開喔！

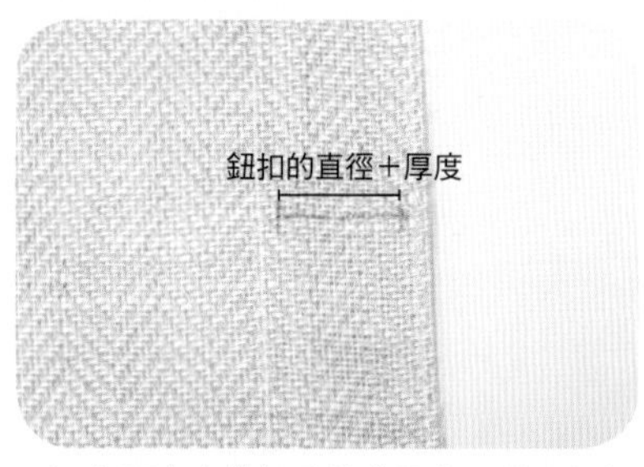

1 在預定安裝扣孔的位置上，量取鈕扣的「直徑＋厚度」長度，使用這個長度畫線標記號。

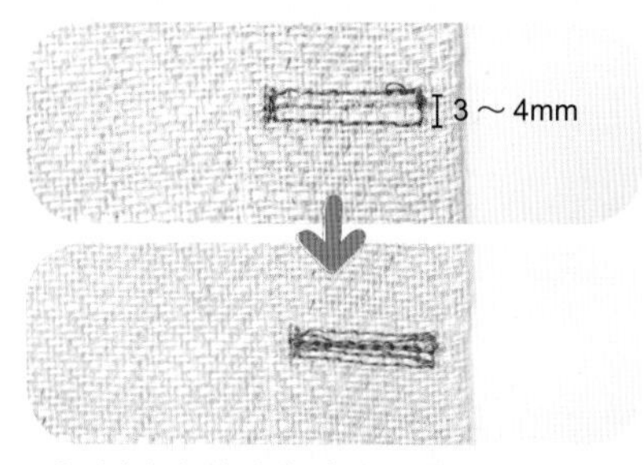

2 以 1 畫的線為中心，量取 3 ～ 4mm 的寬度，用縫紉機車縫周圍，再以隨機的方式車縫中間。

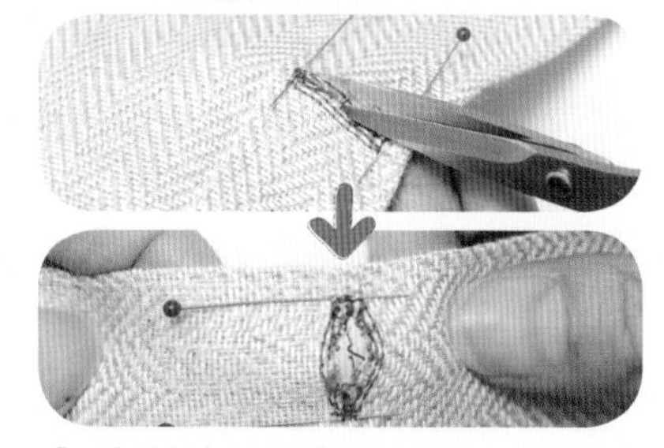

3 將珠針插進兩邊並固定好，用剪刀或拆線器在正中央剪開一個洞。
※ 為方便辨識，這裡使用顯眼色系的縫線。

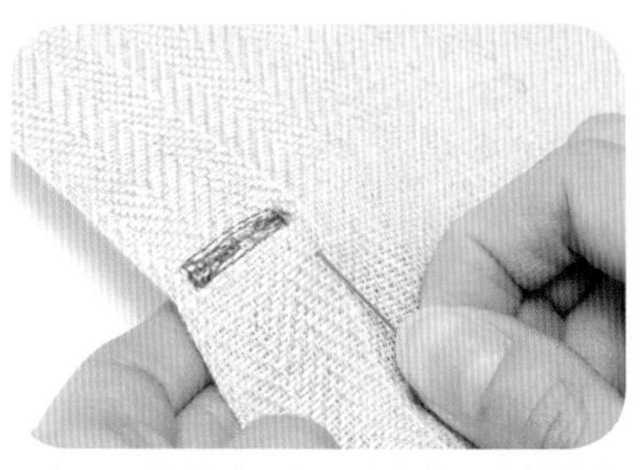

4 取 3 根繡線，穿線後打結，在扣孔旁邊下針，從扣孔的位置出針。

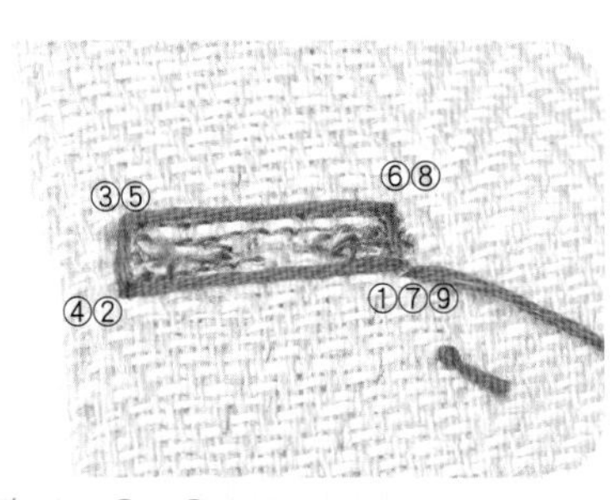

5 按照①～⑨的順序，將在 2 縫好的扣孔四邊，用繡線圍起來。

6 把扣孔分為上下兩部分，先縫下半部分，再繡上半部分。首先，從以繡線圍繞的短邊中央位置出針。

達人小祕訣

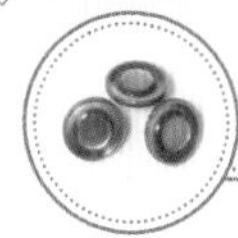

縫單腳鈕扣

單腳鈕扣的縫法，是將線穿過腳上的孔後做固定即可。
即使不留線腳也沒關係，但是留一點線腳的話，使用起來會比較牢固。

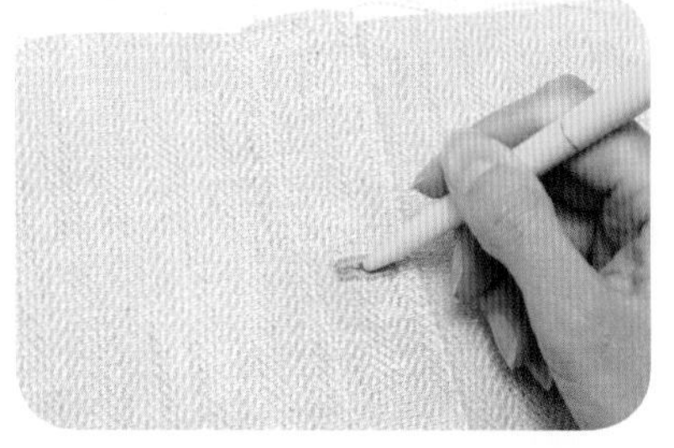

1 將開好扣孔的布疊在縫鈕扣的布上，穿過扣孔標上縫鈕扣的位置。

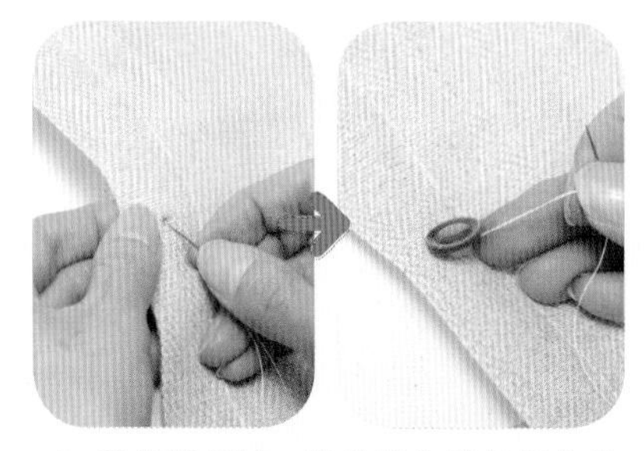

2 穿線後打結，將針置入縫鈕扣的位置，挑起布面 2 ～ 3 根紗，然後穿過鈕扣的腳孔。

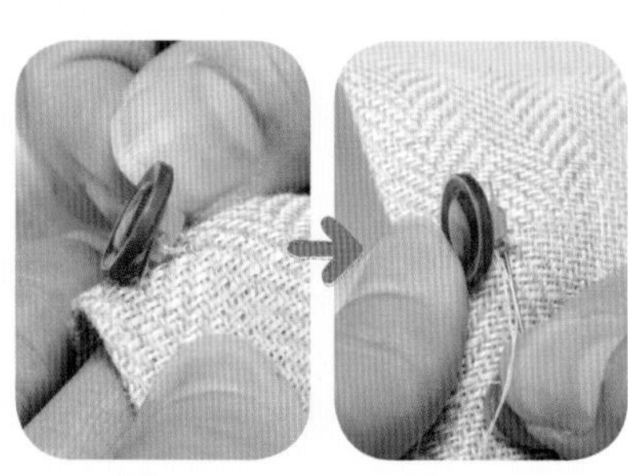

3 在鈕扣的腳孔穿線 3 ～ 4 次之後，挑起布面出針。

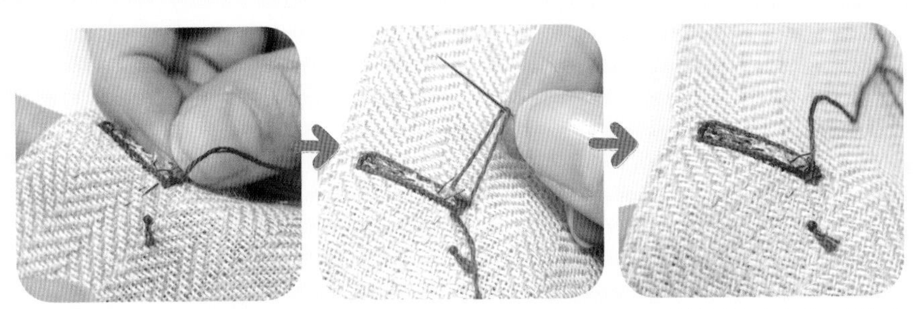

7 從扣孔的中央挑起近身處的布。注意不要將線完全拉出來，在線快要拉完之前，用針尖挑起完成的線圈後，再將線拉出。

8 緊密地反覆完成 7 的刺繡。下半部分繡完以後，也以相同方式處理上半部分。

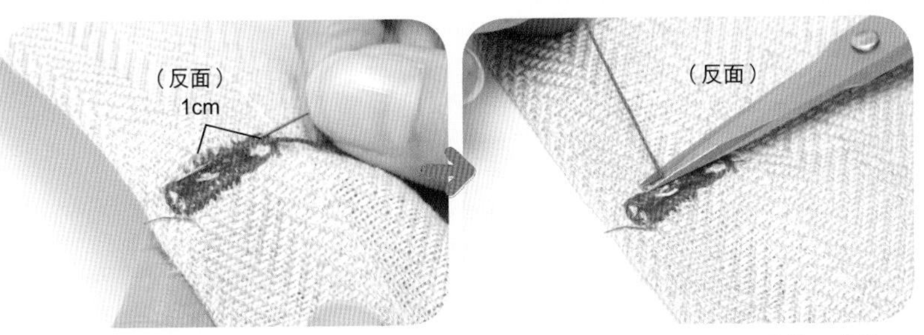

9 上下的刺繡皆完成後，將針往反面插進去，讓反面的線留下 1cm 長度後，剪線。

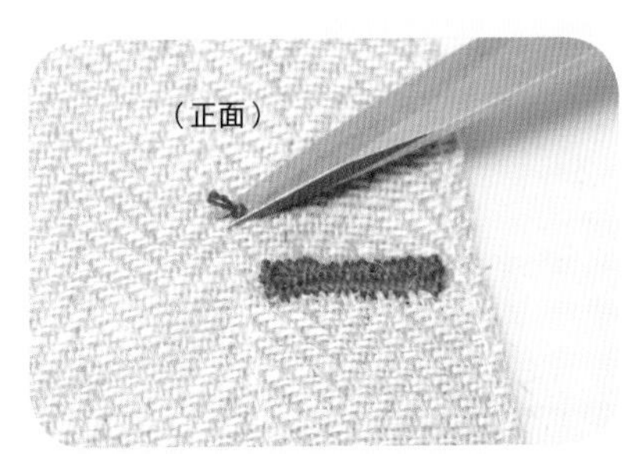

10 翻回正面，剪掉剛開始打的結。

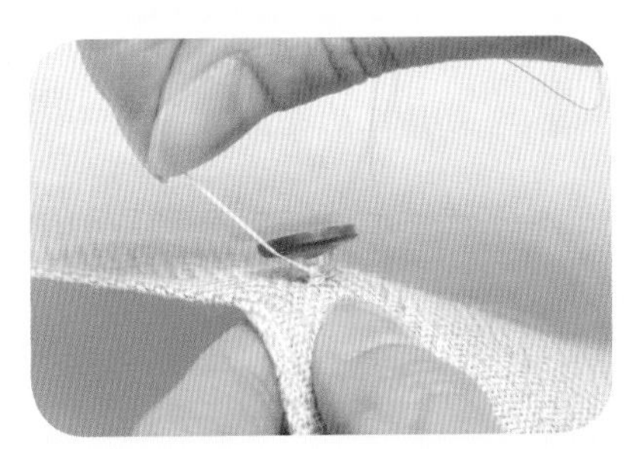

4 將針插在安全的位置，用剩下的線在鈕扣與布之間的線腳捲繞 3 ～ 4 圈。

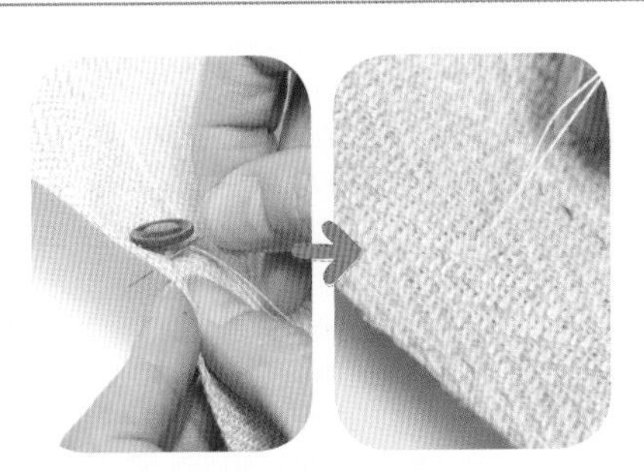

5 從反面出針，收針打結。

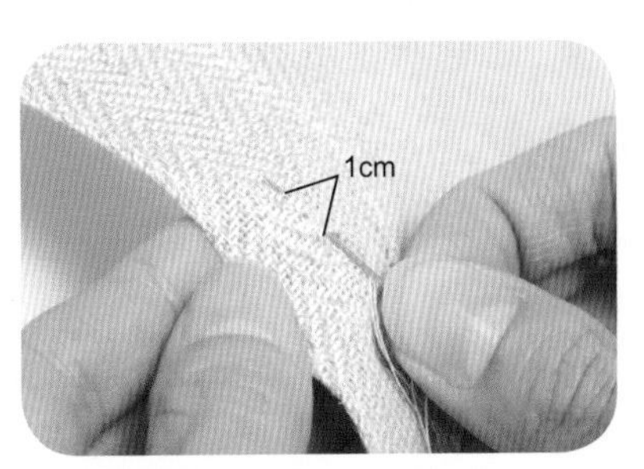

6 在打結處附近插針，於距離 1cm 左右的位置出針，將結拉到布裡面，剪線。

Lesson 2

包中包

包中包

鑰匙、錢包、記事本，
智慧型手機、平板電腦還有化妝用品…，
每天出門前，都要檢查東西帶齊了沒，
這應該是許多人每日的生活寫照吧？
如果能擁有一個為自己量身訂做的「包中包」，
隨時都能優雅、聰明地收納物品。
只要搭配自己隨身物品的尺寸，
設計好袋子的間格再縫製，
會比任何市售品都更方便好用喔！

達人小祕訣

車縫拉鍊

包中包 bag in bag

完成尺寸

30×25×4cm

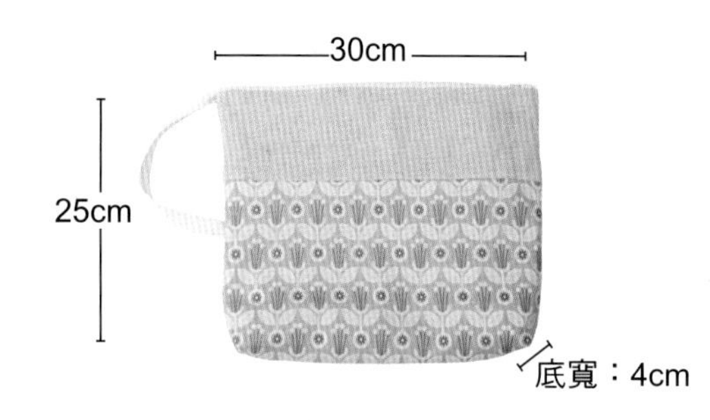

材料

表布ⓐ（棉）：
32×18cm…2 片
表布ⓑ（麻）：
32×10.2cm…2 片
裡布（棉）：
32×26.5cm…2 片
口袋底布（棉）：
32×46cm…1 片

口袋隔間布（棉）：
32×30cm…2 片
拉鍊：50cm…1 條

版型排列

※ 單位：cm

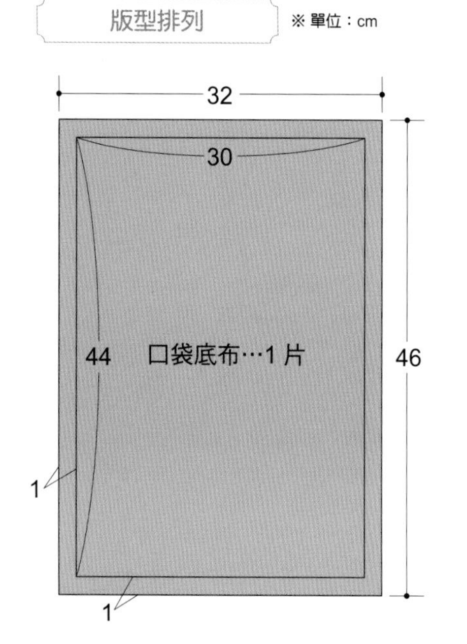

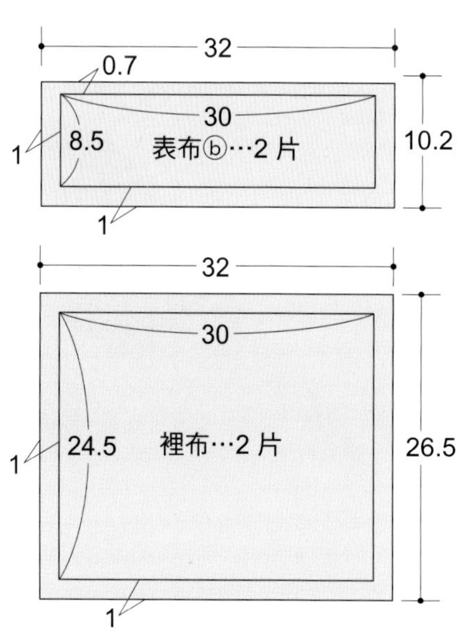

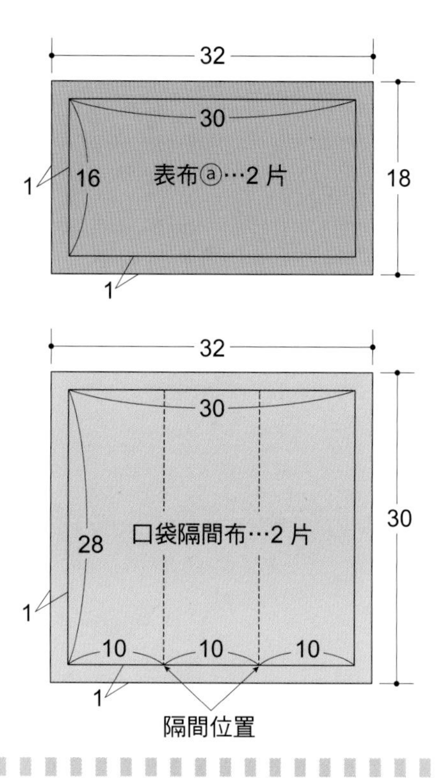

1. 將表布ⓐ、ⓑ接合起來

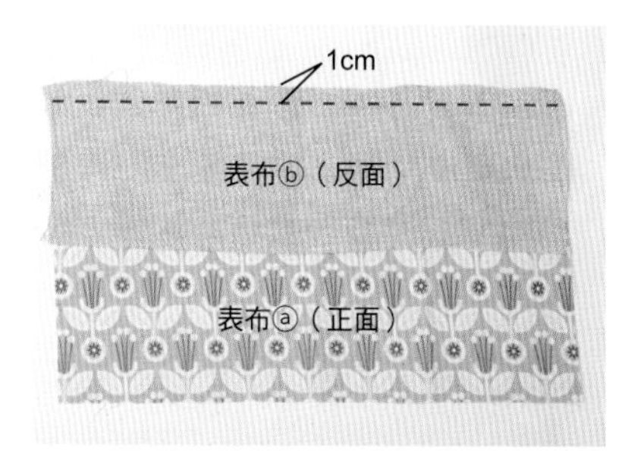

如上圖，將表布ⓐ、ⓑ正面相對疊合，留 1cm 縫份車縫。

2. 分開縫份

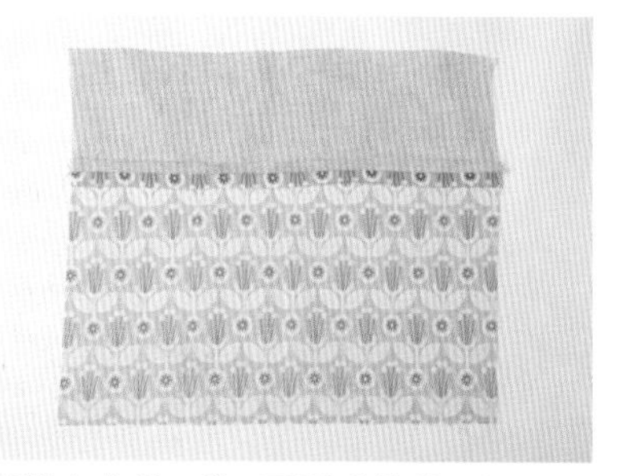

攤開表布ⓐ、ⓑ，用熨斗將縫份燙開。另 1 片也以相同方式處理。

3. 用縫紉機接縫拉鍊

請參考右頁的「達人小祕訣」，在表布的袋口接縫拉鍊，並在底部做出 4cm 的包底（包底的製作方式請見 P35）。

4. 車縫口袋布

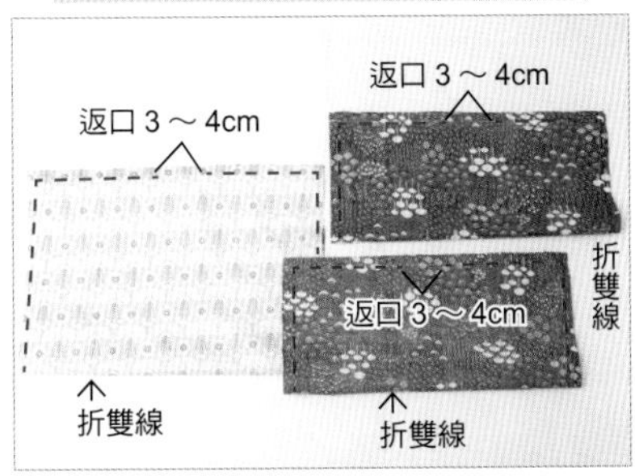

將口袋布的底布、隔間布皆正面相對後對折，周圍留縫份 1cm 車縫一圈後，翻回正面。返口用縫紉機車縫。

5. 車縫口袋

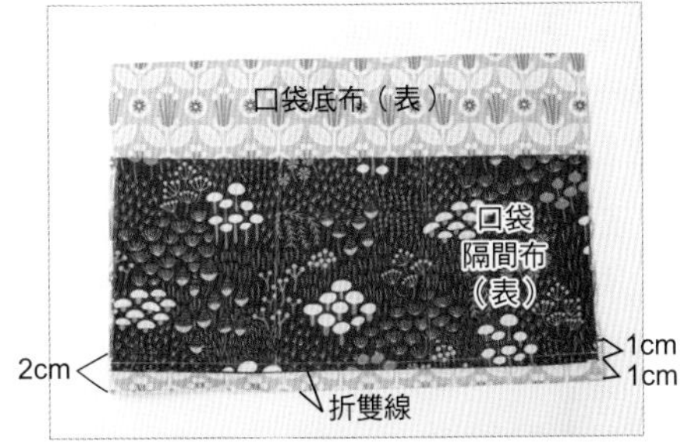

在口袋底布的兩面疊上 2 片隔間布，固定好底布和隔間位置後車縫起來。隔間位置的大小可視個人喜好決定。

6. 將 5 疊在裡布上

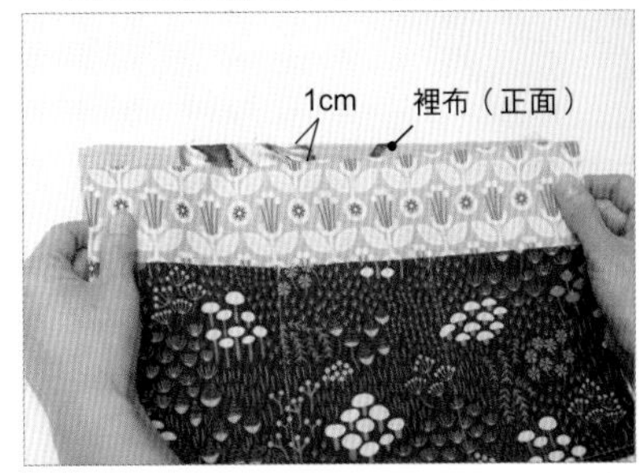

將 5 疊在其中 1 片裡布的正面，疊合時要與袋口錯開 1cm 再疊上，並用珠針暫時固定。

7. 車縫裡布

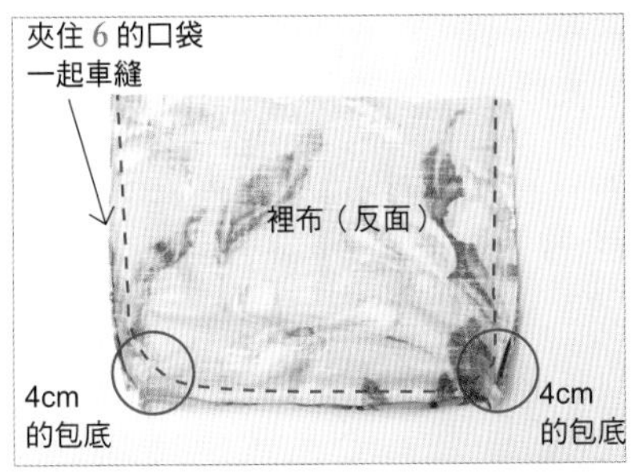

將 6 與另 1 片裡布的正面相對疊合，車縫兩邊、底部後，做出 4cm 的包底。

8. 裡布的袋口做折邊

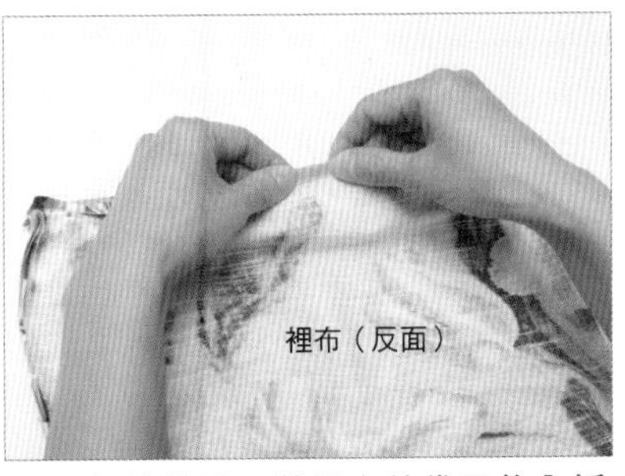

分開 7 的縫份，將裡布的袋口往內折 1cm，用熨斗燙平。

9. 將 8 放進表袋中

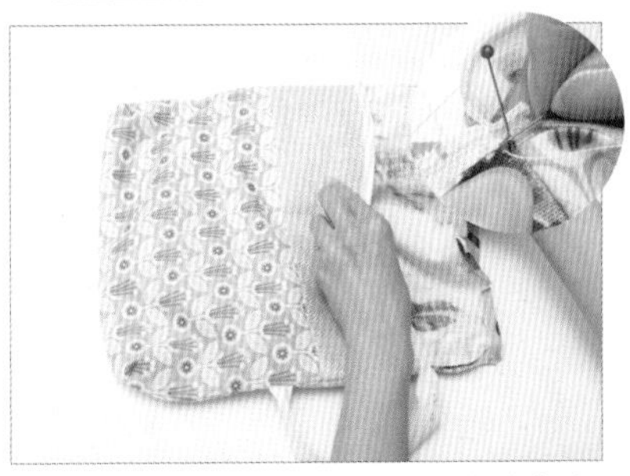

將 8 放進表袋中，以藏針縫（請參考 P26）縫合袋口，完成。

達人小祕訣

車縫拉鍊

在作品還是平面的狀態下接縫拉鍊。把拉鍊拉上，用珠針固定好兩邊再車縫。

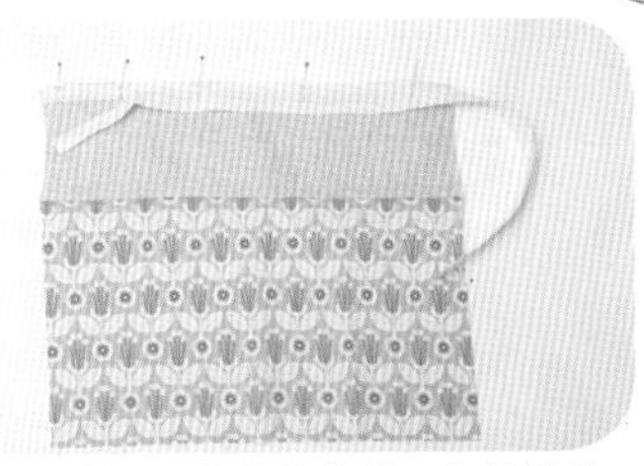

1 如上圖所示，將表布的袋口和拉鍊的正面相對疊合，用珠針固定好。

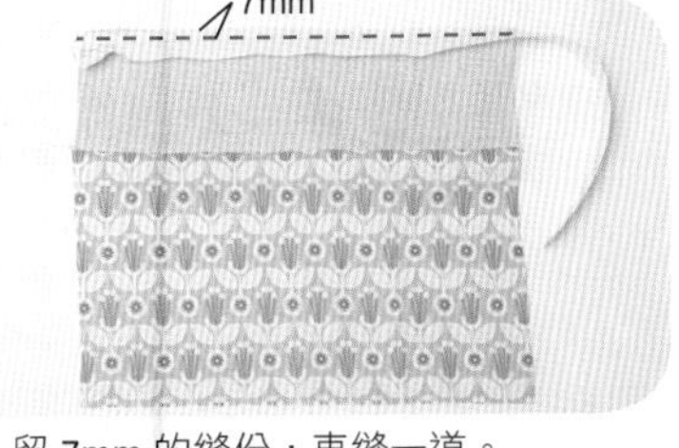

2 留 7mm 的縫份，車縫一道。

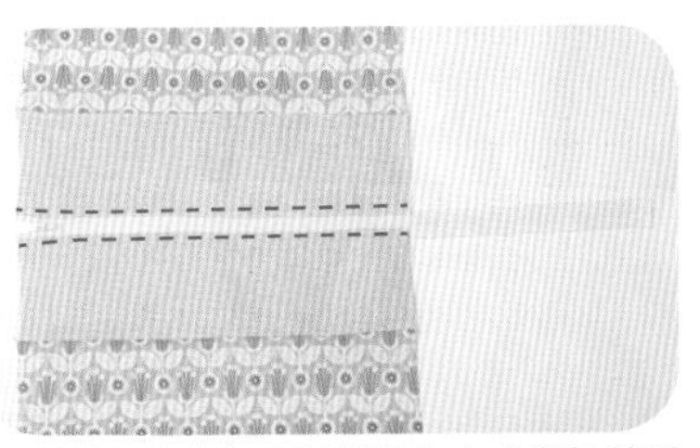

3 另 1 片表布也以相同的方式與拉鍊重疊、縫合。

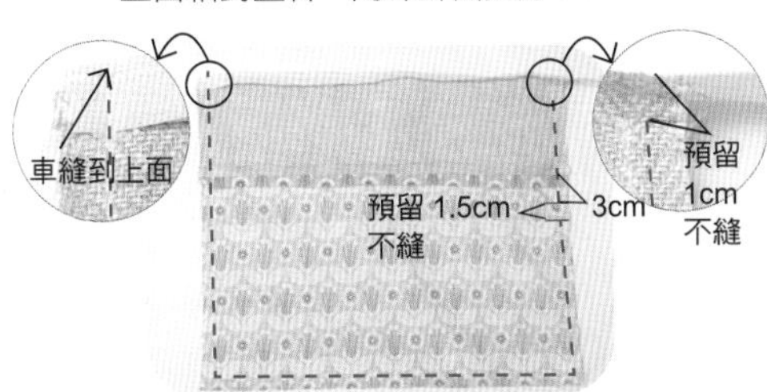

4 將兩片表布的正面相對疊合，車縫兩邊和底部。拉鍊多出來的部分，從 1 接合的位置往下 3cm 處預留 1.5cm 不縫，袋口近身處也預留 1cm 不縫。

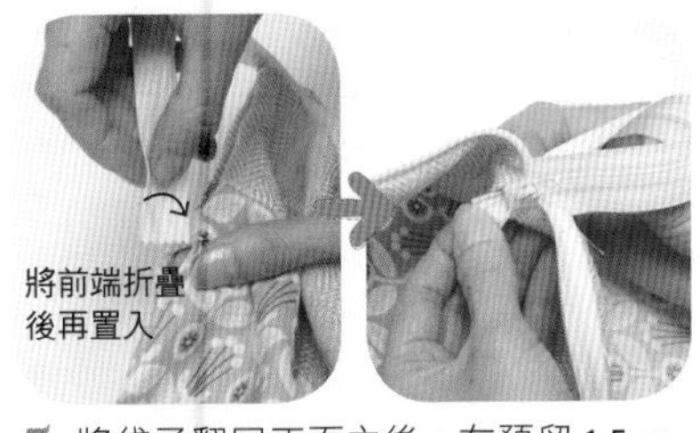

5 將袋子翻回正面之後，在預留 1.5cm 的地方，將拉鍊前端折疊並置入 1cm。

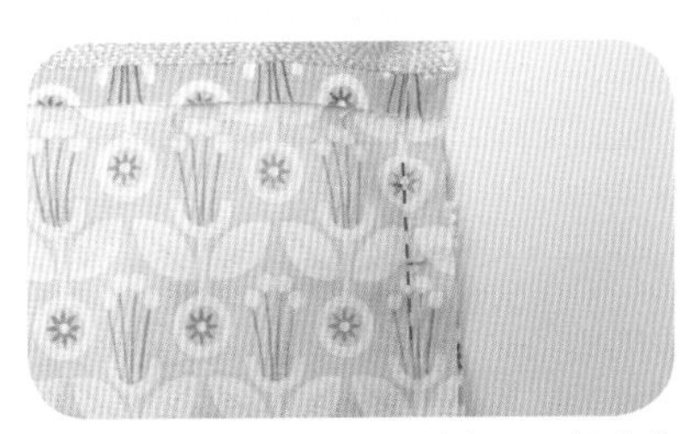

6 從內側車縫一道，固定好置入拉鍊的地方。

Lesson 3

職人風長圍裙

長圍裙

使用縫紉機最大的優點，
就是再大件的作品也能夠迅速縫製完成。
這個作品不需要繪製版型，
直接剪布、直線車縫即可製作，
你也來挑戰看看吧！
設計簡潔卻很好看，只要在布的材質與滾邊作變化，
也可以當作休閒風的背心裙來穿。

達人小祕訣

抽細褶的技巧

Lesson 4

束口便當袋

為孩子親手做一個可愛又實用的便當袋吧！
乍看之下有些複雜，其實只要結合 Chapter 2 裡介紹的束口袋和手提袋的縫製技巧即可完成。
由於使用縫紉機製作，接縫處會很牢固。
即使不小心弄髒了也能重複清洗使用。
選擇喜歡的布料做一個獨一無二的便當袋，
讓孩子的用餐時光變得更愉快！

達人小祕訣

用縫紉機製作提帶

職人風長圍裙 *apron dress*

完成尺寸

105×92cm

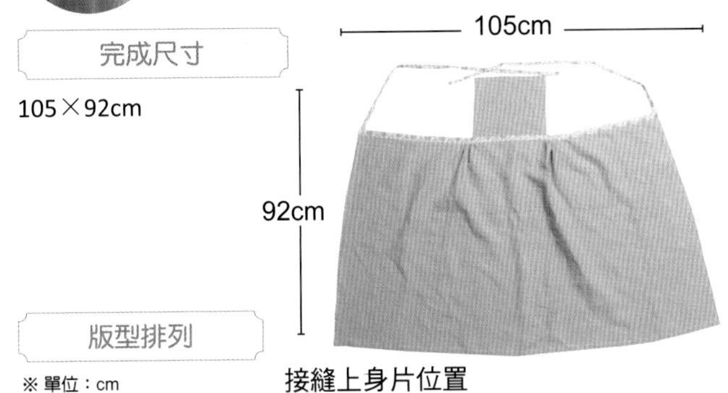

材料

表布（麻）：
129×74cm…1 片（裙片）
28×25cm…（上身片）
表布（棉）：
4×107cm…2 條（腰部滾邊布）
4×80cm…2 條（肩帶）
繡線：適量

版型排列

※ 單位：cm

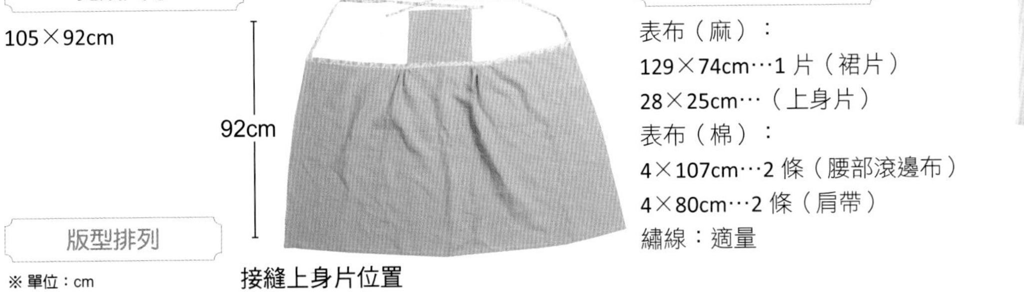
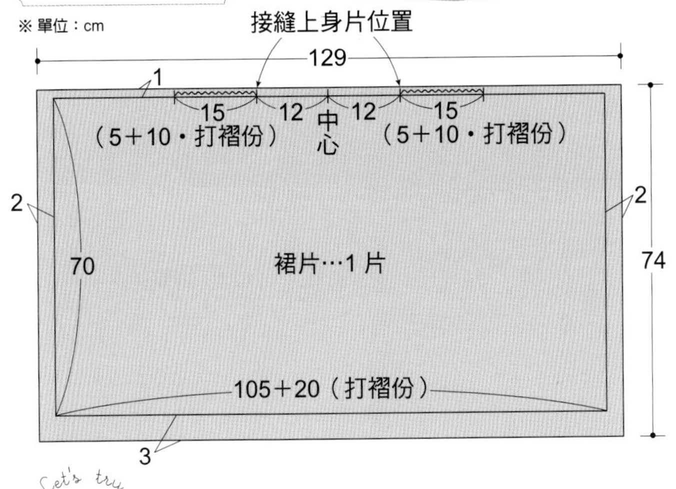

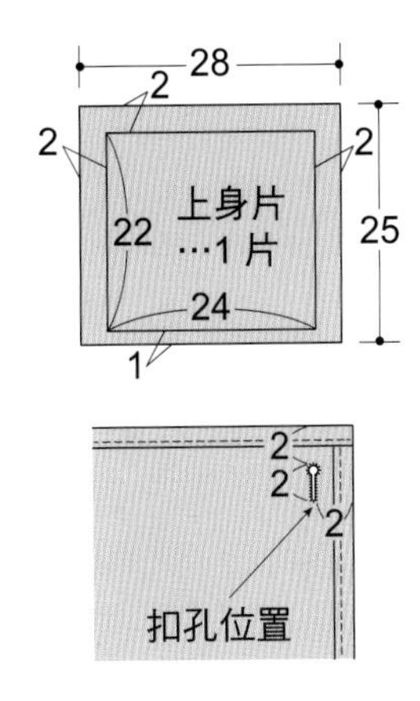

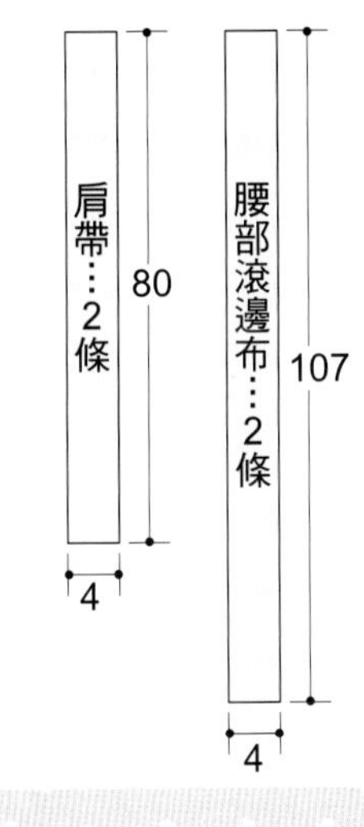

束口便當袋 *lunch bag*

完成尺寸

30×26×12cm

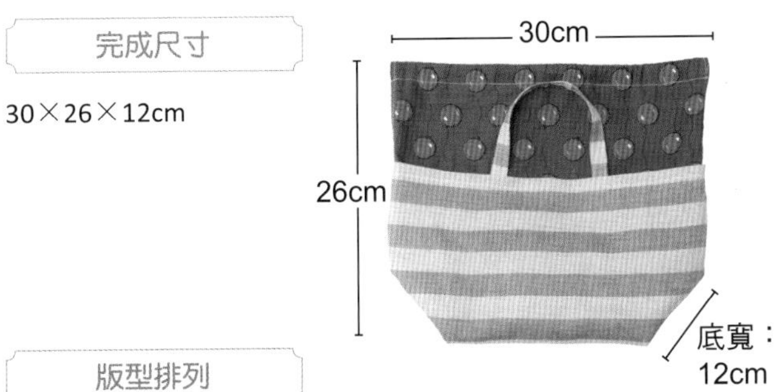

材料

表布（麻）：
48×32cm…1 片
裡布（棉）：
70×32cm…1 片
提帶（麻）：
5×26cm…2 片（肩帶）
緞帶：0.9cm 寬 ×70cm 2 條

版型排列

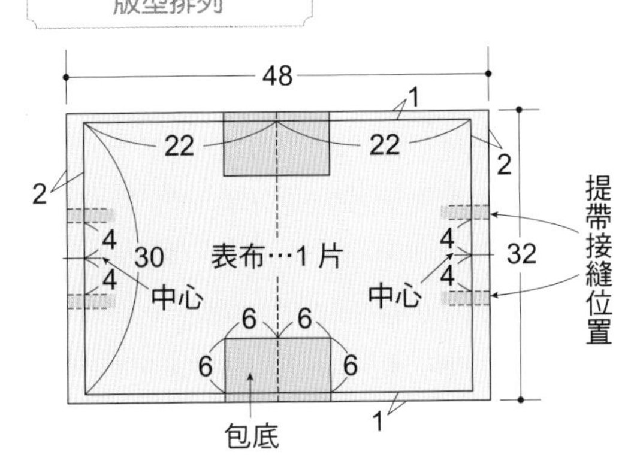

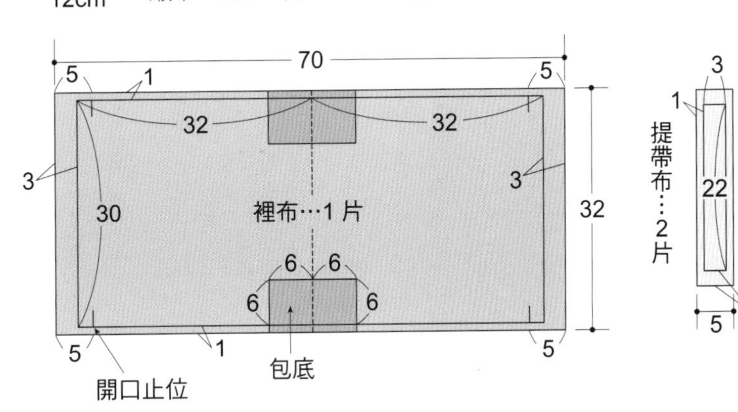

職人風長圍裙 apron dress

1. 上身片、裙片做三折收邊處理

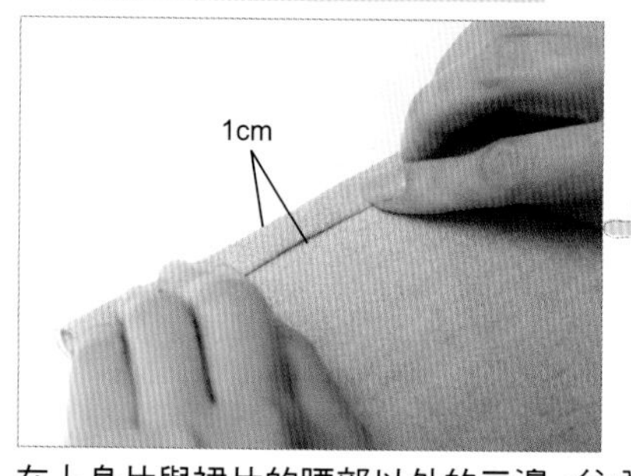

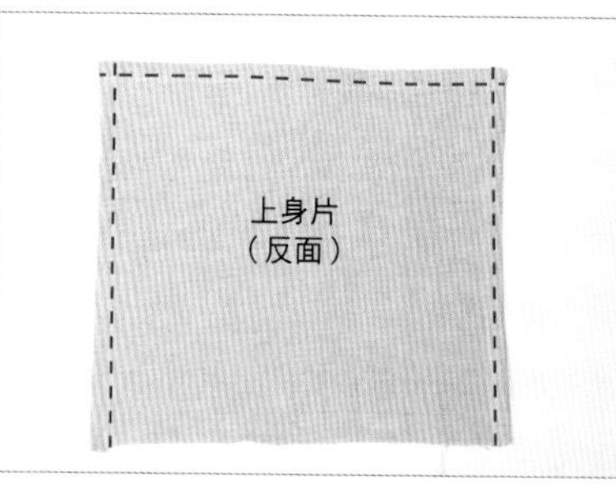

在上身片與裙片的腰部以外的三邊，往內折 1cm 後再折 1cm 成三折收邊，車縫起來。

2. 抽細褶

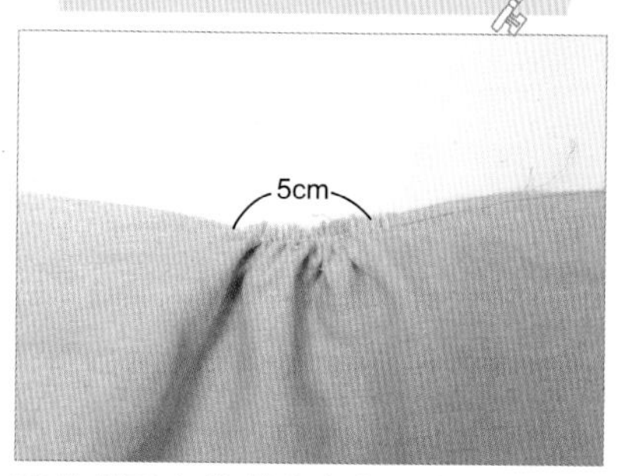

請參考下方的「達人小祕訣」，在裙片的腰部兩邊抽 5cm 的細褶。

3. 接縫腰部滾邊布

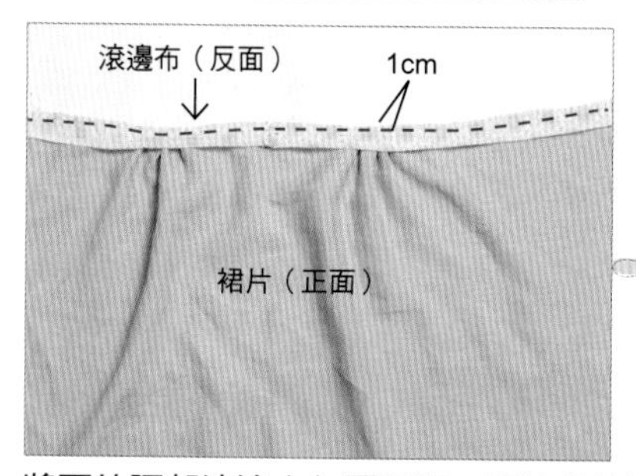

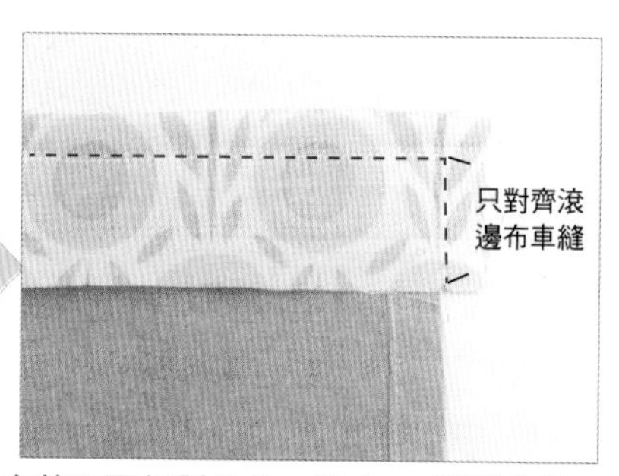

將兩片腰部滾邊布包覆裙頭，裙片與滾邊布的正面相對疊合，留 1cm 縫份車縫。注意，兩端的部分只縫滾邊布，不跟裙片接合。

4. 製作肩帶

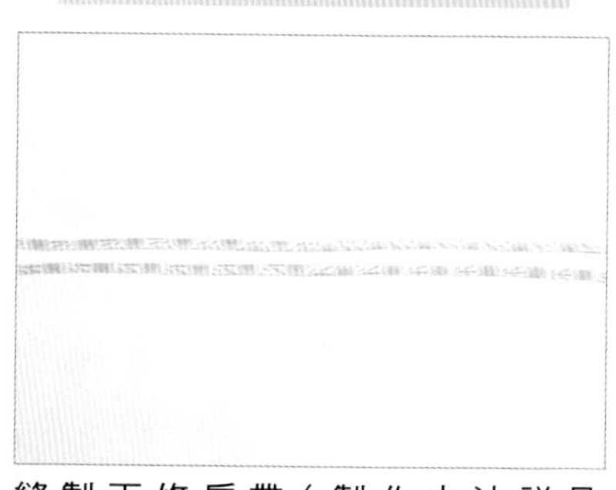

縫製兩條肩帶（製作方法詳見 P64）。

達人小祕訣

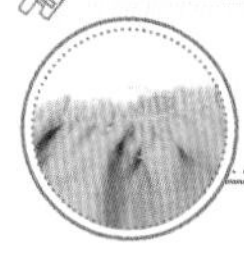

抽細褶的技巧

先抽好細褶再調節尺寸的話，大小容易產生誤差，正確方式是先做疏縫，再標示出抽細褶的寬度。

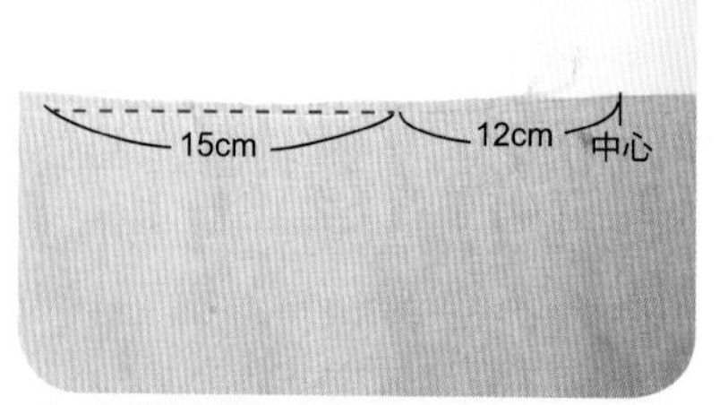

1 以從腰部的中心往左右各 12cm 的位置為基準，左右各疏縫 15cm。視個人喜好，手縫或機縫都可以。

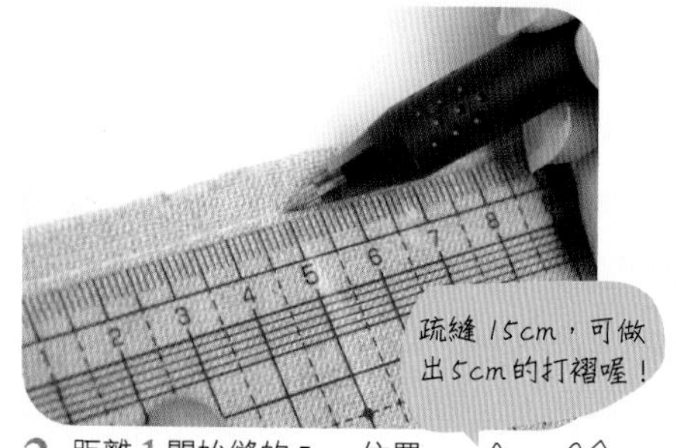

2 距離 1 開始縫的 5cm 位置處，在此標示記號。

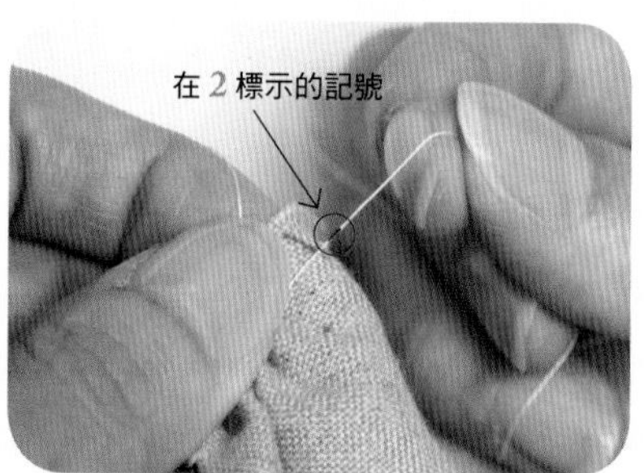

3 拉扯線尾直到出現在 2 標示的記號出現，出現記號後，打個結固定縫線。另一邊也用相同的方式抽出 5cm 的細褶。

5. 製作扣孔

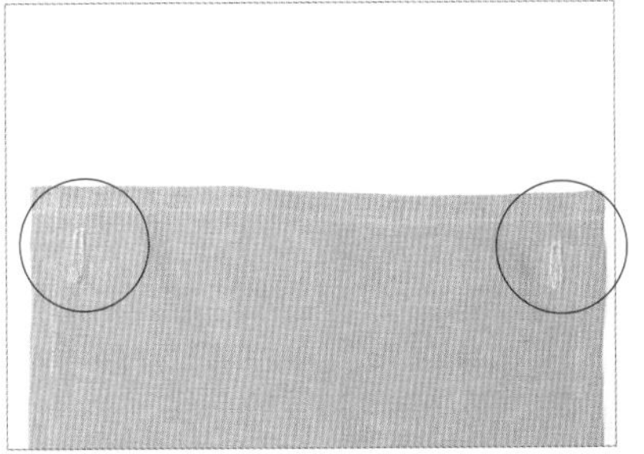

在上身片製作 2 個扣孔（製作方式詳見 P66 ～ 67），此為穿過肩帶的洞口。

6. 剪掉腰部滾邊布的縫份

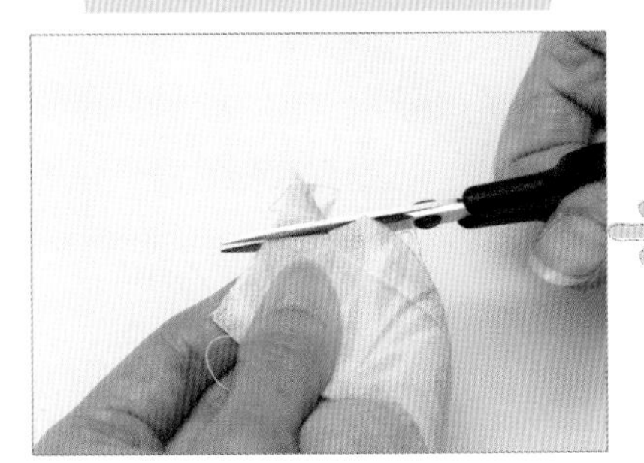

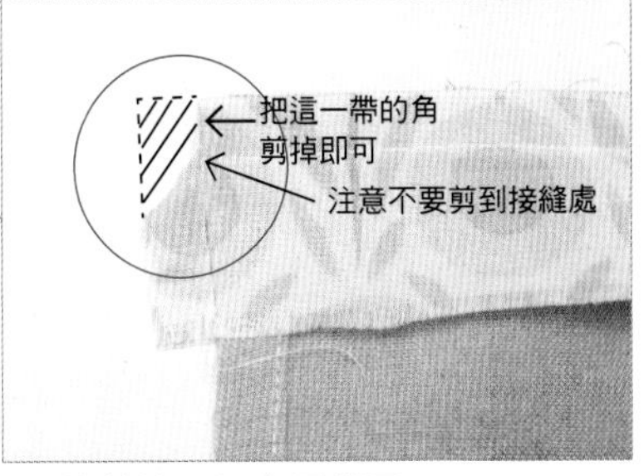

在將腰部滾邊布翻回正面之前，將兩角的縫份修剪掉，如上圖所示。

這樣做，翻過來的邊角就會很漂亮喔！

7. 將腰部滾邊布翻回正面

將腰部滾邊布往上折，翻回正面。

8. 將上身片與腰部滾邊布的前布縫合

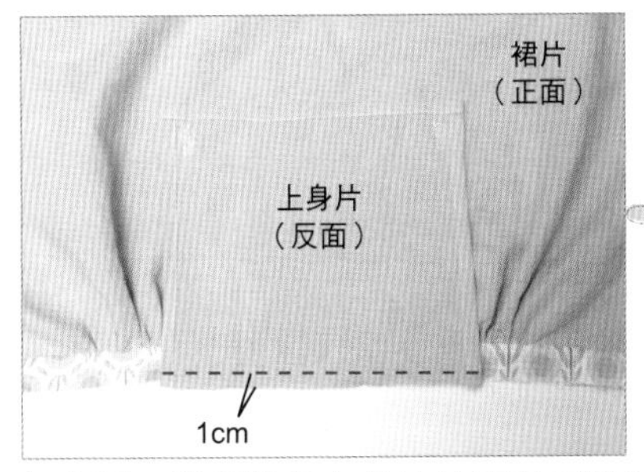

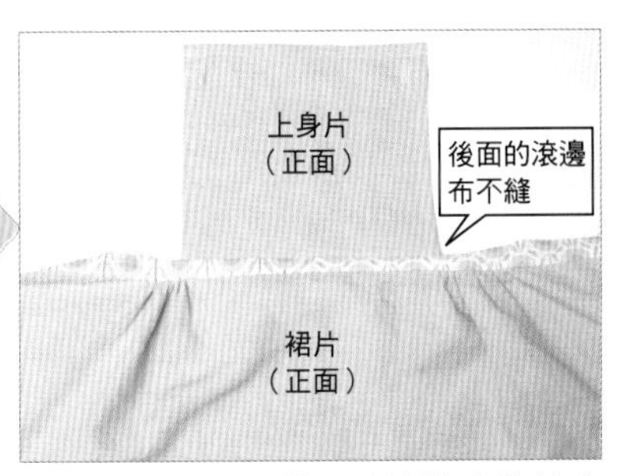

如上圖，將裙片和上身片的正面相對疊合，留 1cm 縫份，將 1 片滾邊布的前布和上身片縫合。

9. 折疊腰部滾邊布

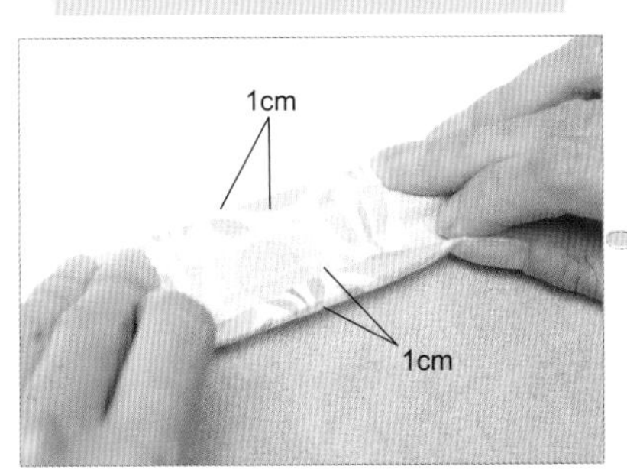

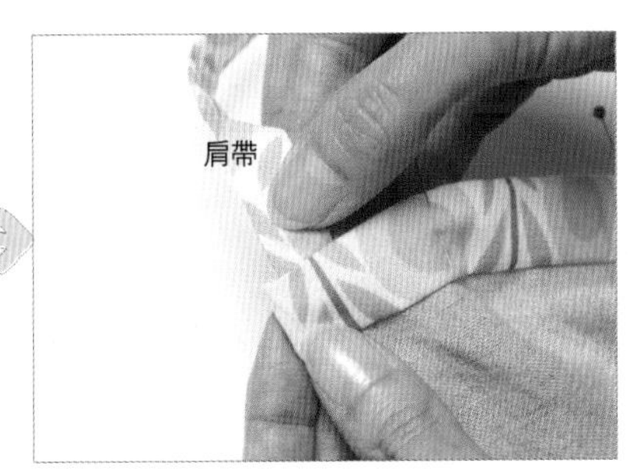

將前後兩片滾邊布各往內側折 1cm，用珠針固定好。
此時，將肩帶沒縫的一邊置入兩邊洞口。

10. 縫合滾邊布

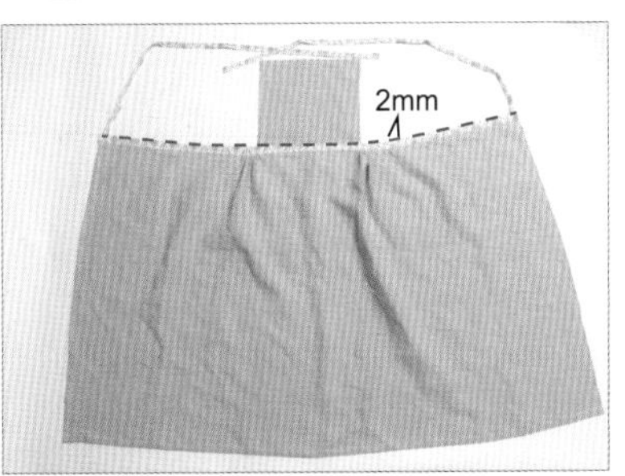

在距離 9 的上端 2mm 的位置車縫起來，完成。

束口便當袋 lunch bag

1. 對折後縫合兩邊

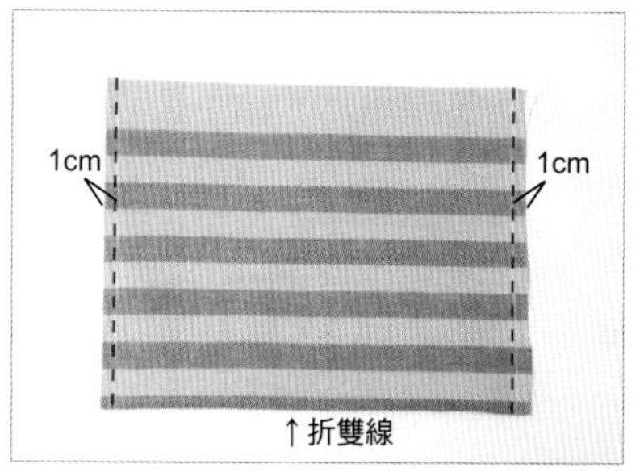

將表布正面相對後對折，兩邊各留1cm縫份，車縫起來。

2. 縫製包底

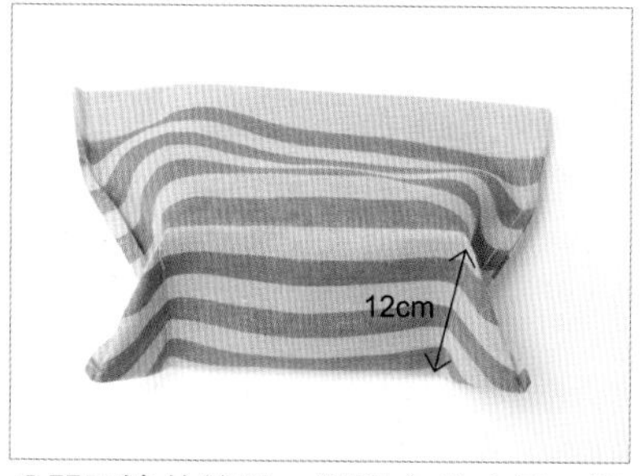

分開兩邊的縫份，攤開1的底側，縫製出12cm的包底（詳見P35）。

3. 剪掉包底的縫份

在距離2的接縫1cm部分，剪掉多餘的縫份。

4. 用縫紉機縫製、接縫提帶

請參考下方的「達人小祕訣」，縫製2條提帶。

5. 車縫裡布的兩邊

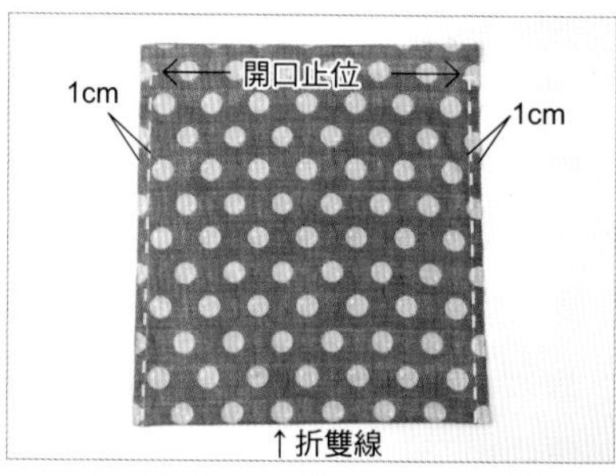

裡布的兩邊分別車縫一道，直到袋口的開口止位。

6. 處理縫份

分開縫份（開口止位上方沒有縫的部分也要分開），將縫份的布邊往下折5mm，用縫紉機車縫起來（詳見P33）。

達人小祕訣

用縫紉機製作提帶

將布折成四折後車縫起來，就可以製作出穩固的提帶，做好後再接縫到本體袋子即可。P88的側背軟布包也是用相同的方式接縫。

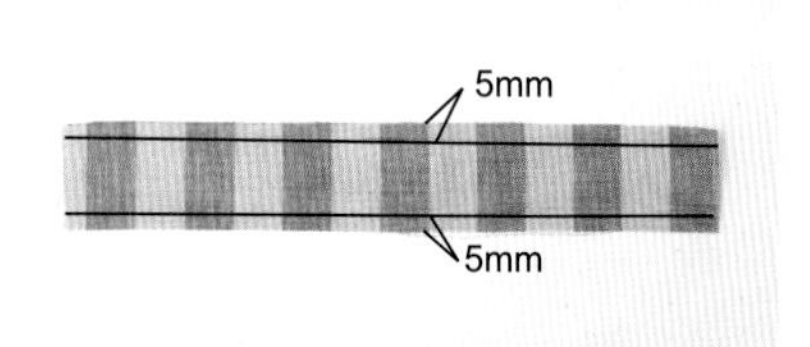

1 布的反面朝上，在距離上下各5mm的部位畫線。

2 對準1的線，往內側折。

3 再將布對折成一半的寬度。

7. 縫製包底

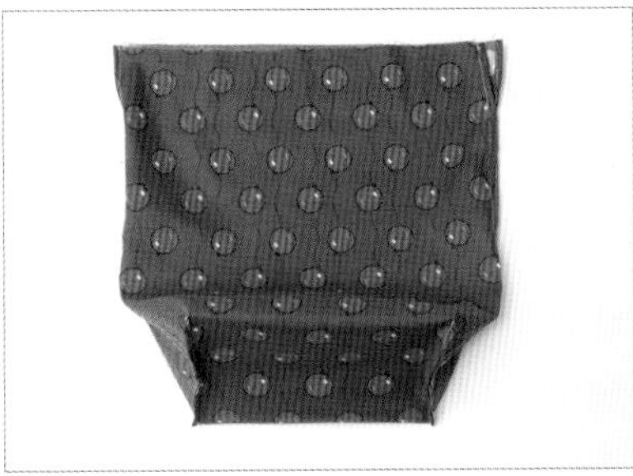

翻回正面後，重複步驟 2～3，同樣縫製出 12cm 的包底。

8. 袋口做三折收邊處理

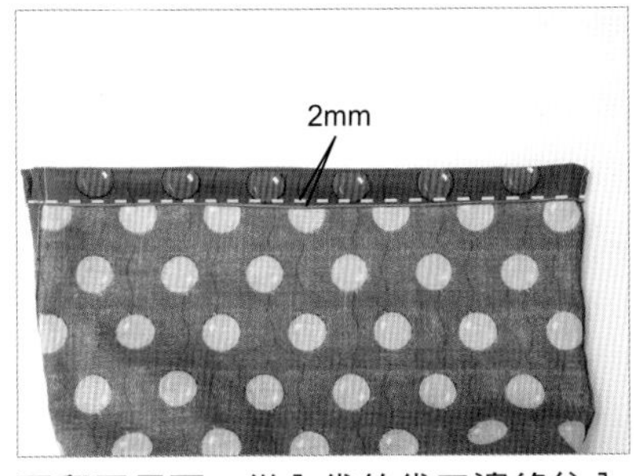

再翻回反面，從內袋的袋口邊緣往內折 1cm 後再折 2cm 成三折收邊，在距離折邊 2mm 的部位車縫。

9. 將內袋放進表袋裡

將 8 的內袋翻回正面，放進 4 的表袋裡。

10. 珠針固定

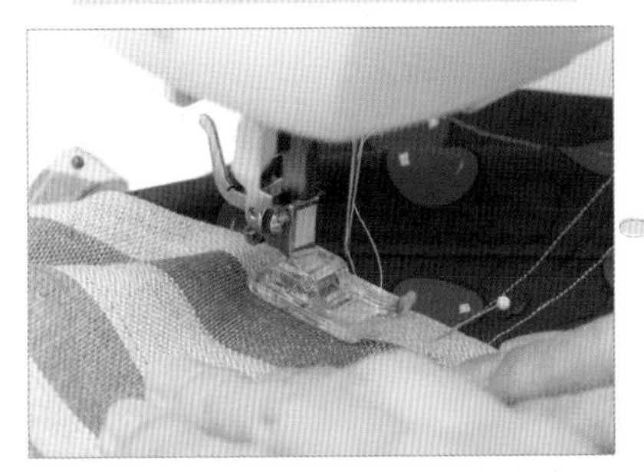

用珠針暫時固定後，在距離表袋袋口 1cm 的位置車縫一圈。

11. 穿緞帶

從內袋的袋口兩邊各穿一條緞帶，完成（穿緞帶方式詳見 P33）。

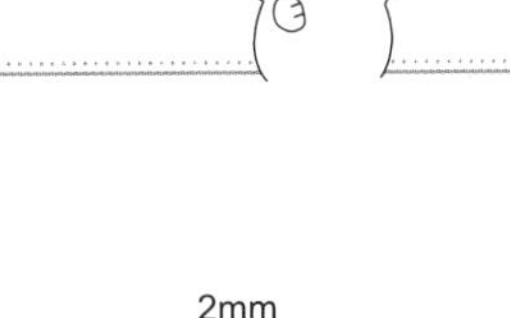

4 在距離上下折邊 2mm 的位置車縫，另一條也以相同的方式處理。

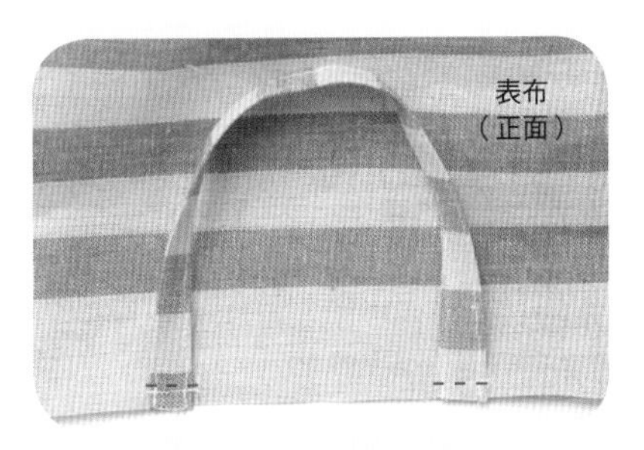

5 如上圖所示，將提帶放在袋子接縫提帶的位置正面，車縫起來。

6 將袋口往內側折 2cm，用熨斗燙平。

Lesson 5

蓬蓬百褶裙

看起來有難度的百褶裙，其實是服裝製作的入門款！
使用質地輕盈的麻布，就可以做出可愛的褶痕。
接縫上腰帶、沒有多餘的裝飾，
看起來簡約又清爽，把上衣塞進去也很好看。
兒童款百褶裙只要在腰部穿入鬆緊帶即可。

不論哪一款，只要會車縫直線就能完成，
還可以自由加寬或放長裙襬，
腰部的設計也可依個人喜好改變。

❶ 抽細褶
❷ 手縫裙鉤
❸ 手縫暗扣

蓬蓬百褶裙／大人款 gathered skirt

完成尺寸

裙長：52× 腰圍 70cm

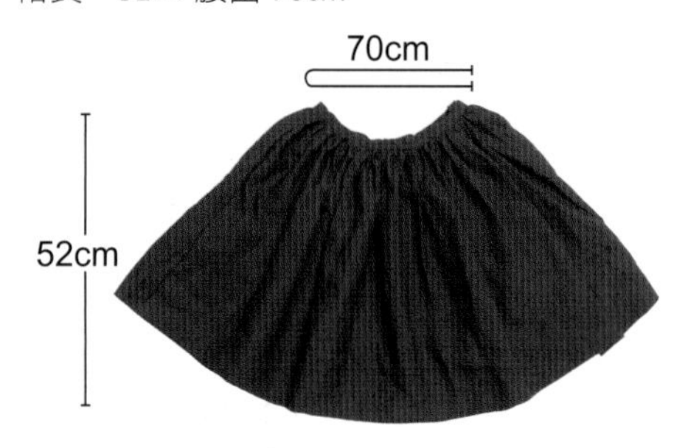

版型排列

※ 單位：cm
※ 因為 150cm 可能要用到全布寬，而一般寬幅的布約 150cm，所以本作品連同布邊也要算進尺寸內。

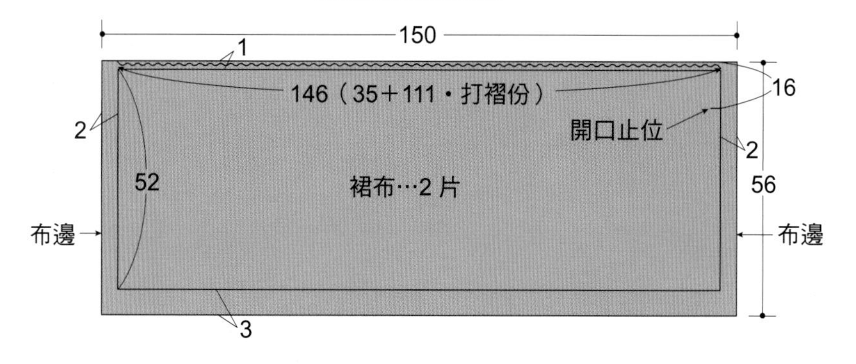

材料

表布（麻）：
150×56cm…2 片（裙）
74×6cm…1 片（腰帶）

腰帶用裙鉤：1 組
直徑 1cm 的暗扣：2 組

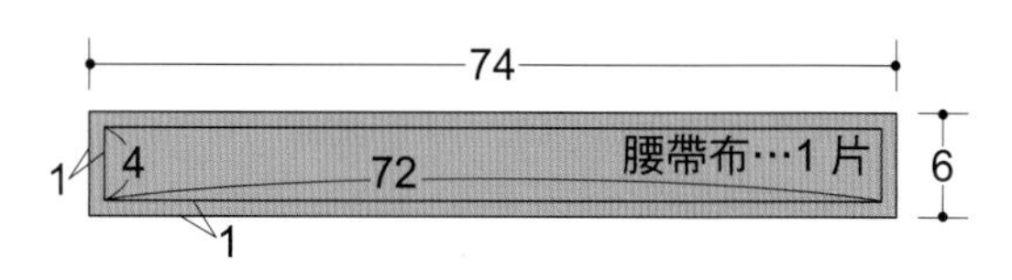

蓬蓬百褶裙／兒童款 gathered skirt

完成尺寸

身高 100cm：裙長 33× 腰圍 30 ～ 40cm

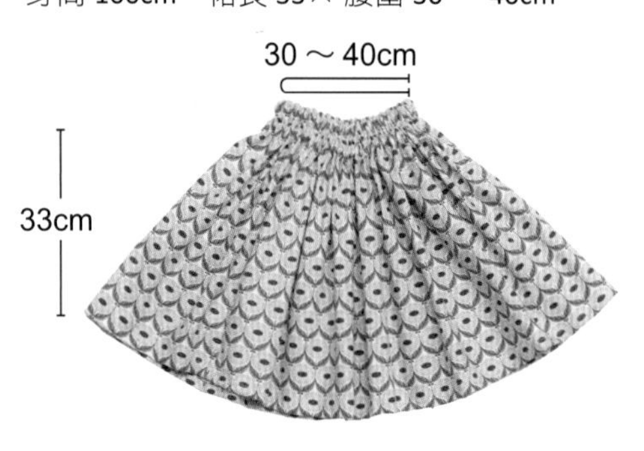

版型排列

※ 單位：cm

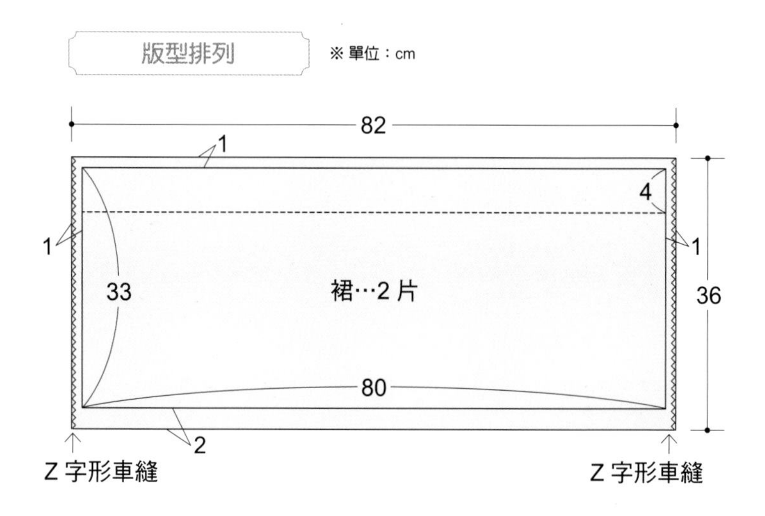

材料

表布（麻）：82×36cm…2 片（裙）
鬆緊帶：0.6cm 寬 × 腰圍尺寸…2 條

蓬蓬百褶裙／大人款 gathered skirt

1. 車縫兩邊

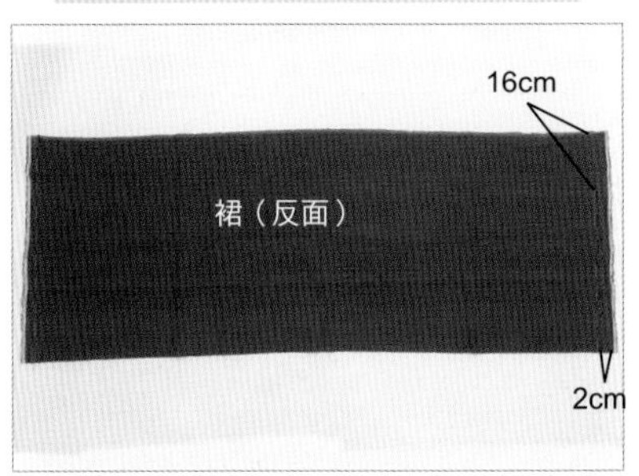

將兩片裙布正面相對疊合，留 2cm 的縫份車縫兩邊。注意，其中一邊需留下 16cm 的開口。

2. 腰部抽細褶

請參考下方的「達人小祕訣」，在腰部抽細褶。將熨斗以按壓的方式熨燙兩道疏縫線，以固定打褶的形狀。

3. 接縫腰帶布

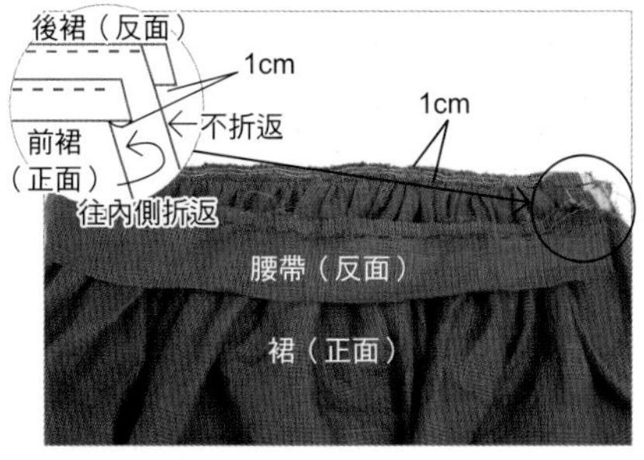

腰帶與裙片的正面相對疊合，腰帶兩端要各留下 1cm 的布料，留 1cm 的縫份車縫一整圈。注意，前裙開口的縫份要往內側折返 2cm，後裙開口的縫份則不需折返。

達人小祕訣

抽細褶

做疏縫的目的是要在打褶的位置上標示記號，因此選擇顯眼的色系為佳。
仔細平均地抽好細褶，再用熨斗壓平，褶痕就會很漂亮。

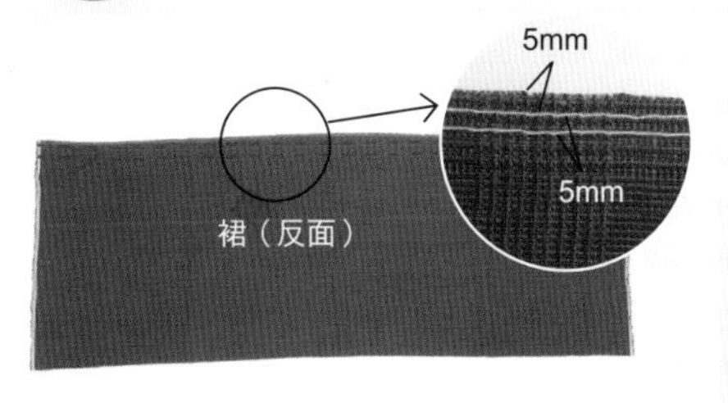

1 使用縫紉機做疏縫時，將車針密度放大（設定方式詳見 P58），在距離裙片上端 5mm 的位置和再往下 5mm 的位置，共疏縫兩道。

2 從距離開始車縫 35cm 的位置，用筆在這兩條線上標上記號。

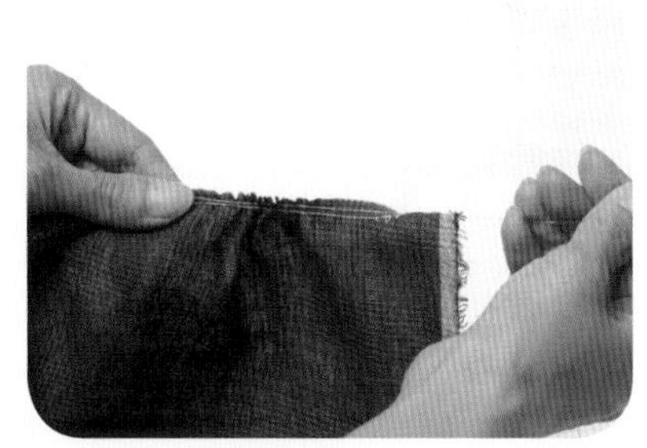

3 左手一邊靠攏布料、另一隻手同時拉兩條線抽出細褶，一直拉到在 2 標示的記號出現為止。

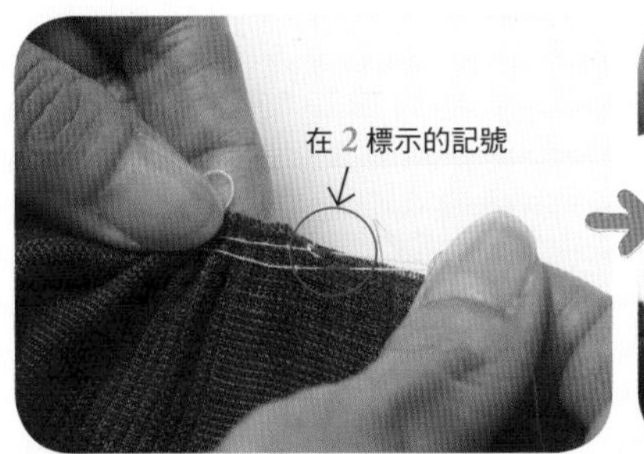

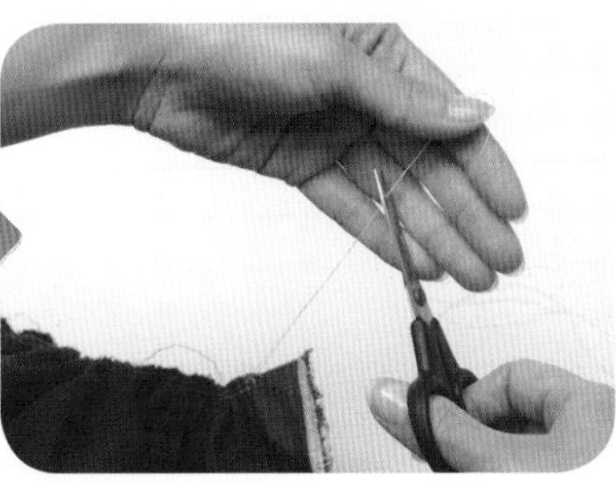

4 記號出現後，剪掉多餘的線頭。

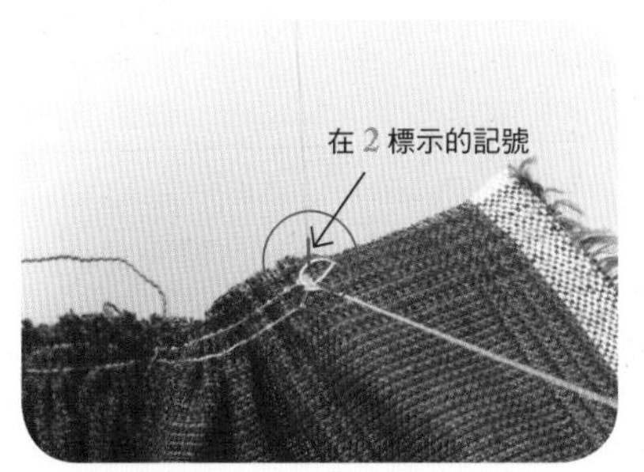

5 將兩條線在標記號的地方各自牢牢地打結。

4. 車縫腰帶的邊緣

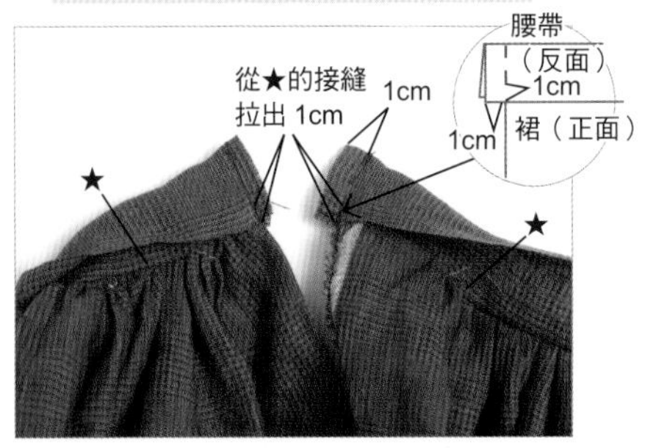

將腰帶的布邊從縫份往下拉出 1cm，兩端腰帶的正面相對疊合，留 1cm 縫份做垂直車縫。另一邊也用相同方式處理。

5. 將腰帶翻回正面

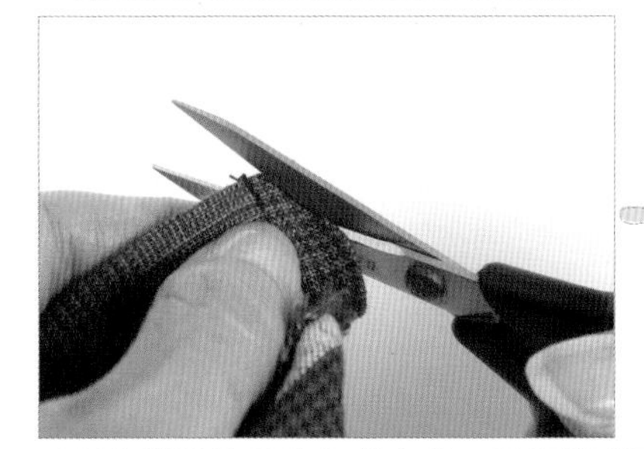

以斜角剪掉縫份的角落之後，將腰帶翻回正面。

掌握到漂亮翻整邊角的訣竅了嗎？

6. 將腰帶的縫份折進去

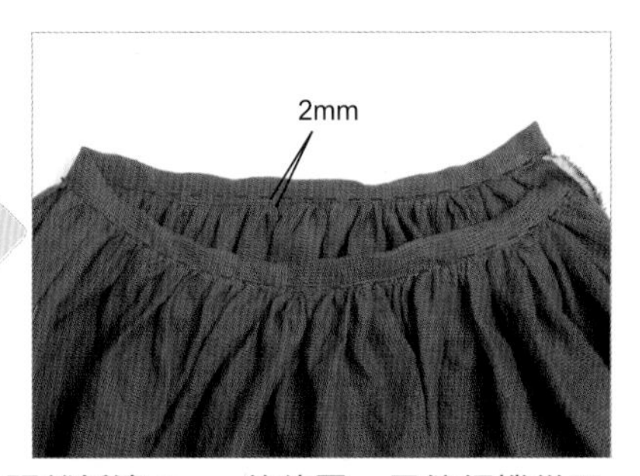

將在 4 拉出的縫份 1cm 折進內側後，在距離折邊 2mm 的位置，用縫紉機從正面車縫一圈。

7. 手縫裙鉤

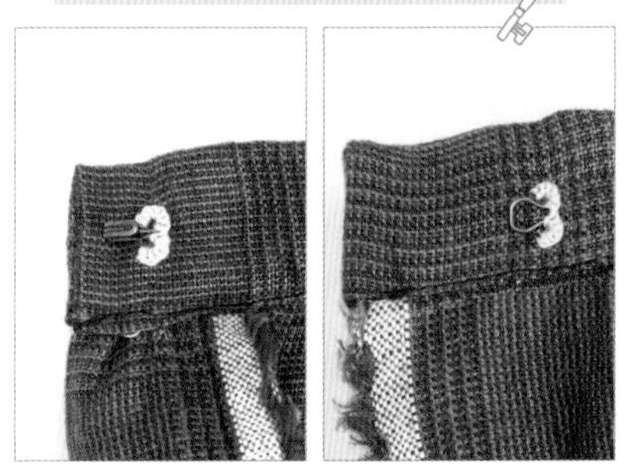

請參考右頁的「達人小祕訣」，在腰帶上手縫裙鉤。

8. 手縫暗扣

請參考右頁的「達人小祕訣」，在腰部的開口處手縫 2 組暗扣。

9. 下襬做三折收邊處理

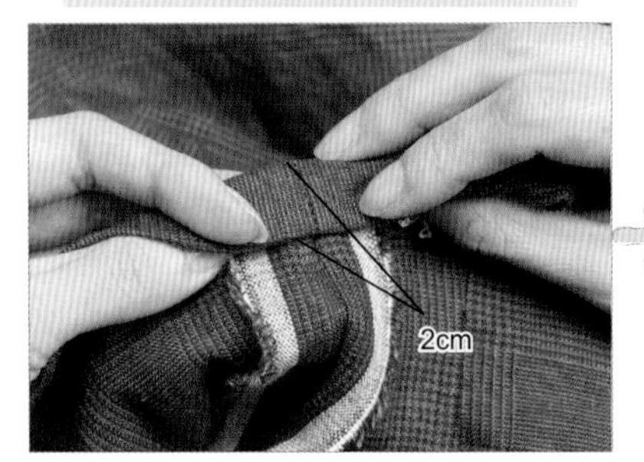

將下襬往內折 1cm 後再折 2cm 成三折收邊，以斜針縫（詳見 P26）收尾。

達人小祕訣

手縫裙鉤

鉤子

鉤眼

常出現在裙子或連身裙等開口部位的小工具，稱為裙鉤。
像鑰匙形狀的是鉤子（hook），承接的部分稱為鉤眼（eye）。

1 先安裝鉤子。將鉤子頭對齊距腰帶邊緣 3mm 的位置，縫線穿過圓孔。

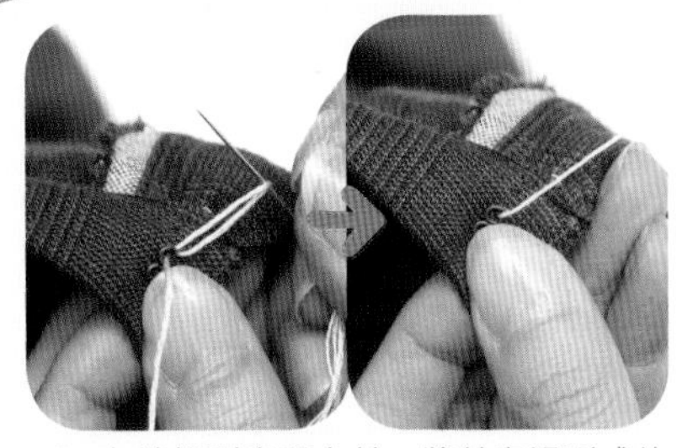

2 在線拉到盡頭之前，將針穿過形成的圈，再拉出。

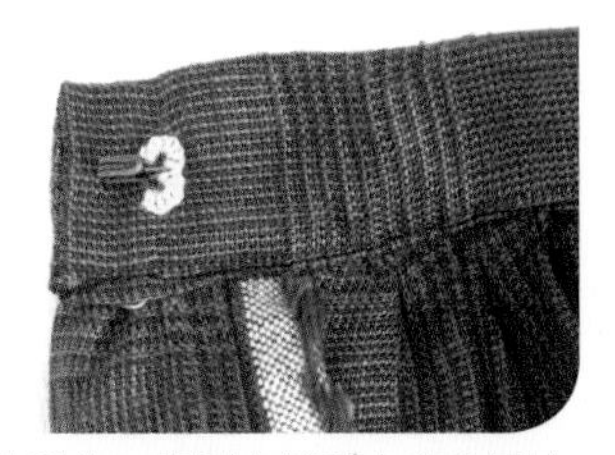

3 重複此動作，直到在裙頭上完全固定好兩個圓孔。

4 將 3 扣在另一邊的腰帶上，以確認鉤眼的位置，再打入珠針固定。

5 將縫線穿過圓形孔，與 2 的方式相同，依序縫滿兩個圓孔以固定鉤眼。

6 兩邊都縫好之後，試著鉤鉤看，以確認位置是否合適。

達人小祕訣

手縫暗扣

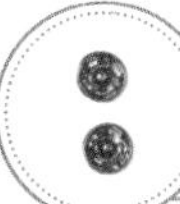

暗扣分為「凸扣」和「凹扣」。一般來說，安裝時凸扣在上側，凹扣在下側。手縫時，建議先縫凸扣、再縫凹扣（詳見 P20）。

1 在腰部開口約 1/3 的位置（因為要縫 2 組）上安置凸扣，並以珠針固定中心部。

2 從凸扣位置的布面下針，先挑起一點布後，再將縫針穿進扣孔。

3 在線拉到盡頭之前，如圖將針穿過形成的線圈後，再拉出。

不論是裙鉤或暗扣，用繡線時取三條線，用手縫線則取兩條線。

4 以相同的方式在同一個扣孔裡重複進行 3 次，再往下一個扣孔進行，縫好所有扣孔。

5 在另一邊的腰部開口承接凸扣的位置上安裝凹扣，手縫方式與凸扣相同。

蓬蓬百褶裙／兒童款 gathered skirt

1. 縫合兩邊

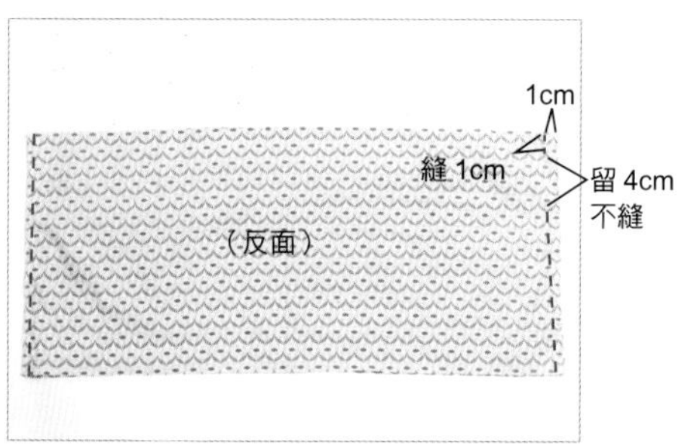

先在兩邊的縫份上做 Z 字形車縫，兩邊各留 1cm 縫份，車縫起來。注意，其中一邊留 4cm 不縫，做為穿鬆緊帶的洞口。

2. 腰部做三折收邊後車縫

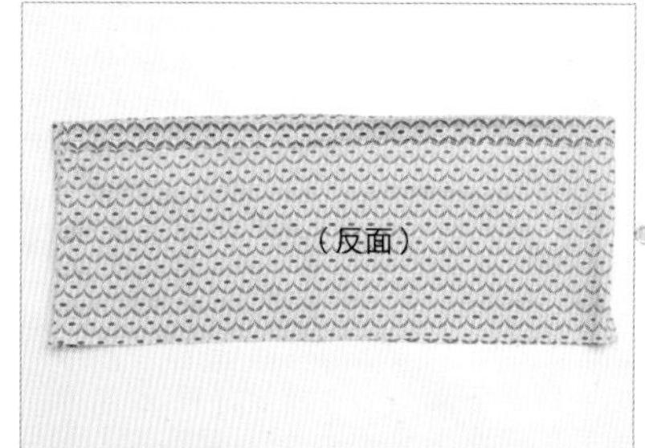

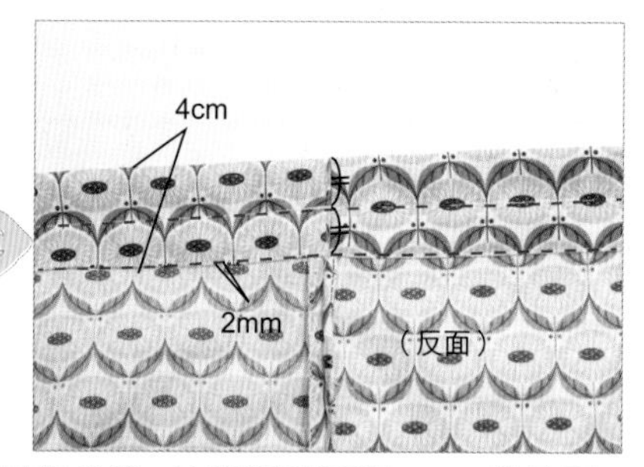

將裙子的上端往內折 1cm 後再折 4cm 成三折收邊，車縫距離折邊 2mm 的位置，以及從這個位置到上端的中央位置。

3. 腰部穿鬆緊帶

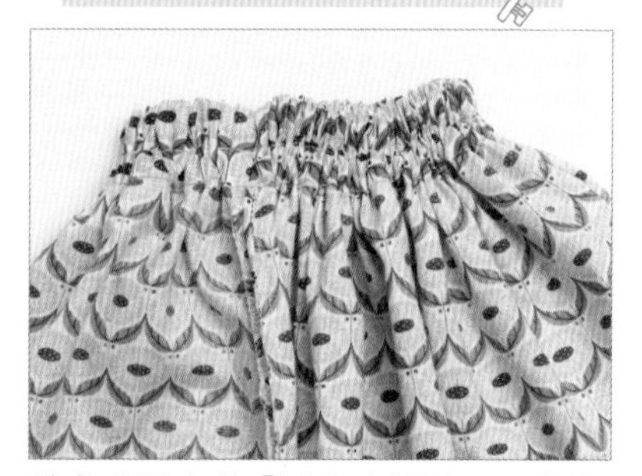

請參考下方的「達人小祕訣」，在腰部穿兩條鬆緊帶。

4. 下襬做三折收邊處理

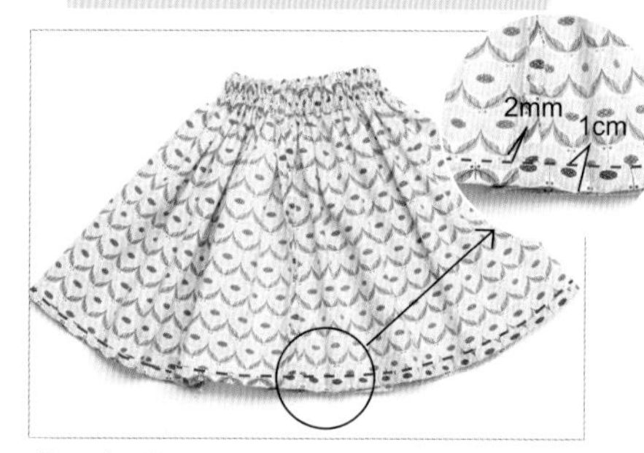

將下襬做 1cm 的三折收邊，車縫距離折邊 2mm 的位置。

大人款也可以改為腰部鬆緊帶的設計喔！

達人小祕訣

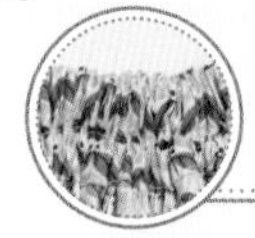

穿鬆緊帶

將穿繩器或安全別針別在鬆緊帶的一邊，再從預留的洞口穿入。也可以採用兩條一起穿的方法（詳見 P115）。

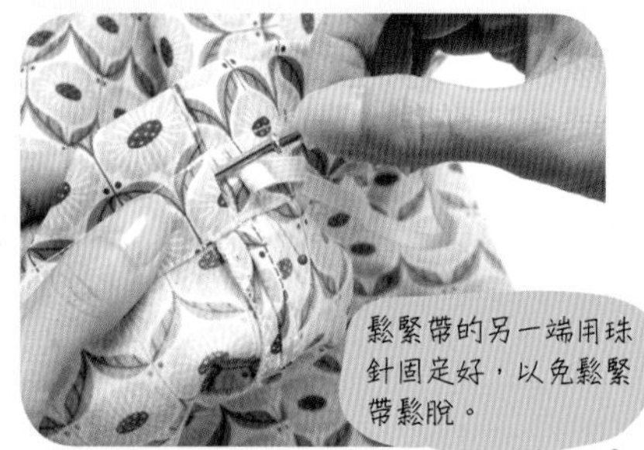

1 用穿繩器緊緊扣住鬆緊帶的其中一端，從洞口穿入鬆緊帶。

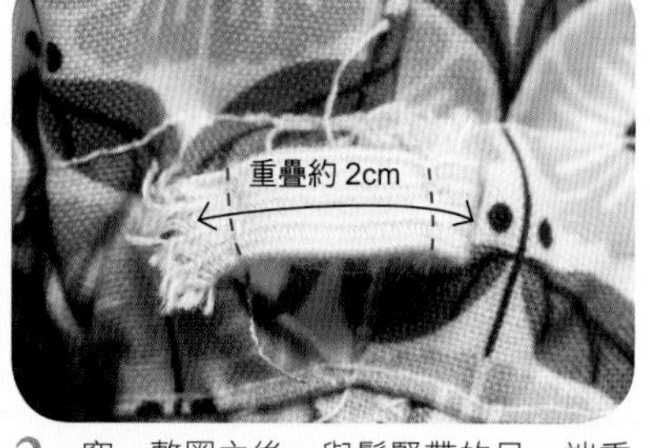

2 穿一整圈之後，與鬆緊帶的另一端重疊約 2cm 後用珠針固定，在內側的位置上縫牢，固定兩端。

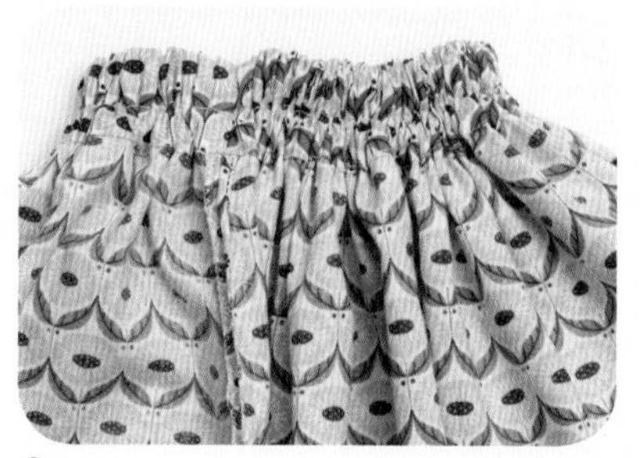

3 另一條鬆緊帶也以相同的方式處理。

Chapter 4

裁縫高年級生的進階課表

縫紉是不是變得愈來愈有趣了呢？

想要技術變得更純熟，持續練習很重要喔！

本章介紹難度較高、步驟較複雜的作品，

從漂亮的包包、連身裙到窄管長褲，

每件都好實用，趕快來挑戰看看吧！

Lesson 1

側背軟布包

側背包

既可手拿又可肩背，質地非常輕巧，
正中央大大的褶痕是設計亮點。
因為中間的打褶以及包底設計，
背起來會形成自然漂亮的圓弧狀。
正反面都可用，
因此裡布的布料花色也要仔細挑選喔！
不論表布或裡布，
在選布時要挑選偏厚並且有彈性的布料，
做出的打褶形狀才會顯得立體。

達人小祕訣

打褶的技巧

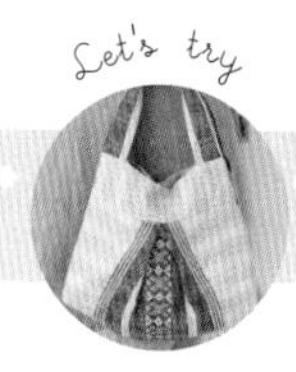

Let's try

側背軟布包 tuck bag

完成尺寸

提帶的高度：20cm
袋子的高度：33cm
袋口的橫幅：30cm
底部的橫幅：38cm

20cm
30cm
33cm
底寬：10cm
38cm

版型排列

※ 單位：cm

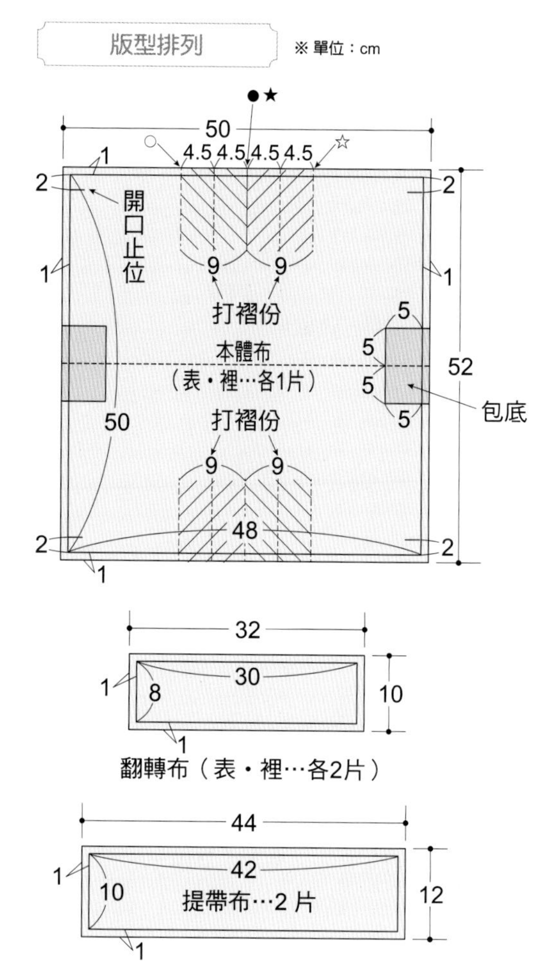

材料

表布（麻）：
50×52cm…1 片
32×10cm…2 片（翻轉布）
44×12cm…2 片（提帶布）

裡布（棉）：
50×52cm…1 片
32×10cm…2 片（翻轉布）

先從打褶的地方開始吧！

達人小祕訣

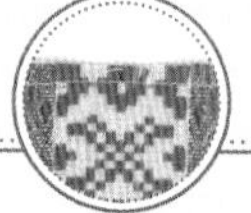

打褶的技巧

前面學習過抽細褶的方法，可以讓平面布料產生立體感，在這裡要介紹的是另一個稱為「箱褶」的打褶技巧。可使用珠針，也可以直接用剪刀開牙口（詳見 P17）。

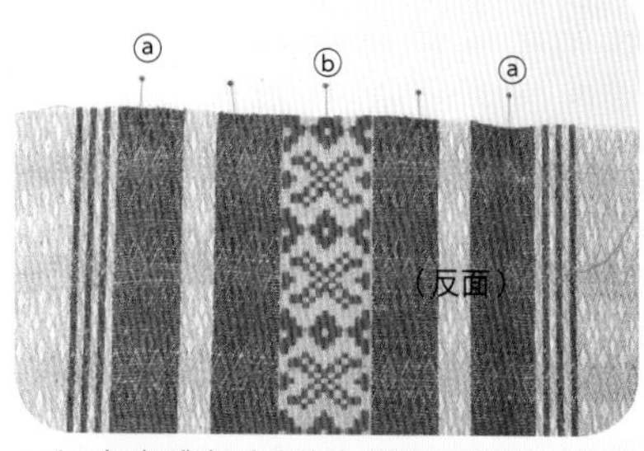

1 在本體布（表布）預定要打褶子的地方插入珠針，當作記號。

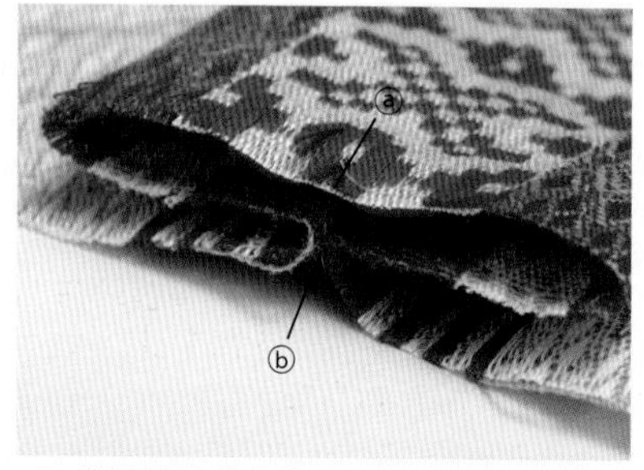

2 將兩邊的ⓐ往ⓑ的位置移動，往內折疊成如上圖的樣子。

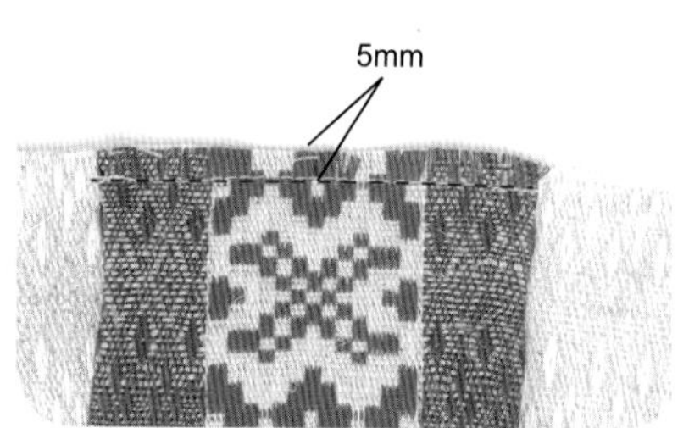

3 距離上端 5mm 的位置車縫一道，固定好褶子。

1. 打褶

請參考左頁下方的「達人小祕訣」，在本體布（表布）的翻轉位置打褶。另一邊也以相同方式處理。

2. 對齊翻轉布，車縫

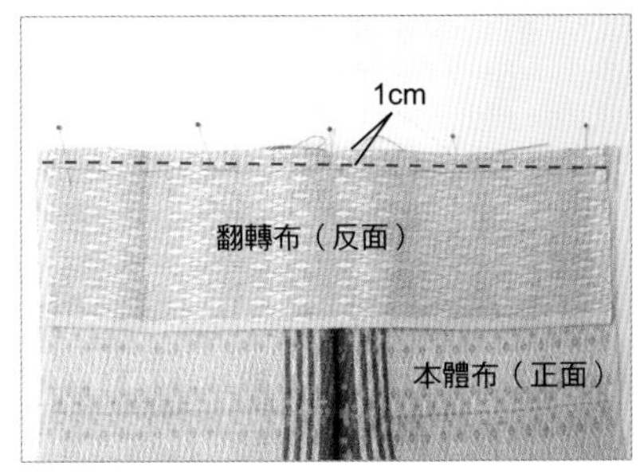

將1與翻轉布的正面相對疊合，留1cm縫份後車縫。另一邊也以相同方式處理。

3. 縫合本體、縫製包底

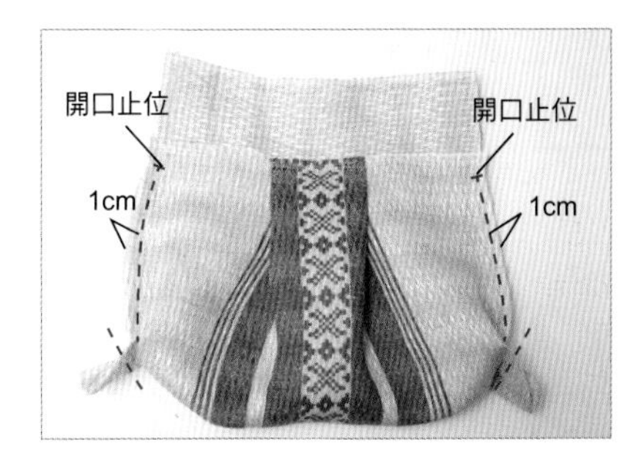

將本體布正面相對後對折，對齊袋口的部分，留1cm縫份，縫合兩邊從袋子底部到開口止位，並在底部各縫製10cm的包底（詳見P35）。

4. 以相同的方式縫製裡布

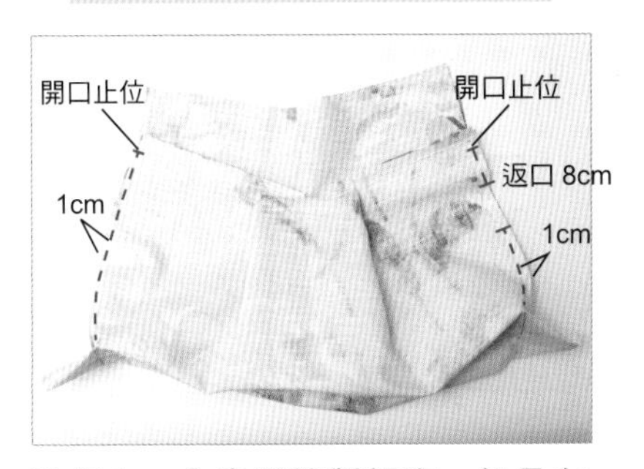

重複1～3步驟縫製裡布，但是在裡布其中一邊的正中央側面，要留下8cm的開口當作返口。

5. 製作提帶布

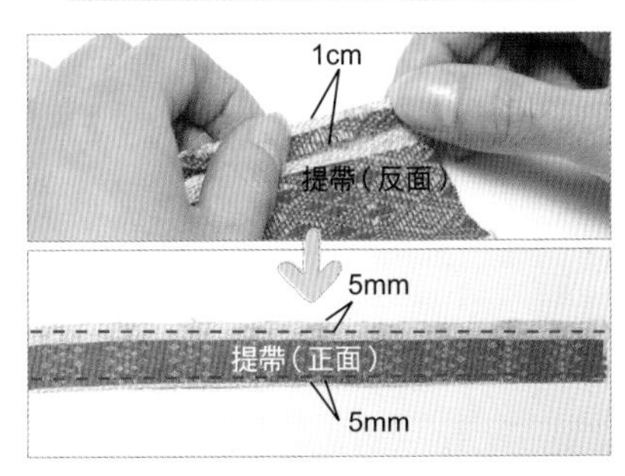

將製作提帶的布料上下各往內折1cm後再對折，從距離折邊5mm的位置，分別用縫紉機車縫一道，即可完成2條提帶（詳見P78）。

6. 將提帶接縫在表袋

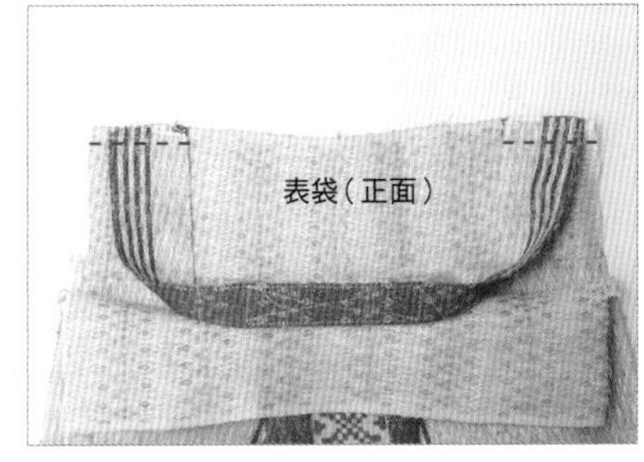

如上圖所示，將提帶對齊表袋的正面再車縫，另一條提帶也以相同方式車縫在另一邊的表布上。

7. 將表袋放進裡袋

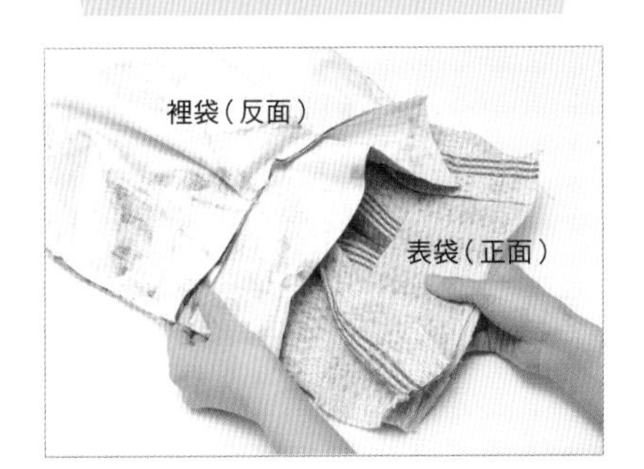

將表袋從返口翻回正面後，放進裡袋中。

8. 從開口止位往上縫

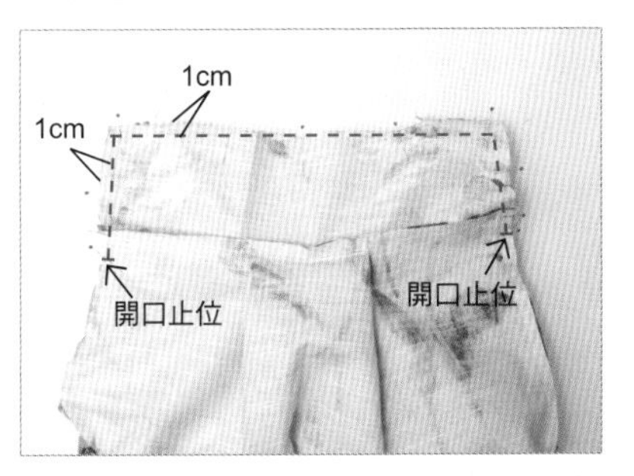

以開口止位為基準，對齊袋口的表裡，留1cm的縫份，車縫起來。另一側也以相同方式處理。

9. 翻回正面

從返口抽出表袋，將整個袋子都翻回正面，最後以對針縫（詳見P26）縫合返口即完成。

軟質
室內拖鞋

室內拖鞋

在這之前所介紹的作品，
全部都是直接剪裁、直線車縫的物品。
現在，來挑戰有曲線的作品吧！
首先，我們要來手工製作一雙
色彩豐富的室內拖鞋。
使用本書所附的紙型來裁剪布料，
調整鬆緊帶的長度以搭配腳的尺寸。
車縫也好、手縫也 OK，
用自己順手的方式縫製即可。

Lesson 3

攜帶式
拖鞋

攜帶式
拖鞋

出國旅行的時候，一定需要搭飛機、住飯店，
如果擁有一雙自己專用的拖鞋是不是很方便呢？
因此，這裡要為大家介紹一雙可折疊、可放進束口袋的攜帶式拖鞋。
鞋底特別加厚處理過，也可以直接使用市售的菱格紋加厚布。

達人小祕訣
❶ 製作滾邊條
❷ 在鞋口穿鬆緊帶
和P30的可愛束口袋
可成套搭配！
達人小祕訣
菱格紋加厚處理

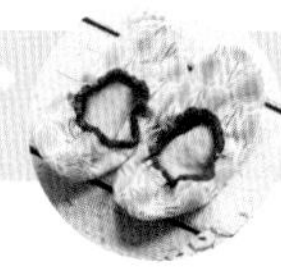

Let's try

軟質室內拖鞋 room shoes

完成尺寸

從腳後跟到趾尖：26cm
鞋寬最寬的地方：9cm
高度：6cm

6cm
9cm
26cm

版型排列

※ 單位：cm

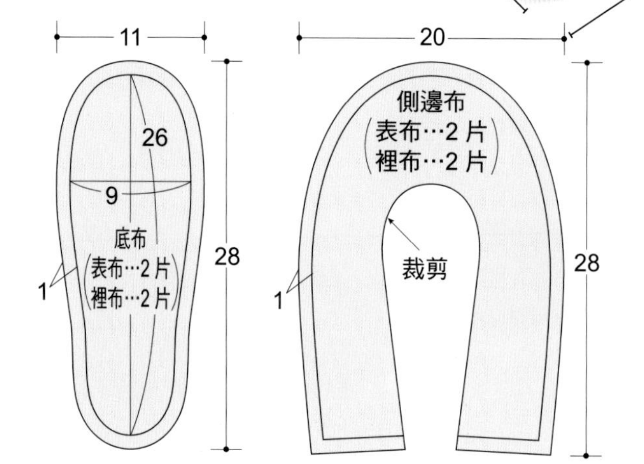

約 45
3
3cm 寬的滾邊布…2 條

材料

側邊 ・ 底的表布（棉）：31×28cm…各 2 片
側邊 ・ 底的裡布（麻）：31×28cm…各 2 片

滾邊布（棉）：3cm 寬 × 約 45cm…2 條
（用剩布拼接）
鬆緊帶：5mm 寬 ×30 ～ 35cm…2 條
●備用工具：小型安全別針…1 個

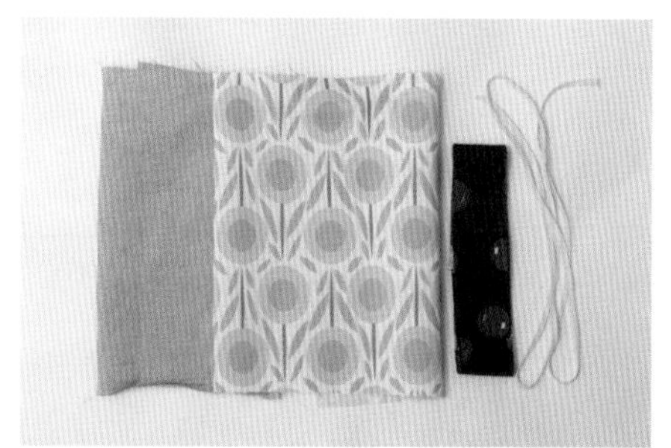

Let's try

攜帶式拖鞋 slippers

完成尺寸

從腳後跟到趾尖：25cm
鞋寬最寬的地方：10cm

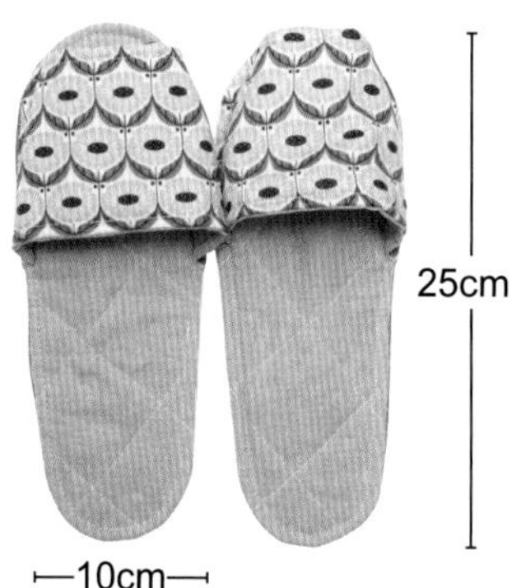

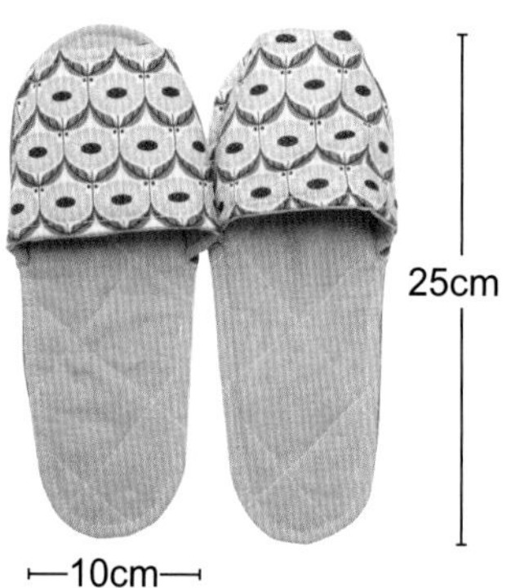

材料

鞋面表布（棉）／
鞋面裡布（麻）：
11×21cm…各 2 片
底表布（麻）：30×15cm…4 片
底裡布（厚麻布）：
27×12cm…2 片
菱格紋加厚布（厚棉布）：
30×15cm…2 片
11×21cm…2 片

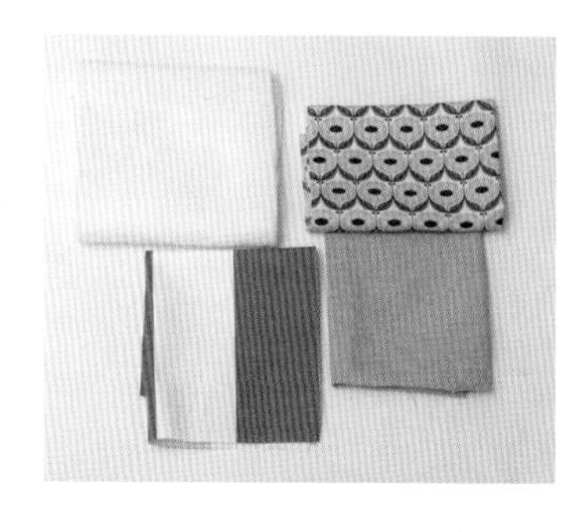

版型排列

※ 單位：cm

12
10
底布
（裡布…2 片）
1
25
27

15
底布
（表布…4 片
厚棉布…2 片）
30

縫好後和裡布對齊後裁剪。

14
1
12
鞋面布
（表・裡布…各 2 片
厚棉布…2 片）
1
9
11
19
1
21

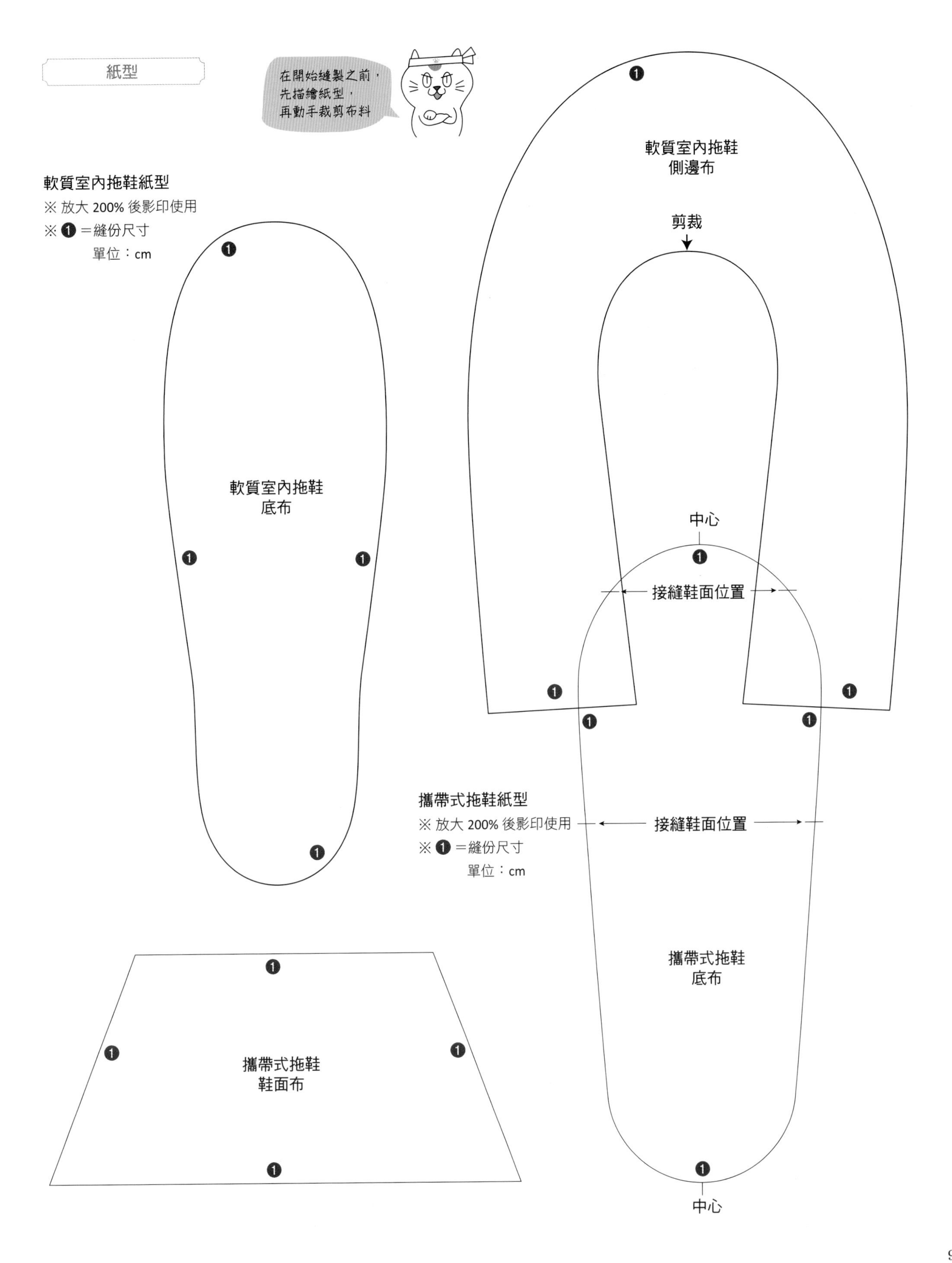
紙型
在開始縫製之前，
先描繪紙型，
再動手裁剪布料
軟質室內拖鞋紙型
※ 放大 200% 後影印使用
※ ❶ ＝縫份尺寸
單位：cm
軟質室內拖鞋
底布
軟質室內拖鞋
側邊布
剪裁
中心
接縫鞋面位置
攜帶式拖鞋紙型
※ 放大 200% 後影印使用
※ ❶ ＝縫份尺寸
單位：cm
接縫鞋面位置
攜帶式拖鞋
底布
中心
攜帶式拖鞋
鞋面布

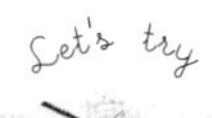

軟質室內拖鞋 room shoes

達人小祕訣

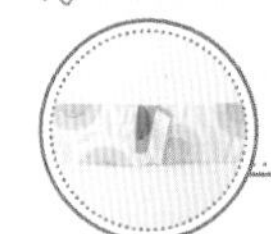

製作滾邊條

布料具有容易往斜角方向拉長的特性，所以取滾邊的布料時通常會以正斜角剪布（45度），包邊的弧度才會漂亮。但如果要充分利用剩布，不必非得使用正斜角裁剪的布。

1 利用剩布，在與布紋呈斜角的方向畫3cm寬的線。

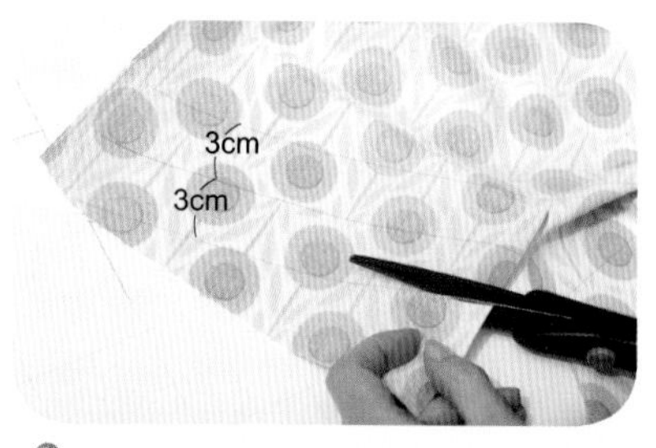

2 沿著線把布料裁剪下來。

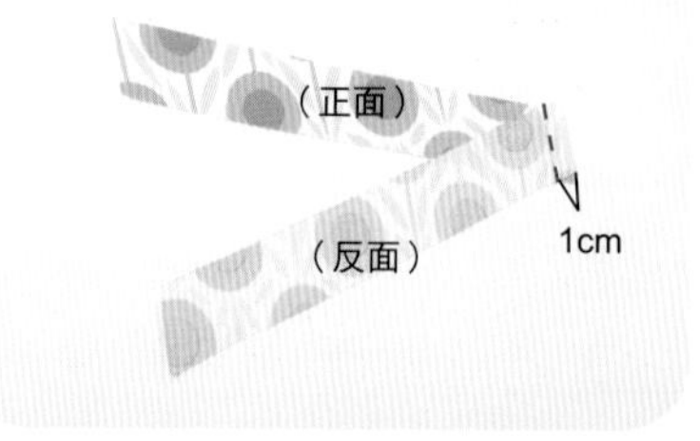

3 接合時，注意兩邊要對齊直布紋，正面相對後留1cm縫份，車縫起來。

4 分開3的縫份。

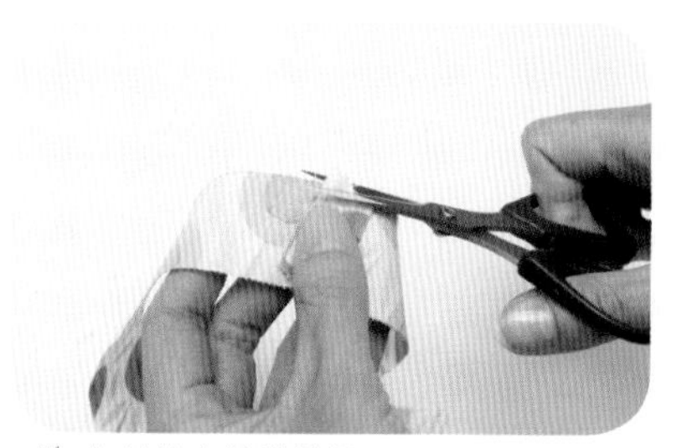

5 修剪掉多餘的縫份。

6 如果長度不夠，可以一直續接下去，直到長度足夠為止。

1. 縫製側邊布的腳後跟

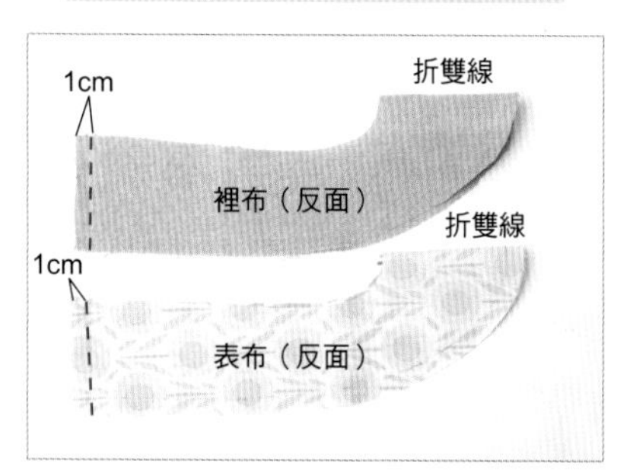

將兩片側邊布的正面相對疊合，留1cm縫份，車縫腳後跟的部分後，分開縫份。

2. 對齊底布

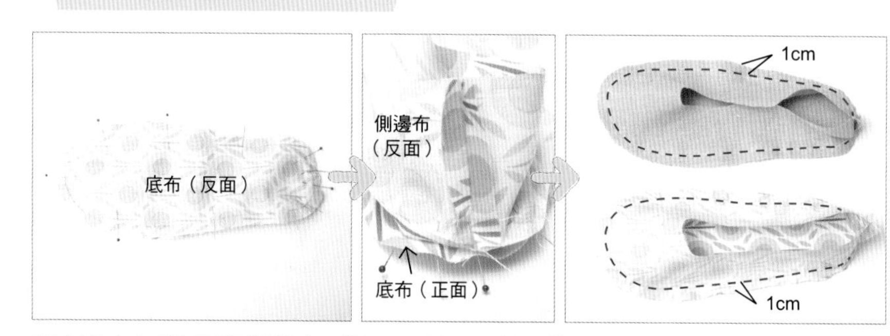

將1和底布的正面相對對齊，留1cm縫份，縫一整圈。

3. 在曲線的縫份上剪牙口

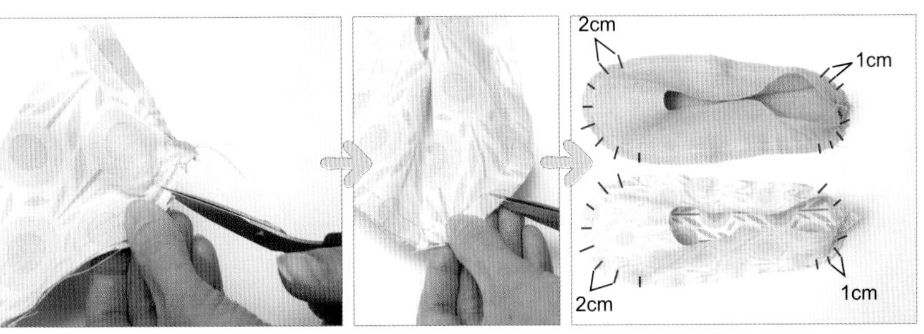

在腳後跟和腳尖的曲線上剪幾個牙口，腳後跟的部分每間隔 1cm 剪一個牙口，腳尖的部分則每間隔 2cm 剪一個牙口。

4. 將裡布放進表布

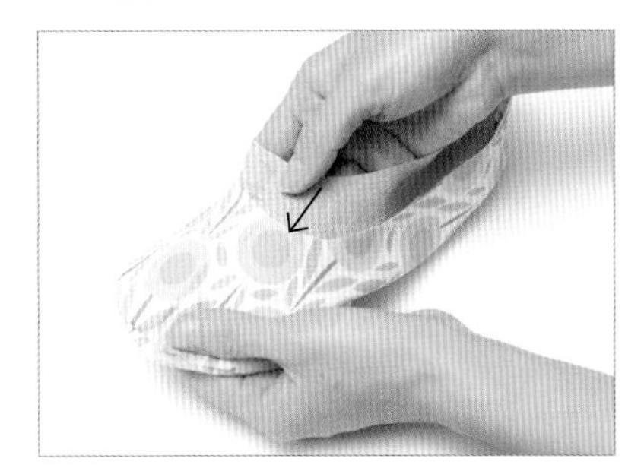

表布翻回正面後，將裡布放入，與表布疊在一起。

5. 接縫滾邊條

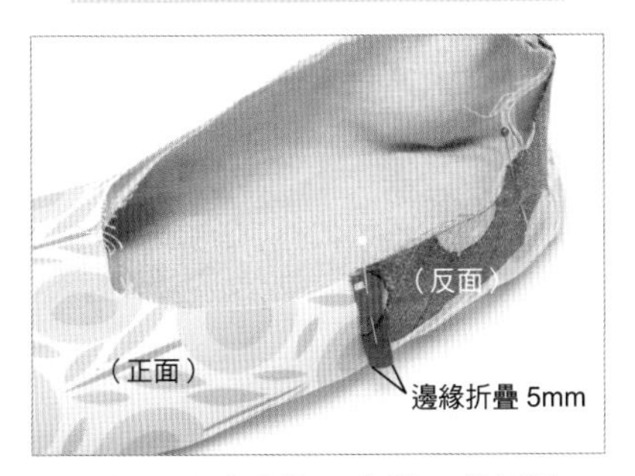

將縫製好的滾邊條，與鞋口的側邊正面相對對齊，並以珠針固定好。

6. 縫合

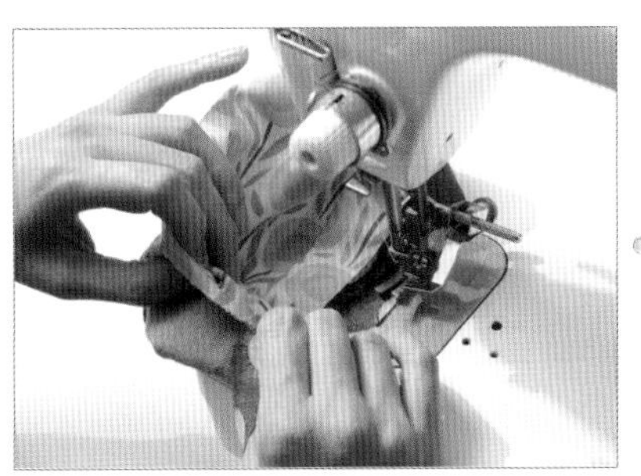

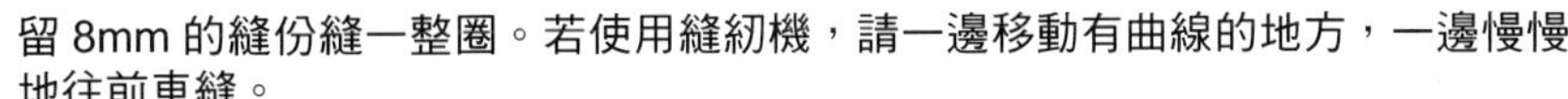

留 8mm 的縫份縫一整圈。若使用縫紉機，請一邊移動有曲線的地方，一邊慢慢地往前車縫。

7. 包邊後縫合

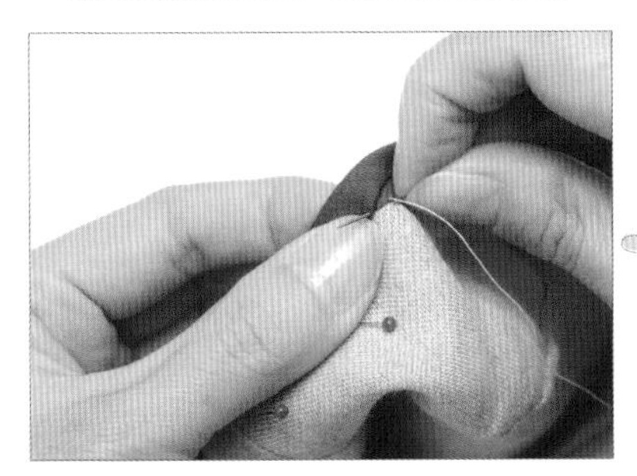

從縫線往上折進滾邊帶，往內折 5mm 後再折 5mm 以包覆布邊，用藏針縫（詳見 P26）縫合鞋口。

8. 在鞋口穿鬆緊帶

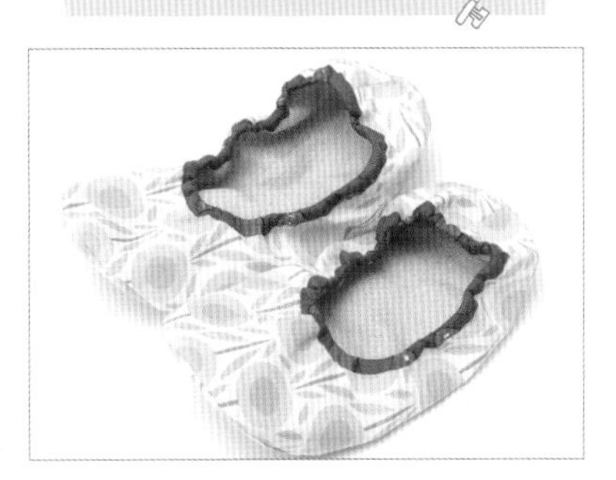

請參考 P98 的「達人小祕訣」，在滾邊部分穿入鬆緊帶。另一隻鞋也以相同方式處理。

達人小祕訣

在鞋口穿鬆緊帶

基本上，和 P86 介紹的穿鬆緊帶方法相同。
但由於這個作品的開口很窄，無法置入穿繩器，因此改為使用小型的安全別針。

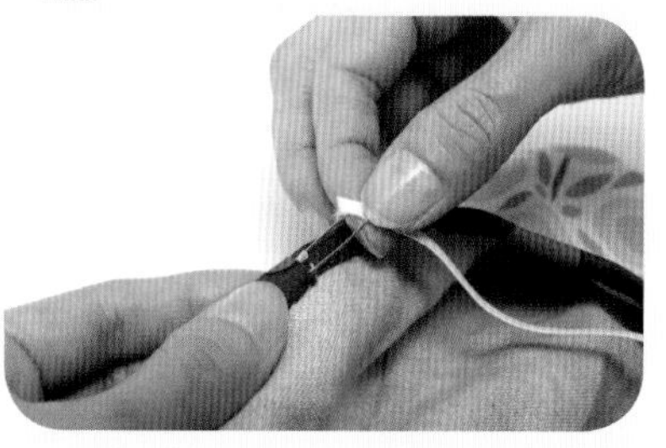

1 用小型別針固定住鬆緊帶的其中一邊，從滾邊布的接尾處置入。

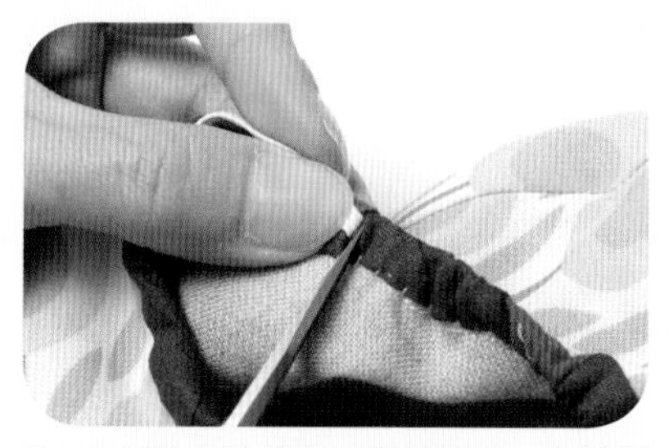

2 在開始包滾邊布的重疊部分，先剪開一個牙口，作為鬆緊帶的出口用。只要剪約 3mm 左右，不會對作品造成影響。

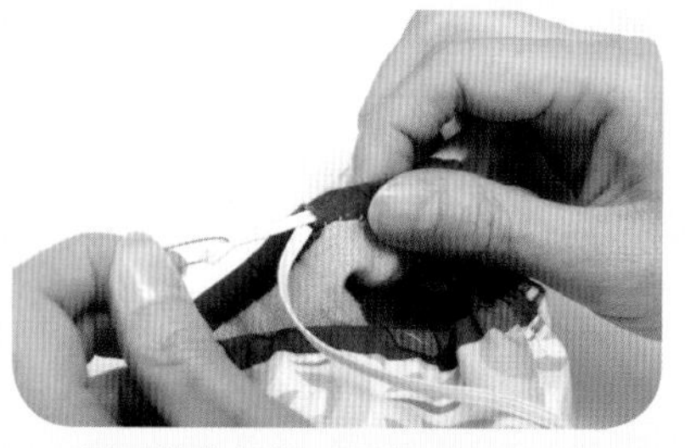

3 鬆緊帶整個繞一圈後，以安全別針暫時固定住，以免鬆緊帶脫落，此時先套在腳上試穿看看。

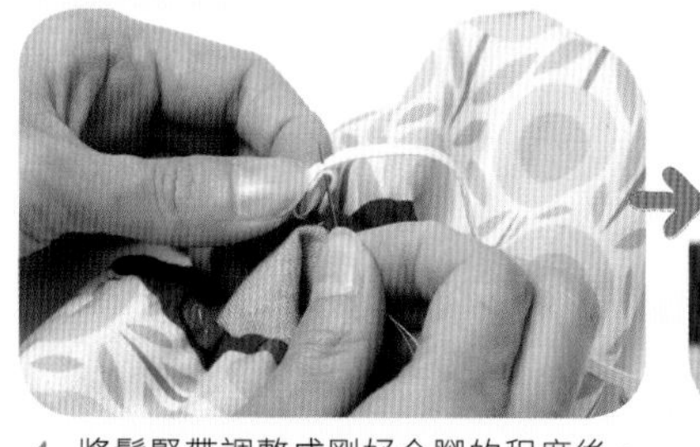

4 將鬆緊帶調整成剛好合腳的程度後，將鬆緊帶兩端重疊約 2cm，縫合。

在縫合鬆緊帶之前，
請務必要先試穿，
確認鬆緊帶的緊度！

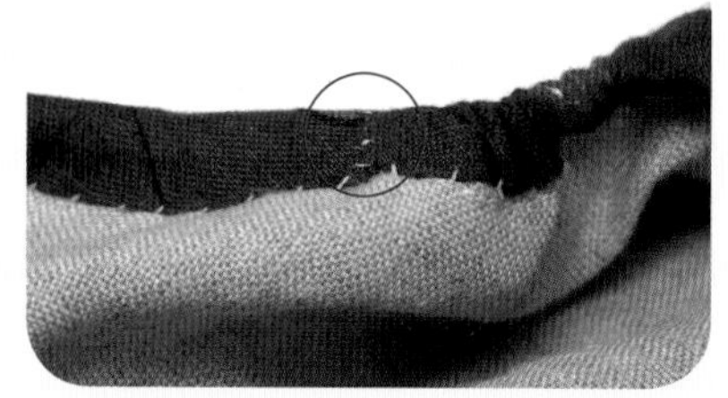

5 將鬆緊帶放回滾邊條裡面後，縫合先前剪開的 3mm 牙口。

Let's try

縫製攜帶式拖鞋 slippers

先將底布做菱格紋加厚處理吧！

達人小祕訣

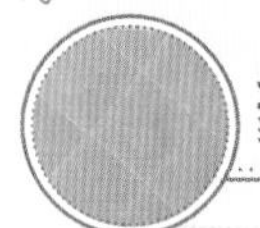

菱格紋加厚處理

用兩片布夾著厚棉布，再以刺繡方式讓布料變得厚實，這個技巧稱為「菱格紋加厚處理」，常用於護膝和沙發套等需要局部加厚的手工作品。

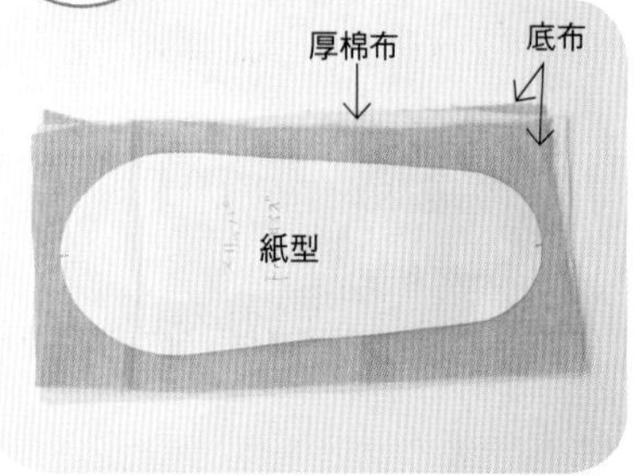

1 準備 2 片比紙型大一號，並已經裁剪好的底布和厚棉布。

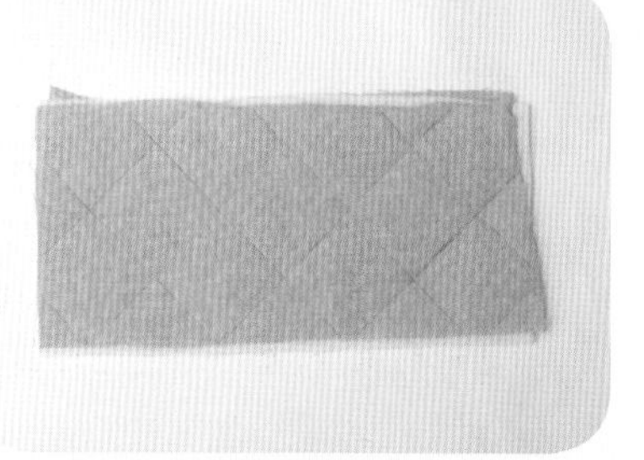

2 用兩片底布夾著厚棉布，用消失筆在上面畫斜線，格紋的大小視個人喜好而定。

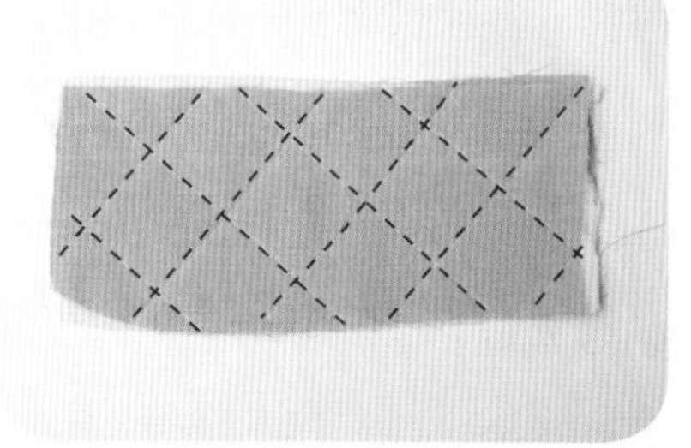

3 用珠針固定好，以免底布和厚棉布錯開，用縫紉機在畫線的上方車縫。

1. 對齊鞋面布

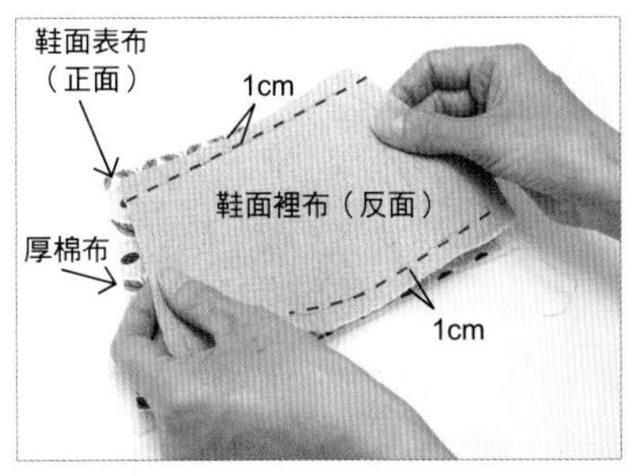

將鞋面的厚棉布和表布重疊，和裡布的正面相對疊合，兩邊留 1cm 的縫份，縫合上下布。

2. 將鞋面布翻回正面

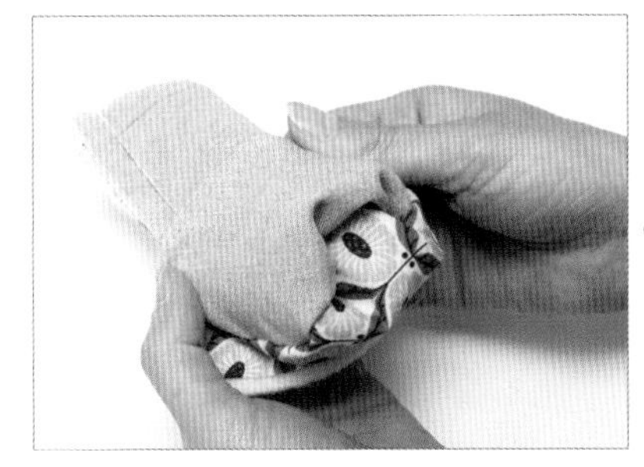

從保留沒縫的那一邊翻回正面。

3. 將底布和鞋面布重疊

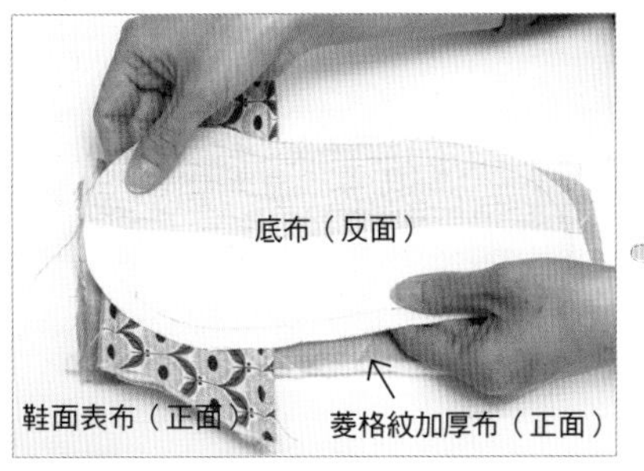

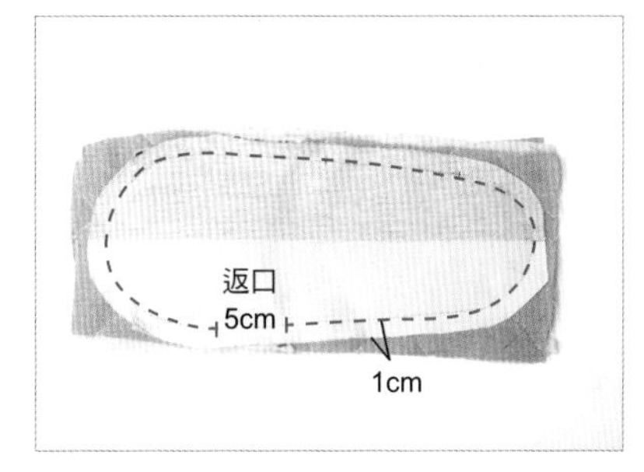

依序疊上菱格紋加厚布、2 的鞋面以及底布。此時，配合底布的尺寸，把露出兩側的鞋面折進去。

4. 縫合

保留 5cm 返口，留 1cm 的縫份縫合一整圈。

5. 裁剪菱格紋加厚布

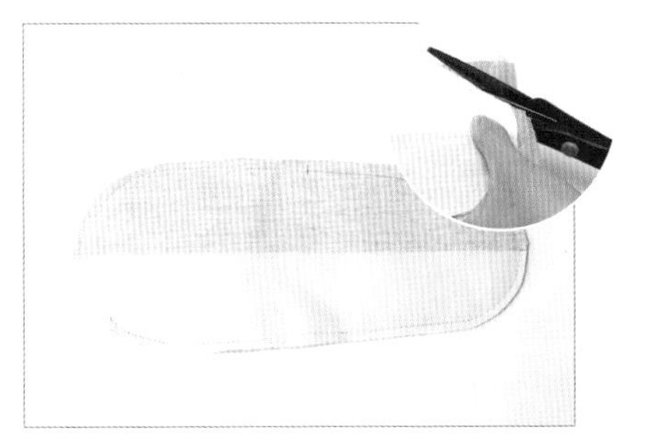

對齊底布，將菱格紋加厚布露出來的部分裁剪掉。

6. 翻回正面、縫合返口

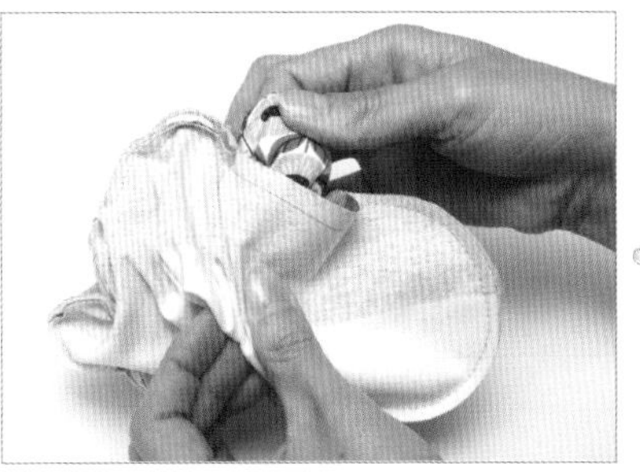

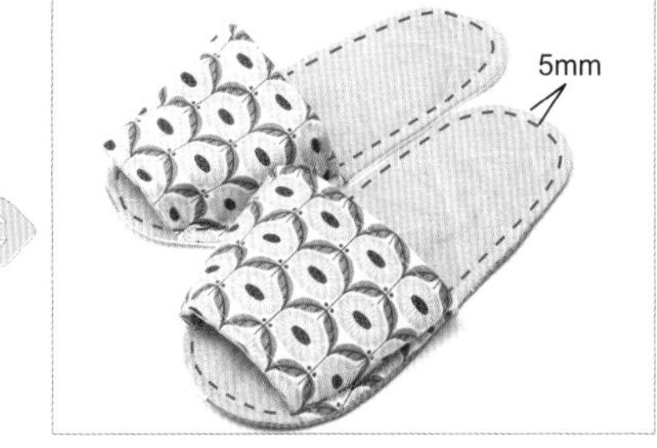

從返口翻回正面後，以對針縫（詳見 P26）縫合返口。在距離邊緣 5mm 的地方，用縫紉機車縫一整圈。另一隻鞋也以相同的方式處理，完成。

Lesson 4

親子連身裙

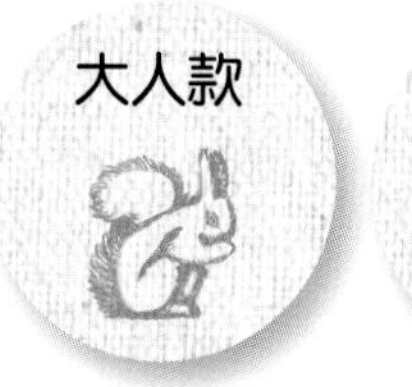

寬領、線條筆直、輕柔地向下垂墜的線條，
這就是充滿女人味的長版連身裙。
大人款設計成從頭上套下去就穿好的簡單形式，
幾乎沒有需要特別加工的特殊技巧。
只要搭配布花飾品，就能帶出設計的亮點。
兒童款則因為領口不大，需要另外在背後做開口、縫製鈕扣。

達人小祕訣
兒童款連身裙
製作鈕襻
◆option◆
製作 YOYO 布花

大人款連身裙 *one-piece*

完成尺寸

連身裙長：99cm× 下胸圍 100cm

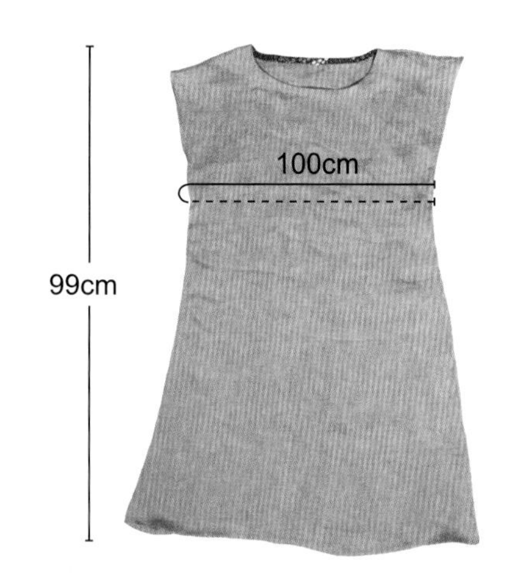

材料

表布（麻）：150cm 寬 ×210cm…1 片
滾邊布：3cm 寬 × 約 63cm…1 條
（請參照 P96，使用剩布製作）

如果覺得同色系的滾邊布不夠顯眼，也可以另外購買其他花色喔！

版型排列

※ 單位：cm

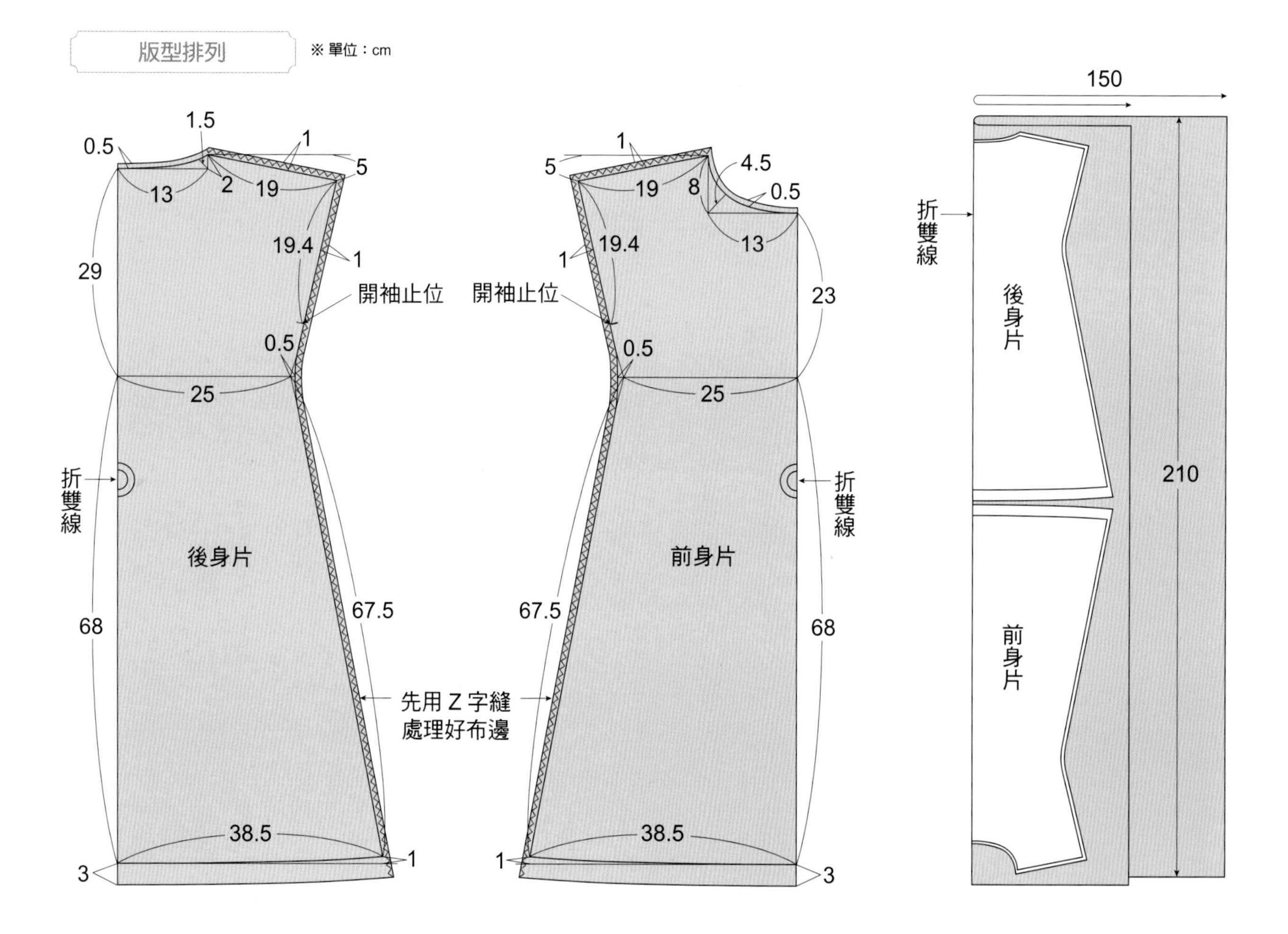

兒童款連身裙 one-piece

完成尺寸

100cm：長約 55cm× 下胸圍 84cm
110cm：長約 61cm× 下胸圍 88cm
120cm：長約 68cm× 下胸圍 92cm

材料

表布（麻）：
100cm：150cm 寬 ×60cm…1 片
110cm：150cm 寬 ×68cm…1 片
120cm：150cm 寬 ×76cm…1 片
滾邊布：
100cm：3cm 寬 ×37cm…1 條
110cm：3cm 寬 ×42cm…1 條
120cm：3cm 寬 ×47cm…1 條
（請參照 P96，使用剩布製作）
鈕襻布：2×6cm… 1 片
鈕扣：直徑 1.5cm…1 個

版型排列

※ 單位：cm

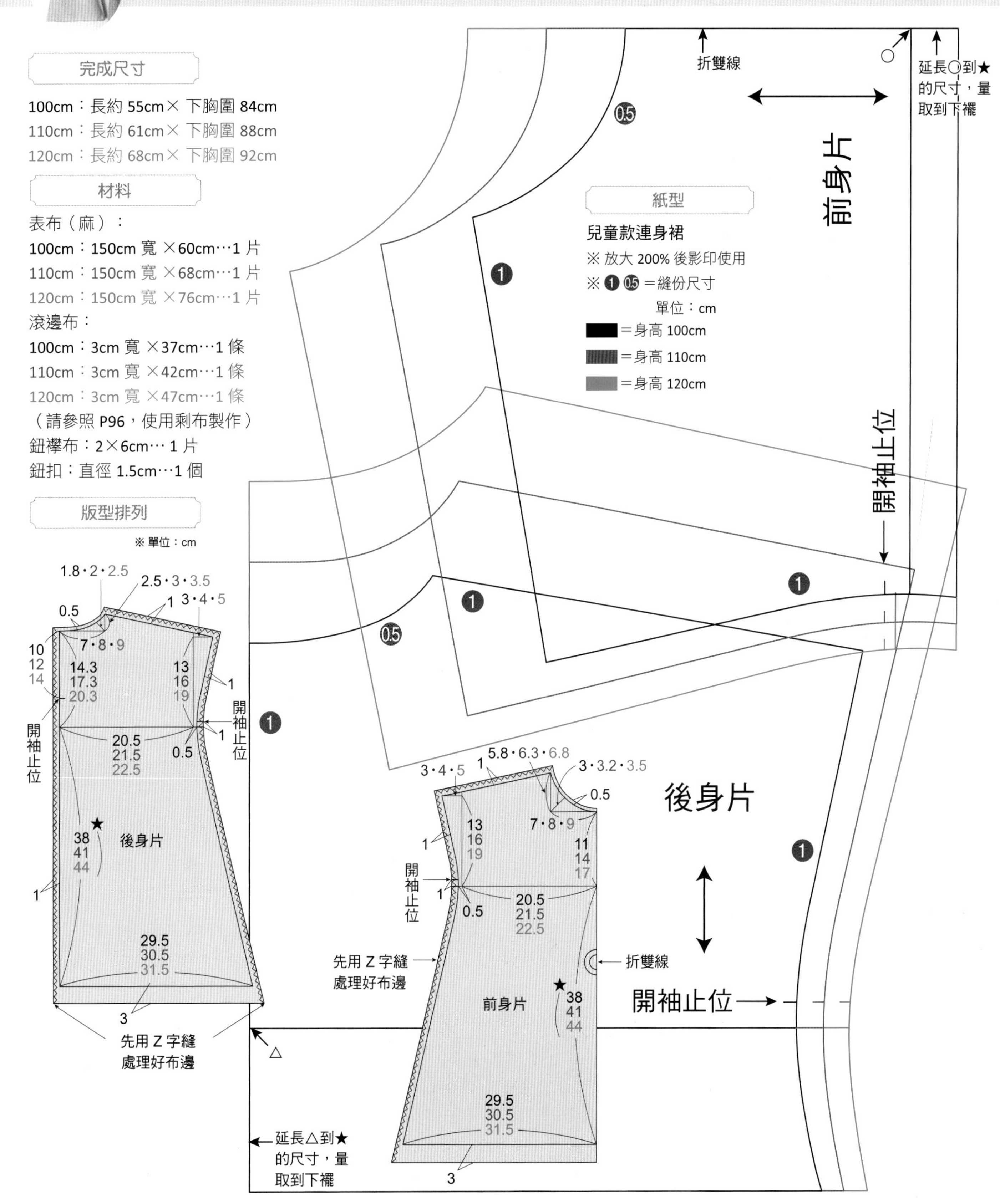

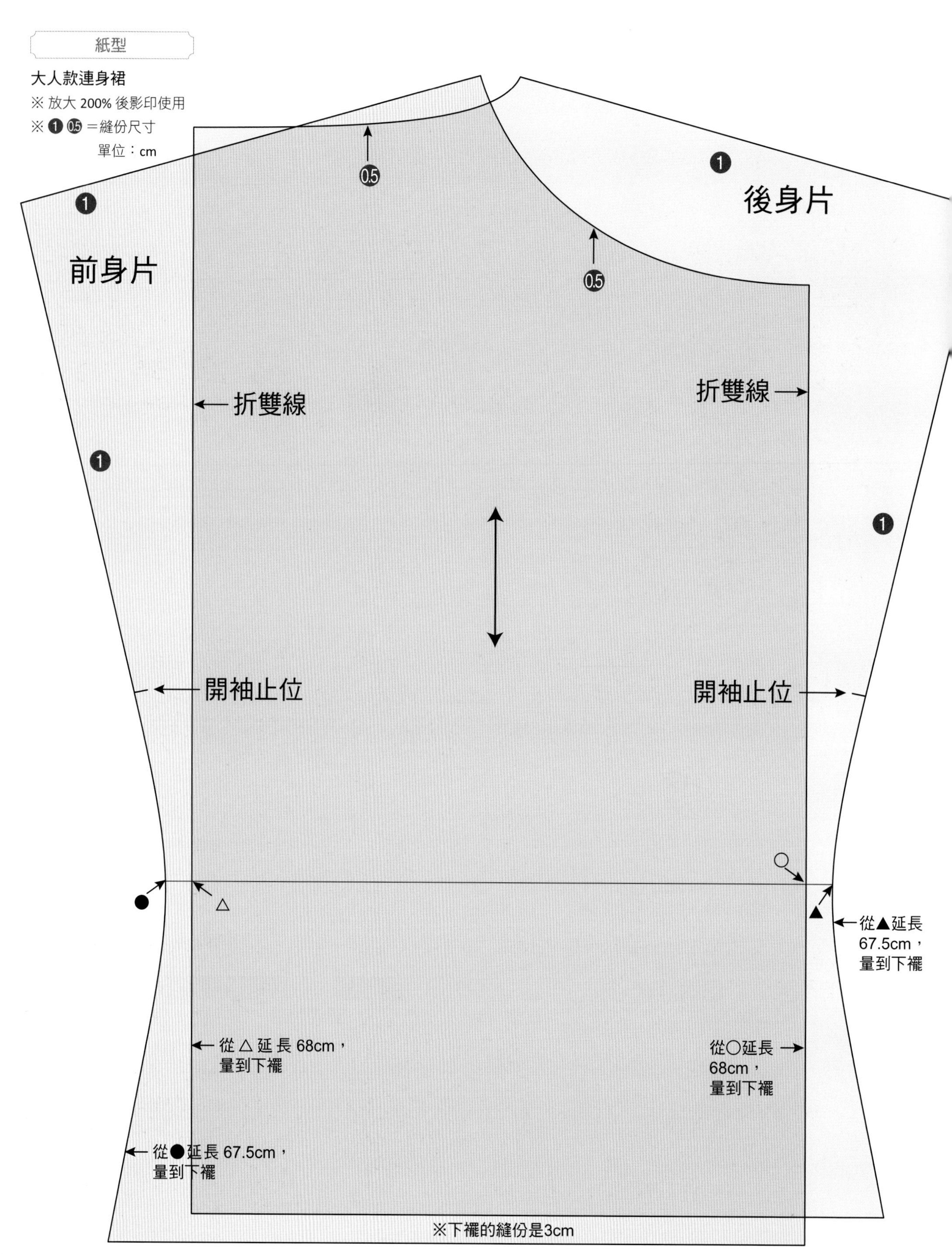
紙型
大人款連身裙
※ 放大 200% 後影印使用
※ ❶ ⓪⑤ =縫份尺寸
單位：cm
❶
0.5
❶
後身片
前身片
0.5
折雙線
折雙線
❶
❶
開袖止位
開袖止位
從▲延長
67.5cm，
量到下襬
從△延長 68cm，
量到下襬
從○延長
68cm，
量到下襬
從●延長 67.5cm，
量到下襬
※下襬的縫份是3cm

大人款連身裙 one-piece

1. 縫合肩部與兩個側邊

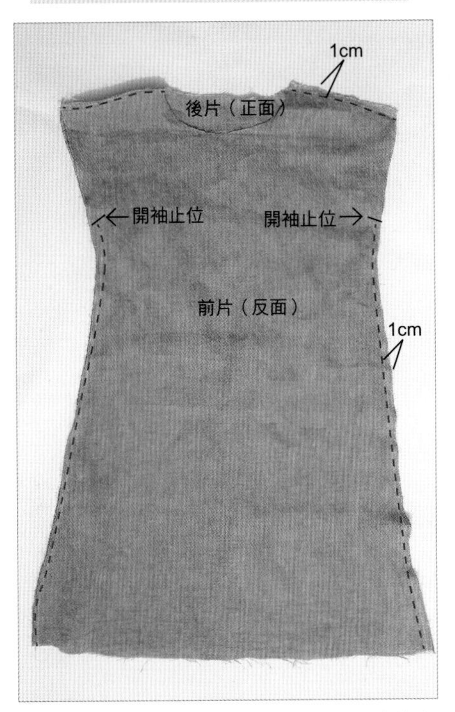

前後布正面相對後對齊，兩肩與側邊皆留1cm 的縫份，車縫起來。

2. 在領口接縫滾邊條

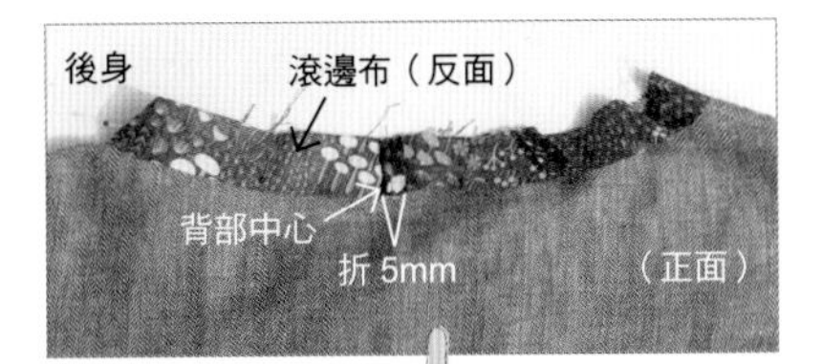

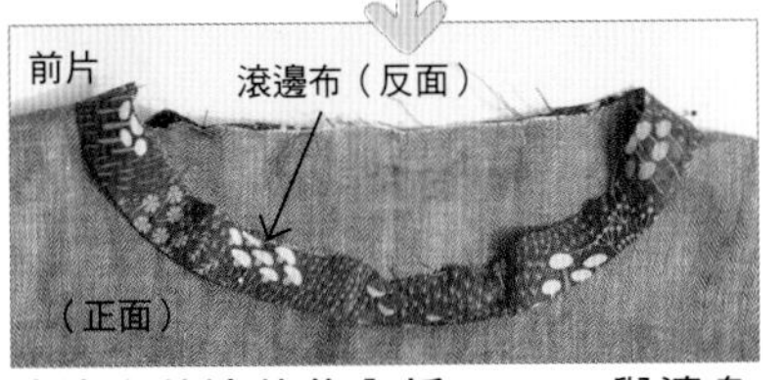

滾邊布的邊緣往內折 5mm，與連身裙的後中心正面相對對齊，包覆一整圈領口後，接合處重疊約 1cm，剩下的布料修剪掉。

3. 留 5mm 的縫份縫合

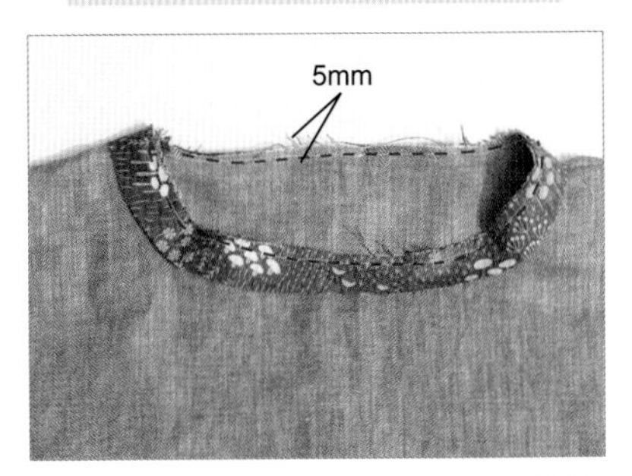

距離 2 的領口和滾邊布留 5mm 的縫份，車縫一整圈。

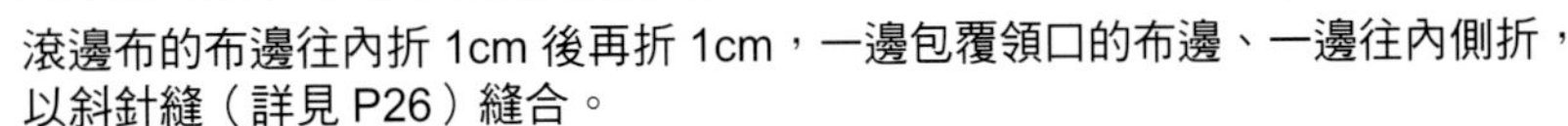

4. 滾邊布做三折收邊處理後包縫

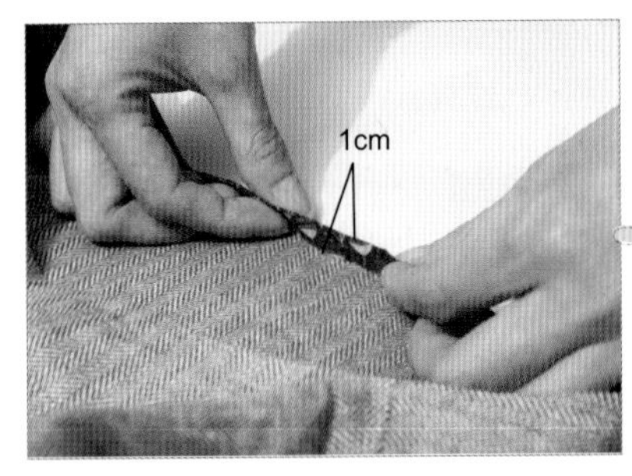

滾邊布的布邊往內折 1cm 後再折 1cm，一邊包覆領口的布邊、一邊往內側折，以斜針縫（詳見 P26）縫合。

5. 袖口做二折邊處理，斜針縫收尾

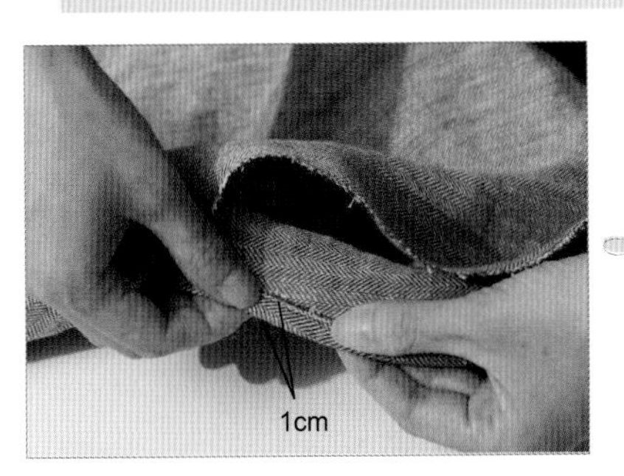

袖口部位往內側 1cm，以斜針縫（詳見 P26）收尾。

6. 下襬做三折收邊處理

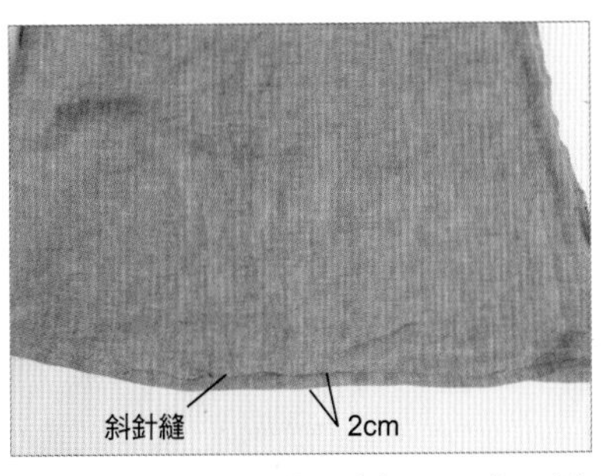

下襬往內折 1cm 後再折 2cm 成三折收邊，以斜針縫收尾。

兒童款連身裙 one-piece

1. 背部中心縫到後開口止位

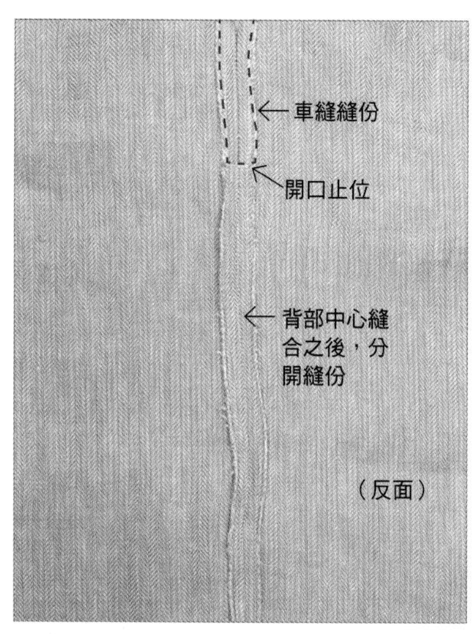

背部中心縫到開口止位後，開口止位以回針縫處理。分開縫份，沒有縫到的開口縫份也要分開，用縫紉機車縫並用熨斗燙平。

2. 製作鈕襻

請參考下方的「達人小祕訣」，在連身裙後片正面的右側，將鈕襻折成環狀後接縫固定。

3. 在領口接縫滾邊布

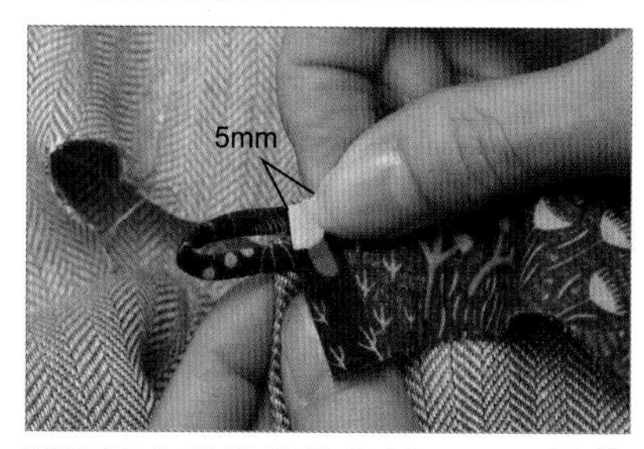

將滾邊布的邊緣往內折 5mm，沿著領口接縫並包邊。包邊與縫在領口上的方法，皆與大人款連身裙相同。

4. 縫鈕扣

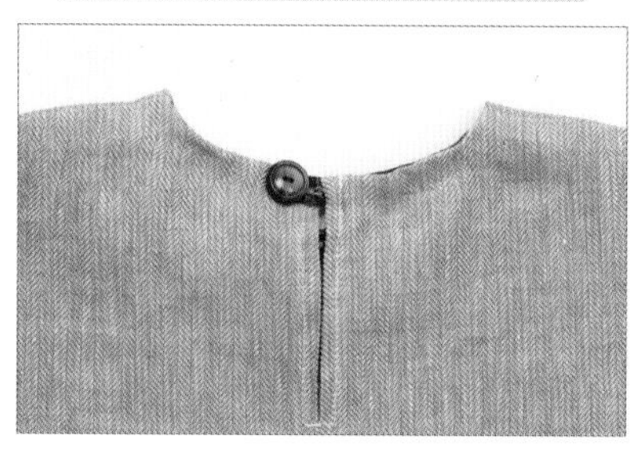

將鈕扣縫上後片正面的左側（縫扣方式詳見 P20）。

5. 在領口接縫 YOYO 布花

YOYO 布花的製作方法詳見右頁。利用剩布，依個人喜好搭配花色，並接縫在領口上當作裝飾。

達人小祕訣

製作鈕襻

用布與縫線製作的細繩稱為「鈕襻（ㄆㄢˋ）」，將布翻回正面時，建議使用專用的「返裡針」。

1 準備鈕襻布與返裡針。

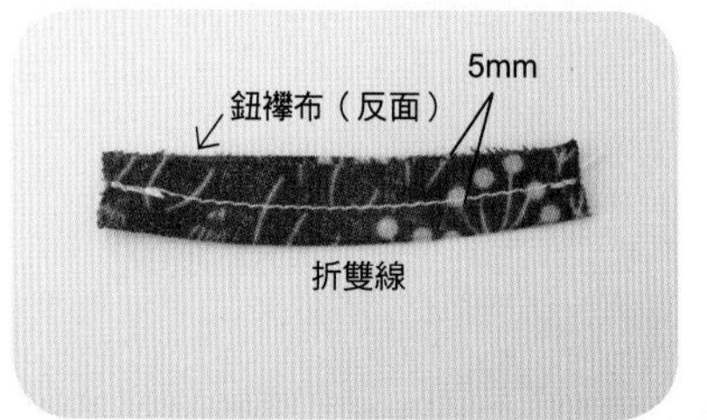

2 鈕襻布的正面相對並對折起來，留 5mm 的縫份車縫。

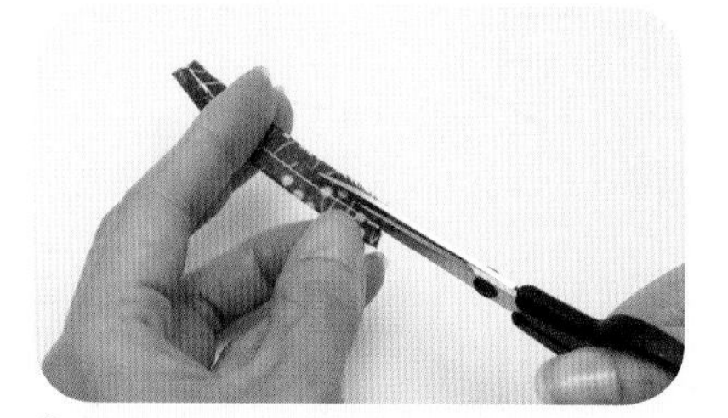

3 保留約 2mm 的縫份，其餘修剪掉。

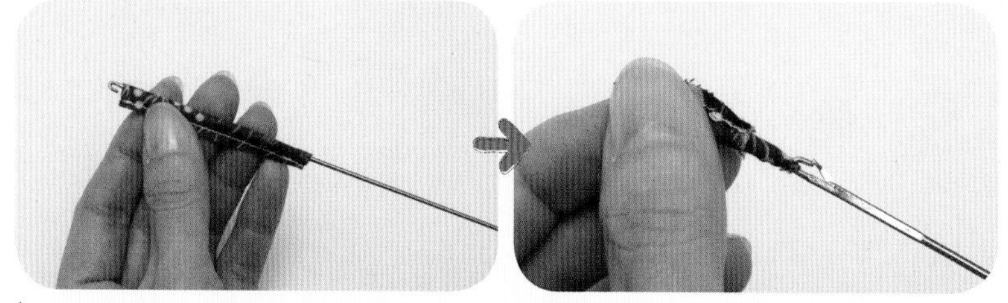

4 將返裡針穿入鈕襻裡，勾住前端，整條翻回正面。

5 全部都翻回正面後，即完成鈕襻的製作。

◆option◆

製作 YOYO 布花

把碎布剪成圓形，利用抽細褶的技巧縫製成一朵朵 YOYO 布花，
將各種大小不同的花色布料隨機搭配在一起，
就可以製作出像項鍊般串在一起的美麗布花。

洋裝、包包、帽子…
裝飾在各種衣物上，
瞬間變可愛！

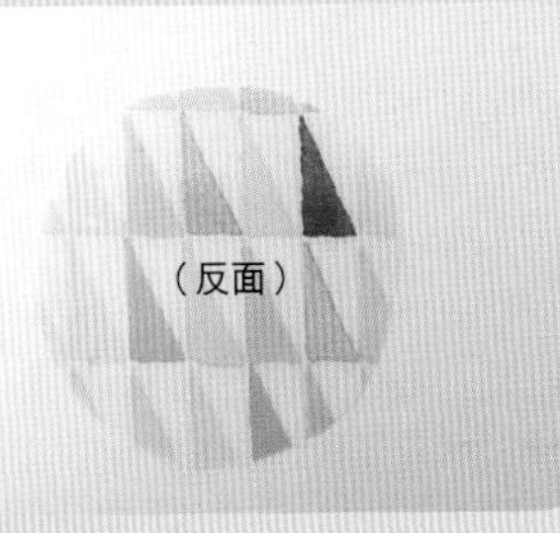

1 配合紙型，剪裁出一個圓形布片。

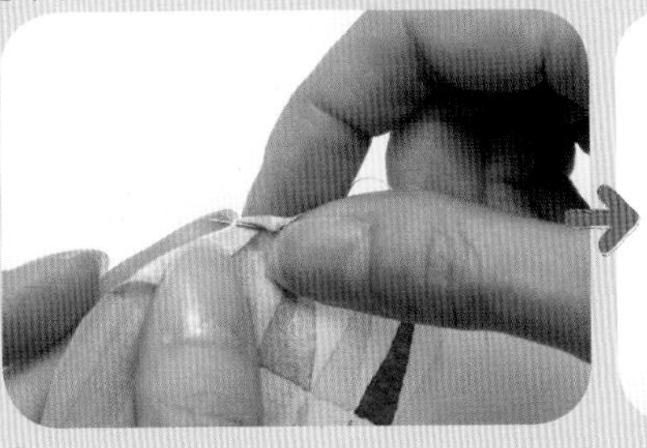

2 一邊將布邊往內側折 2～3mm，一邊在外折痕上作平針縫疏縫。

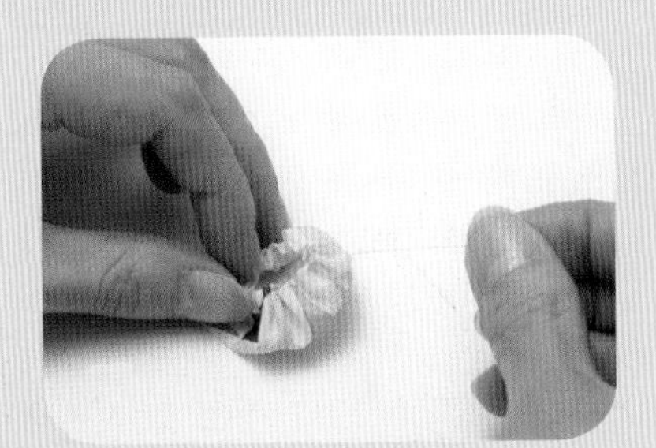

3 縫一圈之後，拉緊縫線收緊。

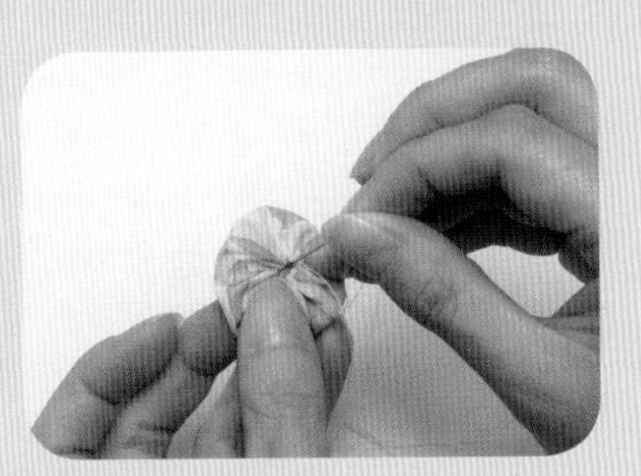

4 將針從花朵後方收緊處穿出，在中心打結，剪線。

5 在接縫一朵朵小花時，注意要藏好縫線，避免折痕露出。

實物大紙型

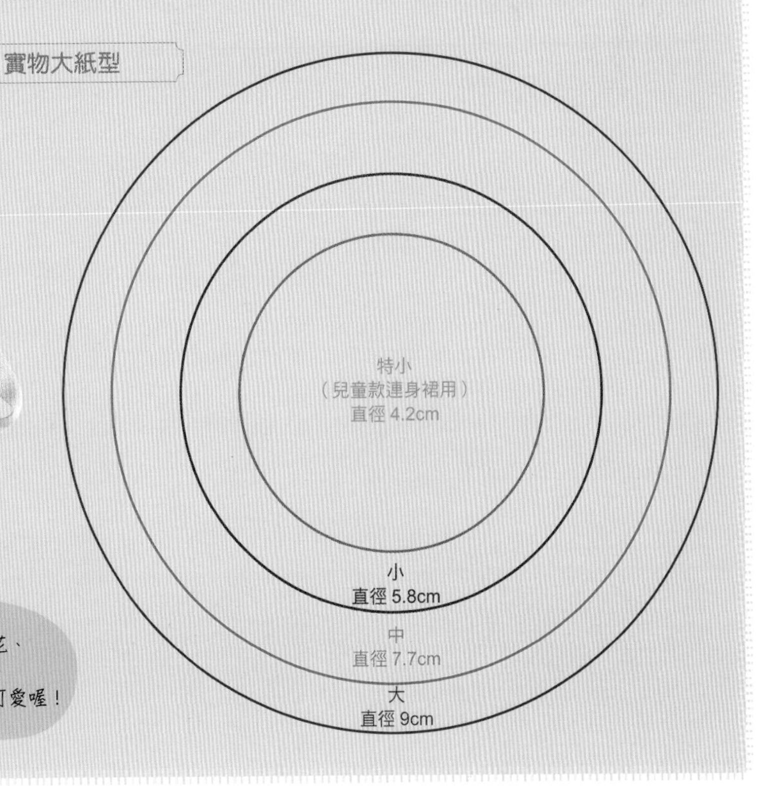

視個人喜好製作大小不同的小花、
接在一起就成了美麗的裝飾品，
中間再縫上鈕扣，看起來會更可愛喔！

Lesson 5
窄管修身長褲

窄管長褲

嘗試做做看這一款麻質長褲吧！
樣式寬鬆，但可以正式也可以休閒，
方便移動、穿起來舒服是最大的優點。
腰間別上亮面的緞帶，
看起來就有拉長身形的效果。
褲裝是學習服裝製作過程中比較進階的部分，
因為需要安裝口袋、縫褲耳，
感覺步驟有點複雜，
但是，完成時的成就感也會更強烈喔！

❶ 製作口袋
❷ 鎖鍊結當作褲耳

窄管修身長褲 tuck pants

完成尺寸

褲長：93cm× 臀圍 110cm

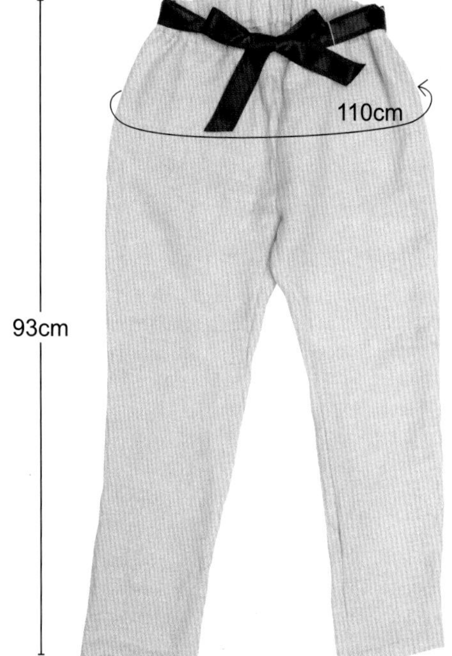

材料

表布（麻）：150cm 寬 ×120cm…1 片
褲耳鬆緊帶：3cm 寬 × 約 73cm 1 條
亮面緞帶：3.5cm 寬 ×160cm 1 條
繡線：適量

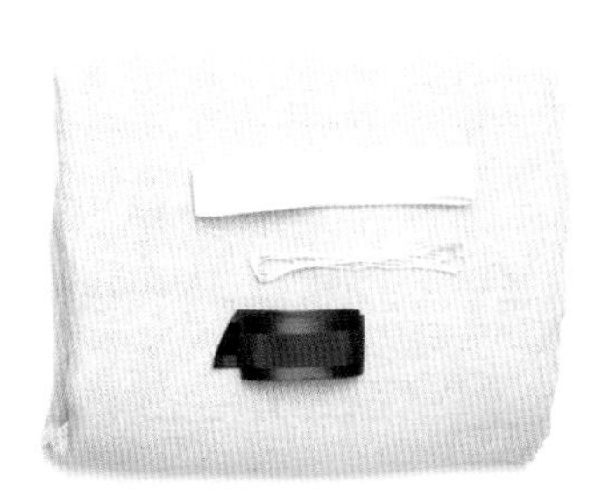

版型排列

※ 單位：cm

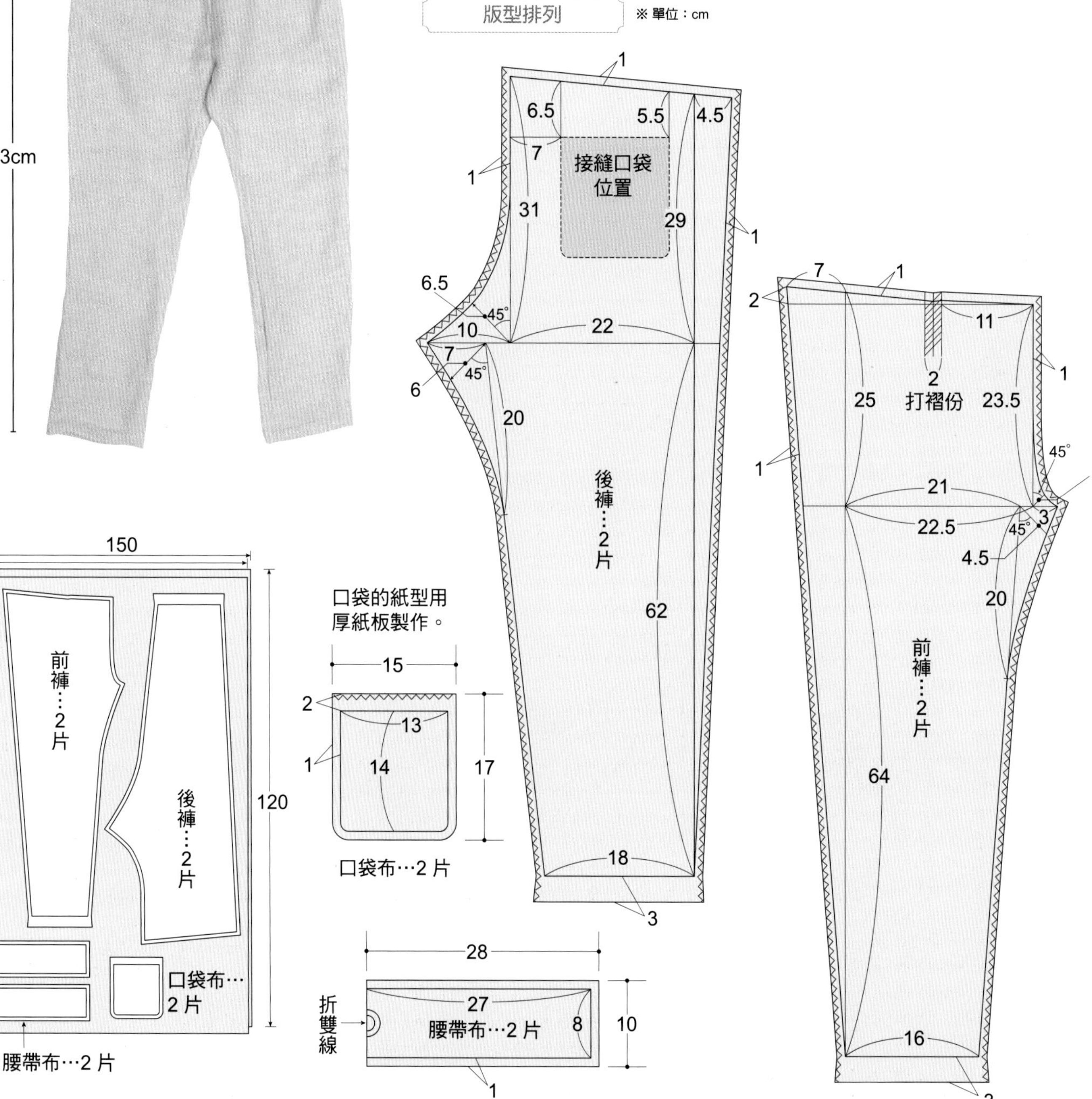

紙型

窄管修身長褲

※ 放大 200% 後影印使用

※ ❶ ＝縫份尺寸

單位：cm

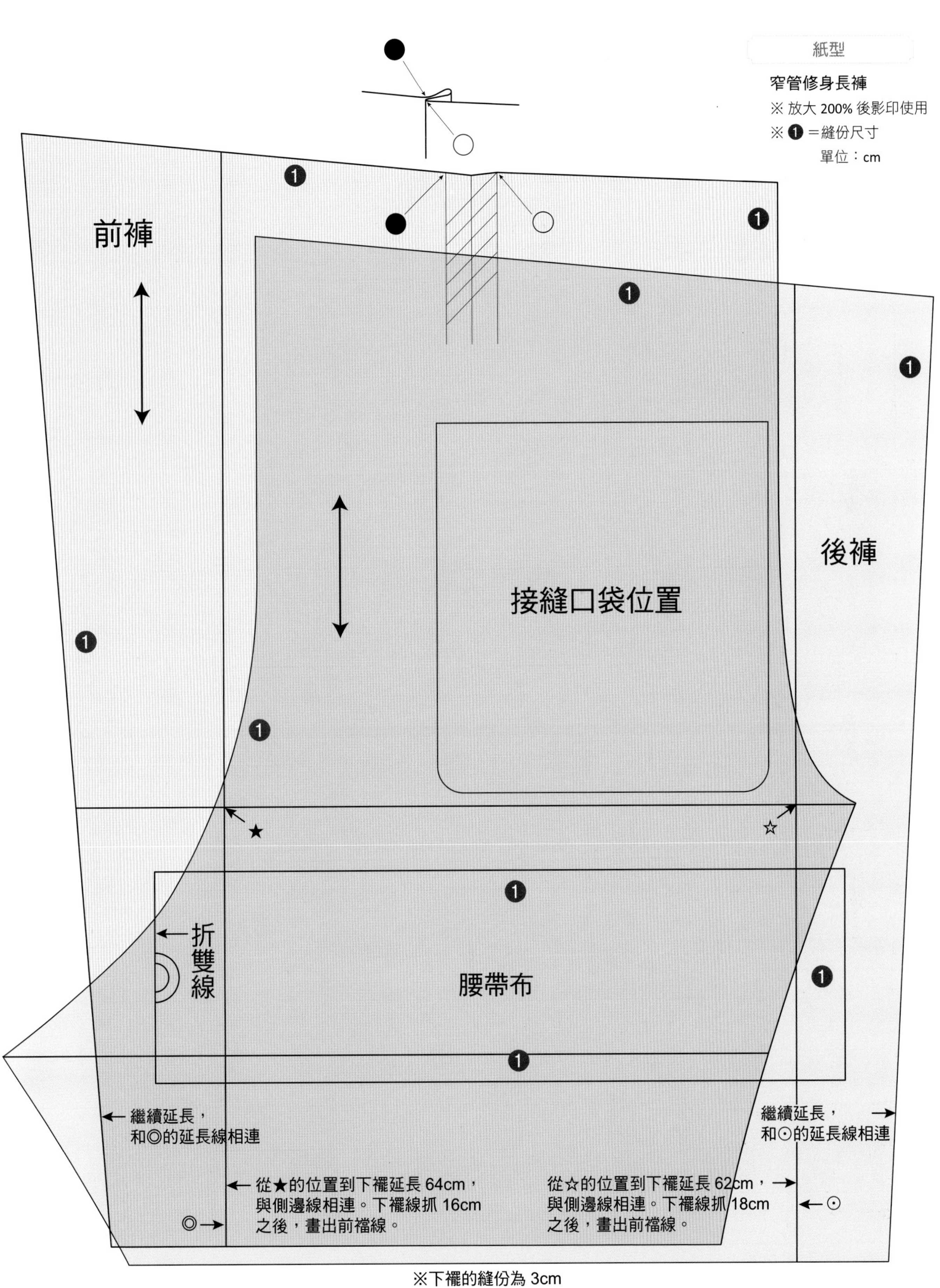

※下襬的縫份為 3cm

達人小祕訣

第一次做口袋！

製作口袋

底部做出兩個圓角，口袋的形狀才會好看，因此要對照紙型、仔細地折好縫份，做出漂亮的形狀。

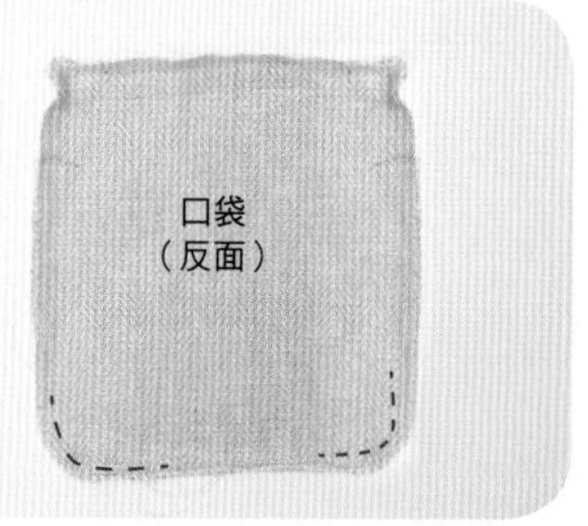

1　口袋布曲線上的縫份，採取疏縫平針縫，使用縫紉機的話請調大針距。

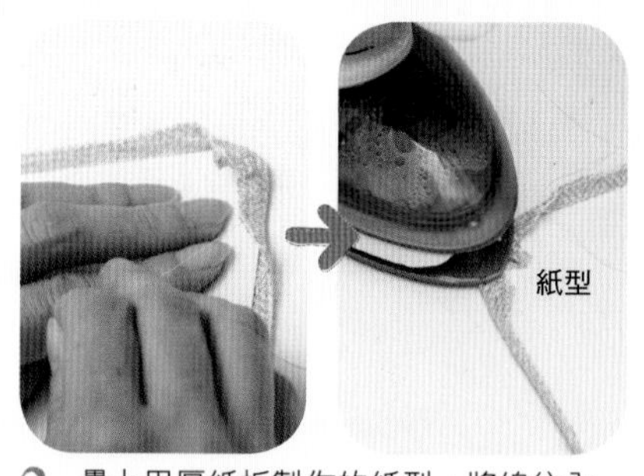

2　疊上用厚紙板製作的紙型，將線往內拉緊、做出曲線的形狀後，再用熨斗燙平。

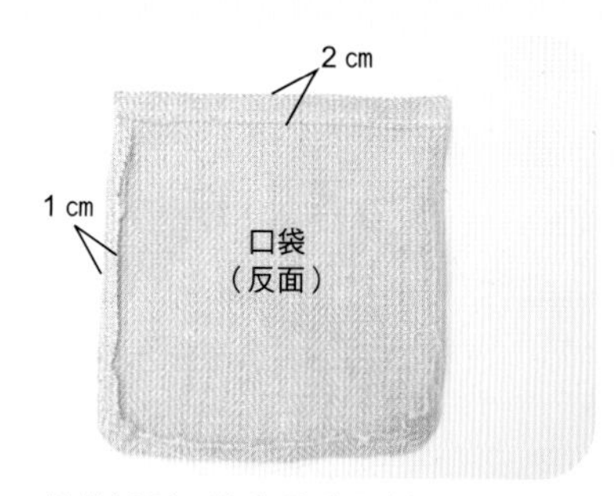

3　墊著紙型，將布邊往內折，用熨斗燙平曲線以外的縫份和袋口。

Let's try

窄管修身長褲 tuck pants

1. 製作口袋

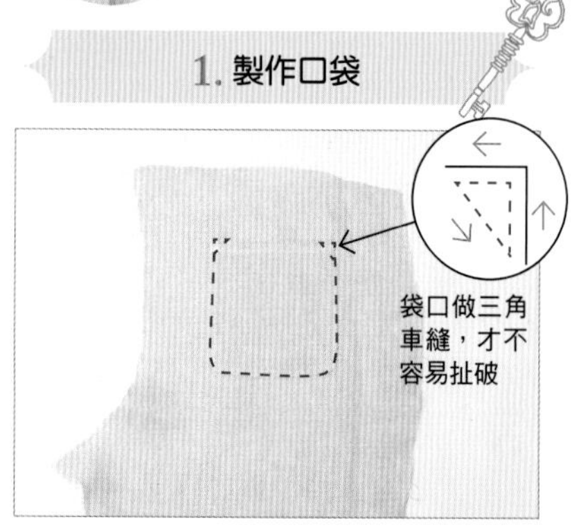

請參考上方的「達人小祕訣」製作口袋，做好後，接縫在後褲的左右兩側。

2. 處理打褶

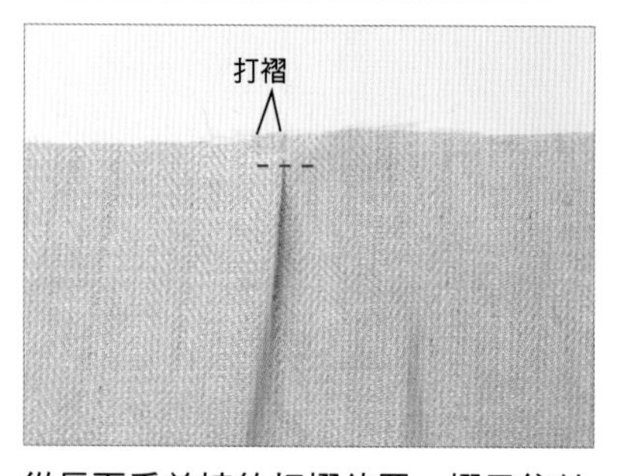

從反面看前褲的打褶位置，褶子往前中心的方向折，在折疊的地方以疏縫暫時固定住。

3. 縫合前後褲

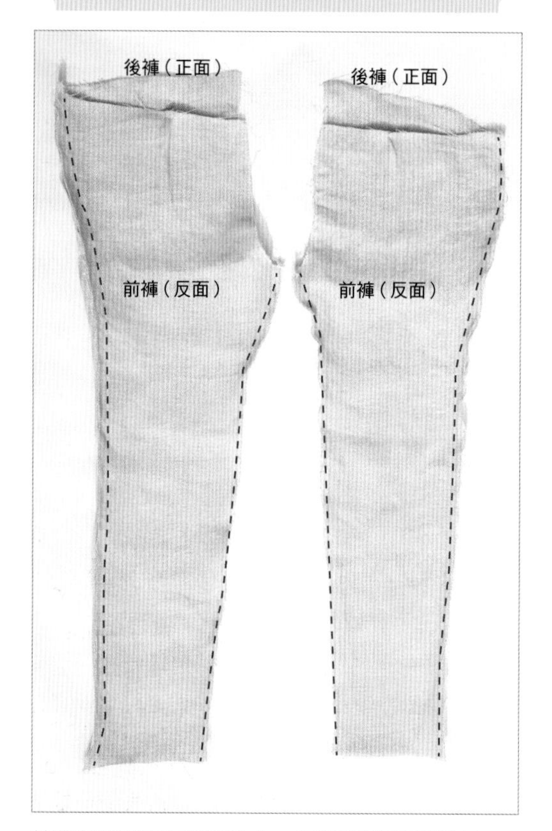

前後褲的正面相對疊合，兩側邊和下檔留 1cm 的縫份縫合，左右褲的處理方法相同。

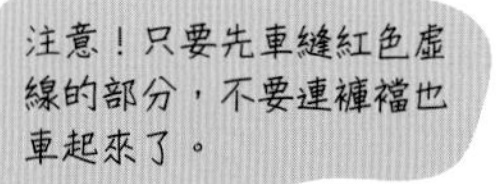

4. 重疊左右褲

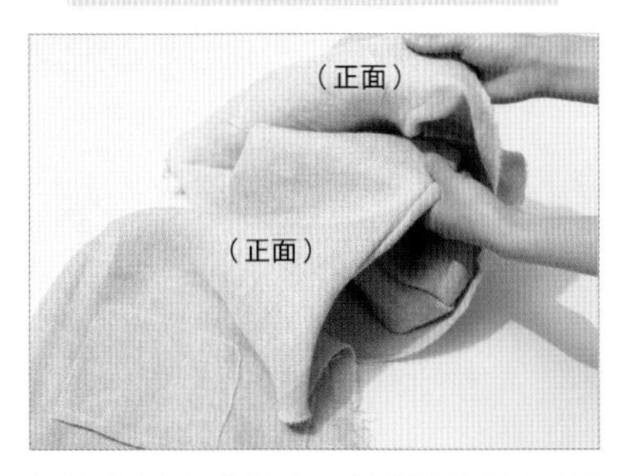

將在 3 縫合的其中一邊翻回正面、套進另一邊的裡面，讓左右褲的褲襠正面相對疊合。

5. 縫合褲襠

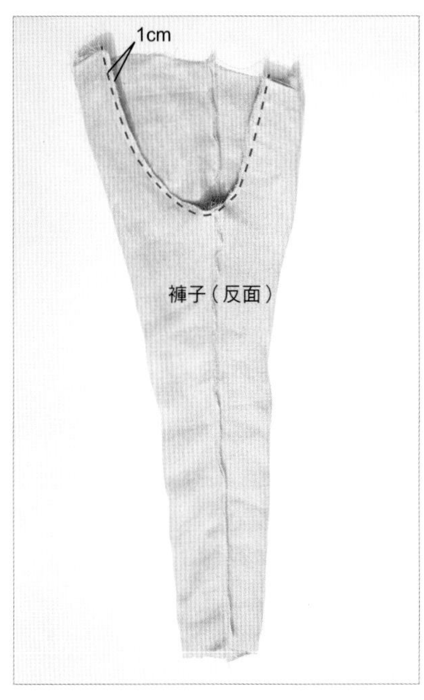

留 1cm 的縫份，縫合整圈褲襠。

6. 縫腰帶

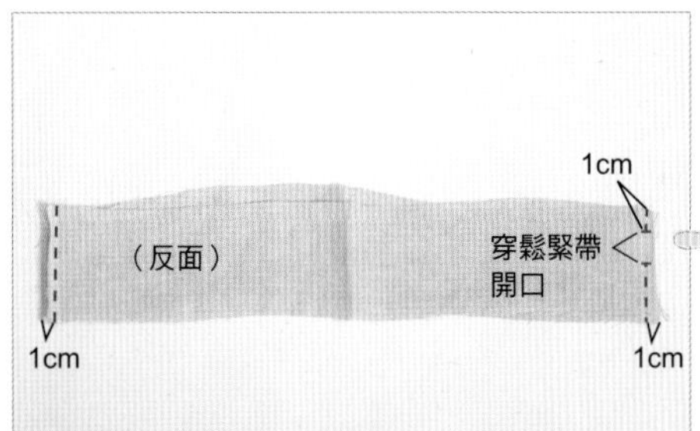

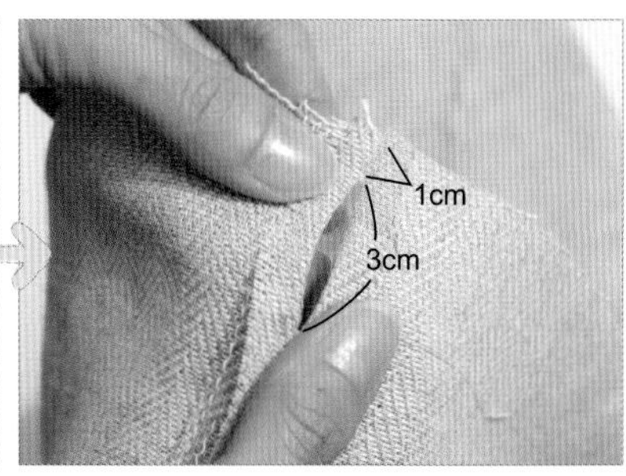

將兩片腰帶布的正面相對對齊，兩邊留 1cm 的縫份縫合。注意，其中一邊要預留 3cm，當作穿鬆緊帶的洞口。

7. 縫合褲子和腰帶

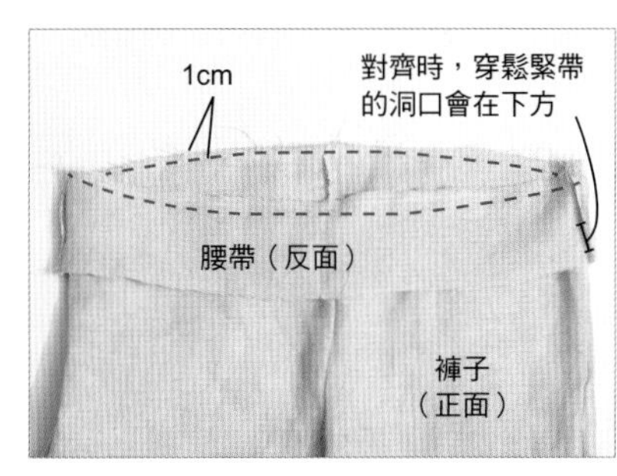

將褲子翻回正面，褲子和腰帶的正面相對對齊，留 1cm 的縫份，車縫一整圈。

8. 腰帶做三折收邊處理

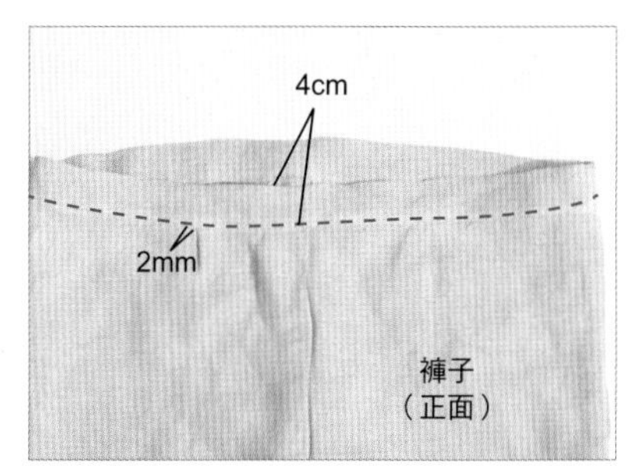

從腰帶的布邊往內折 1cm 後再折 4cm 遮住縫份，在 7 與褲子的接合位置上方 2mm 的地方，從正面車縫一整圈。

9. 穿腰部鬆緊帶

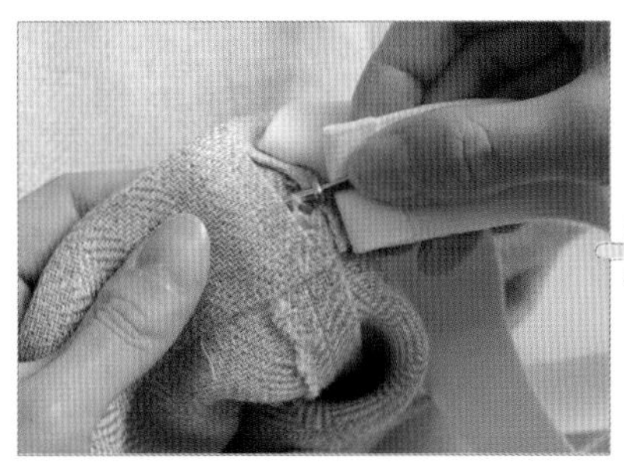

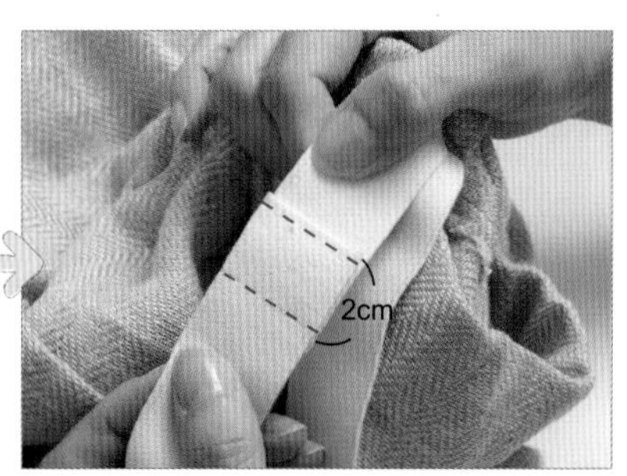

用穿繩器固定好鬆緊帶的其中一端，穿進洞口繞一圈，拉出鬆緊帶之後與另一端重疊 2cm 後縫合（請參考 P86）。

達人小祕訣

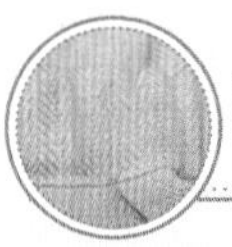

鎖鍊結當作褲耳

取 3 根繡線編織成鎖鍊狀，如此製作出來的繡線很穩固耐用，
除了可以固定腰帶，還可以鉤住鈕扣和裙鉤，也可以在連接表布和裡布時使用。

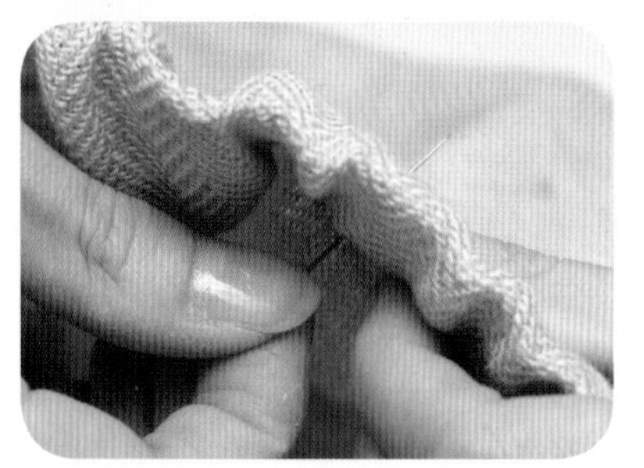

1 從上頁步驟 8 的接縫內側刺出縫針、抽出繡線。

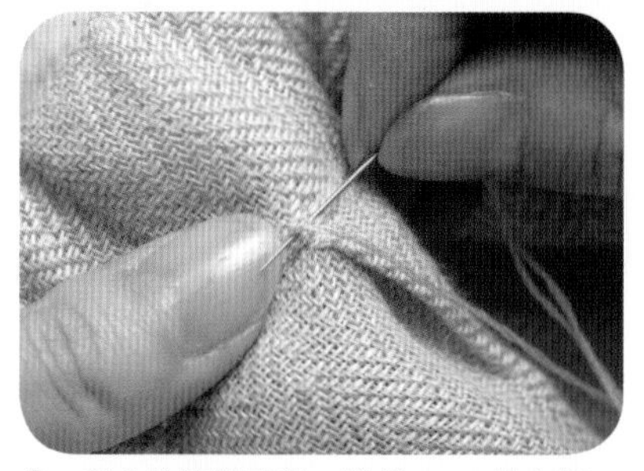

2 與 8 的接縫平行，挑起 2mm 的布料。

3 再次將針刺進相同位置。

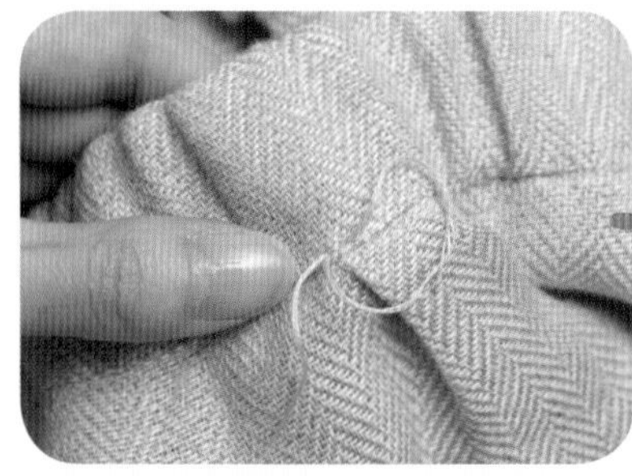

4 不要拉出全部的線，如上圖，伸兩根手指頭到已形成的線圈裡。

5 用手指抓著穿針抽出的線，鑽進線圈裡。

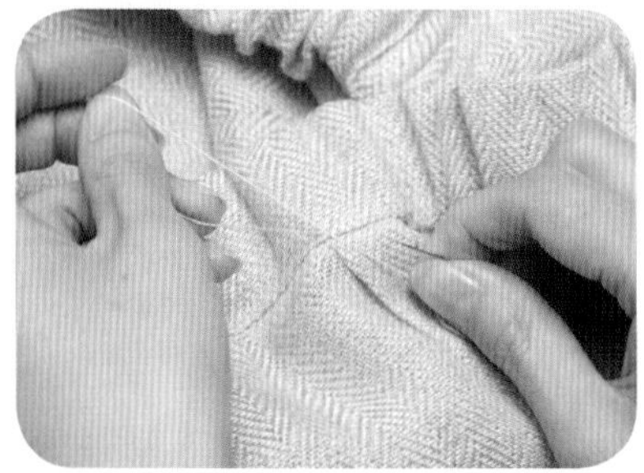

6 將穿線的線圈和針上的線抽出。

針不必鑽進線圈喔！

7 再次將手指伸進線圈、拉出繡線。反覆相同的動作。

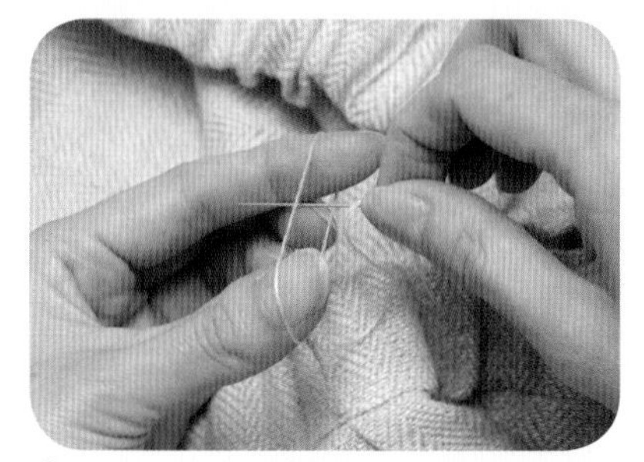

8 重複 5 ～ 7 的步驟，編織出必要的長度後，將針穿進線圈裡。

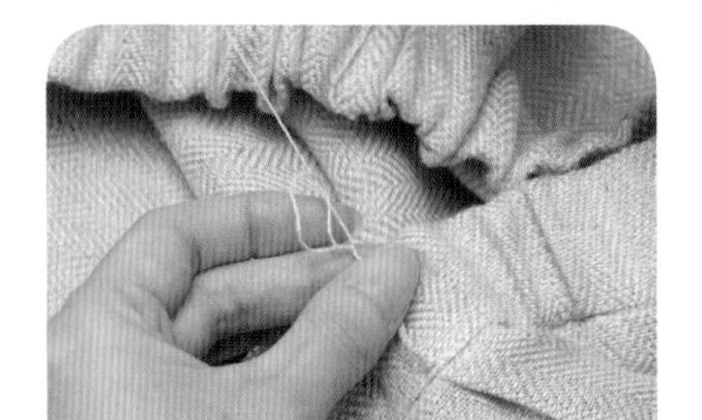

9 確實拉出繡線。

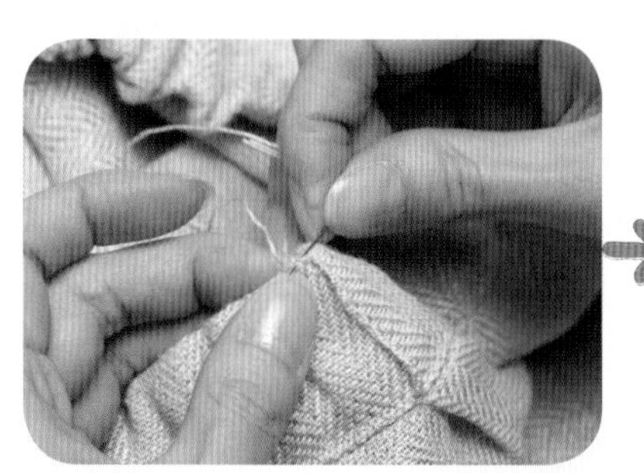

10 往水平方向挑起約 2mm 的布料繞 2 圈之後，將縫針往反面置入，打一個收尾結。

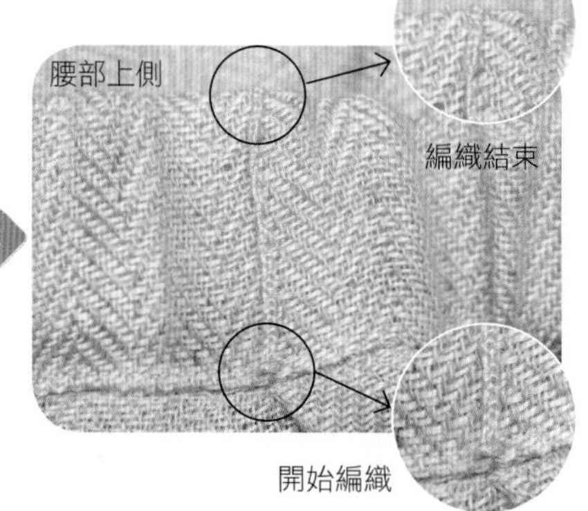

10. 上褲耳

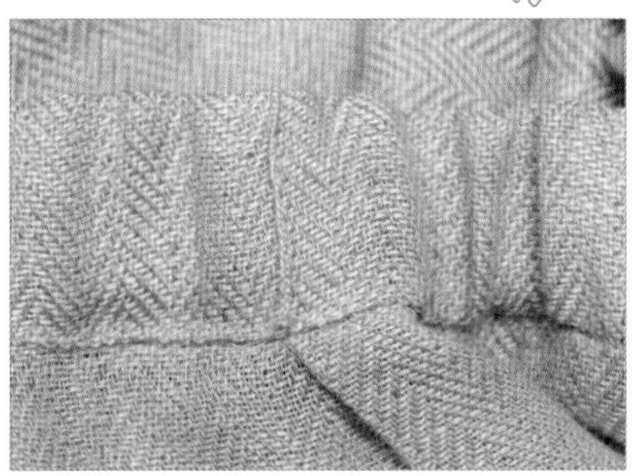

請參考左頁的「達人小祕訣」，取 3 根繡線，在腰帶上 5 個部位（打褶上方、兩側、後中心）編織繡線。

11. 下襬做三折收邊處理

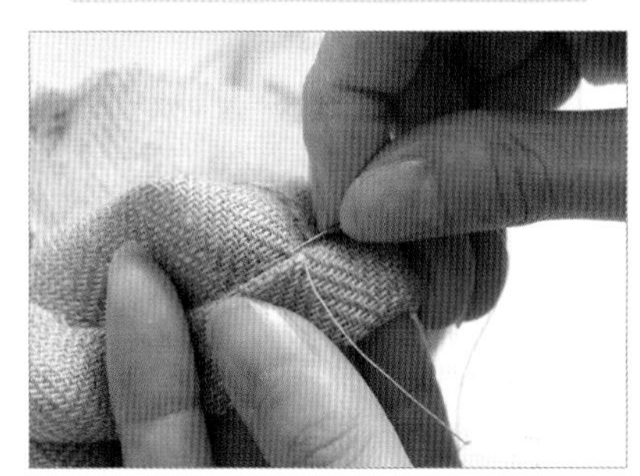

下襬從邊緣往內折 1cm 後再折 2cm，以斜針縫（詳見 P26）收尾。

12. 將緞帶穿過褲耳

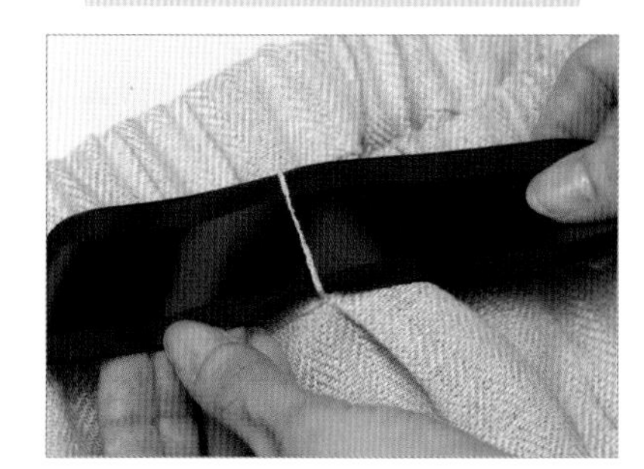

將緞帶穿過褲耳後，完成。

如何輕鬆穿好鬆緊帶？

配合腰圍尺寸裁剪長度、將鬆緊帶穿過腰部之後，把兩端重疊 2 ～ 3cm 再縫合，是處理腰部鬆緊帶的基本技巧。尺寸愈大的作品，所需的鬆緊帶長度就愈長。如果沒有寬版鬆緊帶，也可改為穿 2 條較細的鬆緊帶。

鬆緊帶的種類

大致可區分為適合裙子、休閒褲等外出服，與適合內衣和睡衣等居家服的款式。用在外出服的鬆緊帶強度比較大，用於居家服的鬆緊帶則比較鬆，且較不傷肌膚。

2.5cm 寬，呈緹花織法，不易變形的類型。

2.0cm 寬，整條都帶有扣孔的鬆緊帶，可搭配孩子的成長調節尺寸。

1.5cm 寬，一般織法的鬆緊帶。若用在衣物上，購買時要特別確認鬆緊帶是否能夠乾洗。

1.2cm 寬，也可以用兩條這種寬度，取代最上方的 2.5cm 寬（製作方式請參考 P86 以及右圖）。

穿兩條鬆緊帶

穿兩條鬆緊帶時，如果穿好一條再穿下一條，第二條就不容易穿入。因此，建議用下圖的方式處理，同時穿兩條鬆緊帶，也可以簡單又快速地完成。

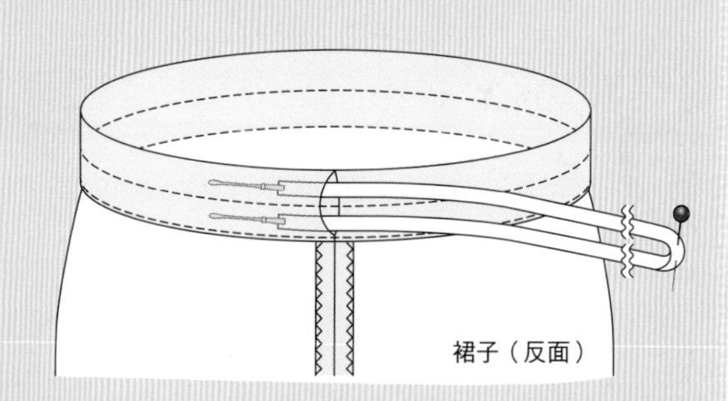

兩條鬆緊帶不要剪斷、直接穿過去。用穿繩器或安全別針固定兩條的邊緣，一起送進穿鬆緊帶的洞口。

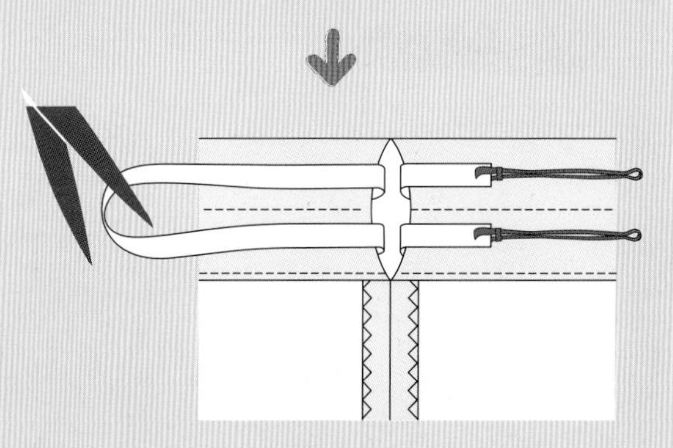

穿繞一圈之後，拉出鬆緊帶圈之後再剪開，分別與另一端重疊 2 ～ 3cm 後，車縫起來。

Column

包扣的製作方法

可自行挑選鈕扣的尺寸！
自己做出世界唯一的鈕扣吧！

在手工藝材料行或 39 元商店裡都可以買到「包扣材料包」，在家就能用喜歡的布料製作出獨一無二的包扣。以下為您講解零失敗的完美包扣製作步驟！

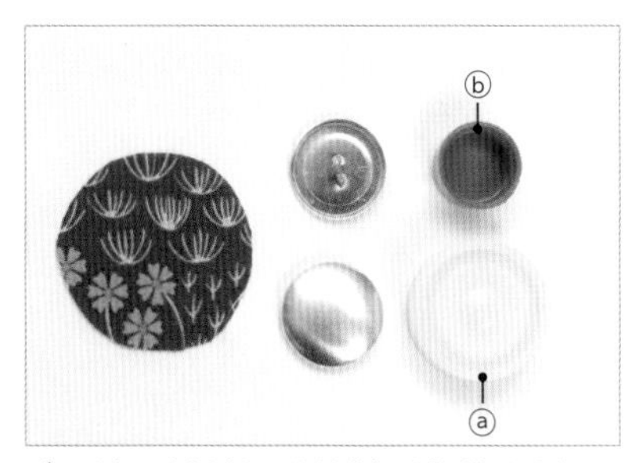

1 使用材料包附的紙型裁剪布料。

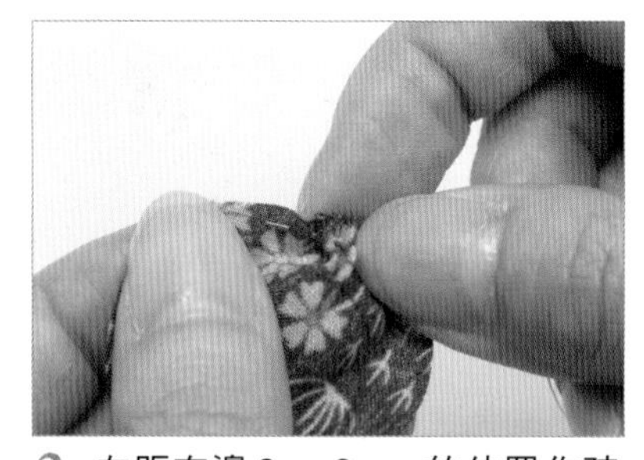

2 在距布邊 2 ～ 3mm 的位置作疏縫平針縫。

3 縫完一圈之後，輕輕拉一下線使稍微縮口。

4 從外鈕扣的正面往裡面放。

5 把線整個拉出以收緊布邊。

6 將包覆起來的鈕扣放進工具ⓐ裡。

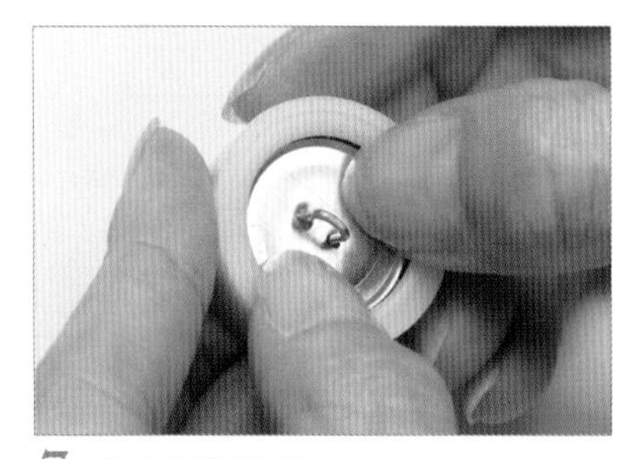

7 扣上扣腳部分。

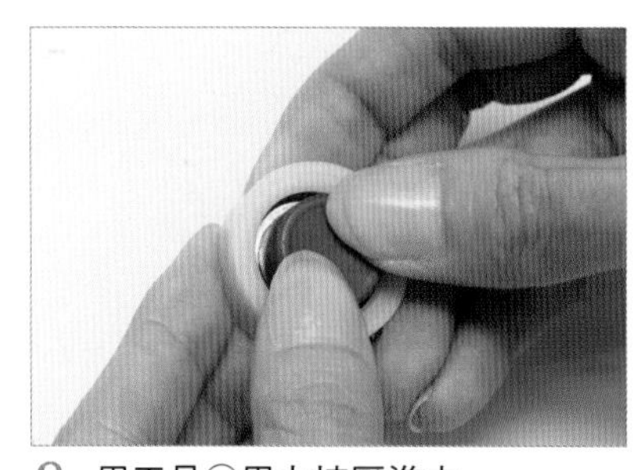

8 用工具ⓑ用力按壓進去。

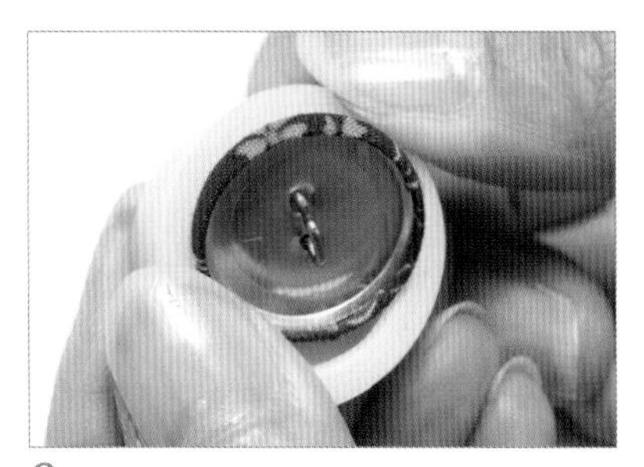

9 卸下器具ⓐ、ⓑ。

包扣大功告成！

附錄

設計師的裁縫小訣竅

這裡彙集了日常生活中，每天都用得到的縫紉小巧思。例如衣服沾到汙垢的處理方式、讓太短的衣服復活，以及如何在小朋友的衣服上漂亮地繡上名字等，在這一章裡都有詳細的解答。

如何將鈕扣縫得牢固又漂亮？

縫鈕扣可不是將鈕扣「固定」住就好，還需要留下一些線腳，開關鈕扣時才會順手，也不容易從衣物上脫落。
以下介紹大家一個利用牙籤留下適當「線腳」的小訣竅。

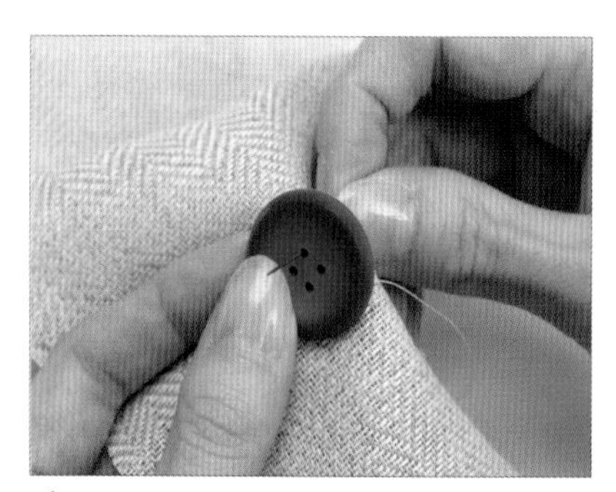

1 取雙線打結。將線穿進要安裝鈕扣的布面時，也一併穿過扣孔。

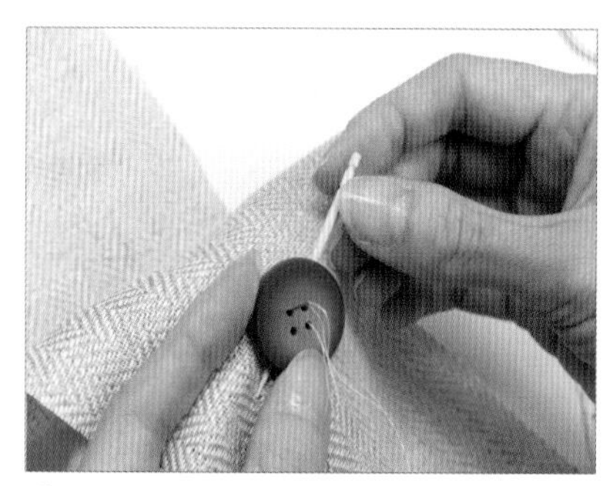

2 將線穿過第 2 個扣孔後，將一根牙籤塞在衣服與鈕扣之間。

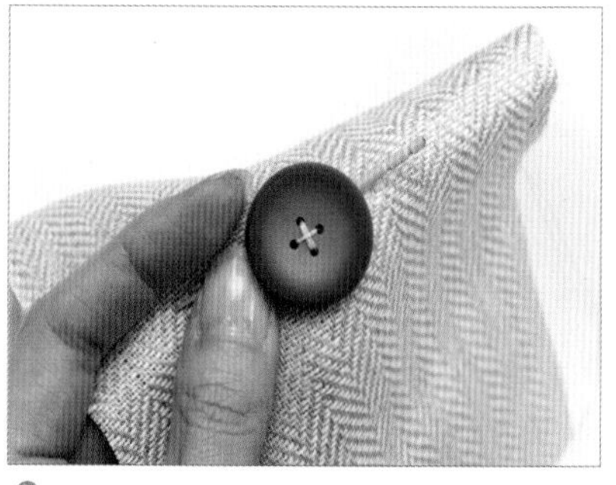

3 在牙籤在衣服與鈕扣之間的狀態下，將線穿過扣孔 2 次。

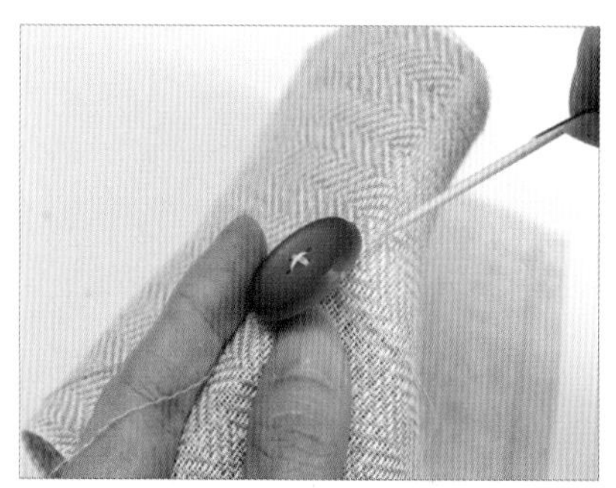

4 然後在這個步驟卸下牙籤，鈕扣和衣服之間會留下線腳。

5 用線纏繞牙籤留下的線腳 3 ～ 4 圈。

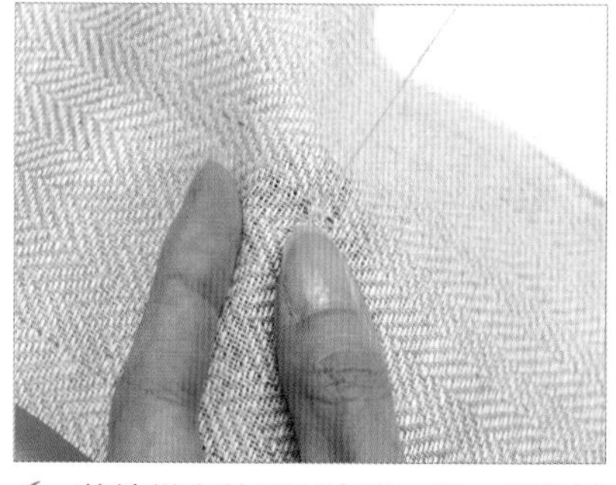

6 將線從布的反面穿出，打一個收尾結後剪線即完成。

縫四孔扣的各種方法

四孔扣的縫製方法有很多種。若是走休閒風的衣服，縫線不一定要使用同色系，可自由搭配衣服和鈕扣的款式，享受配色的樂趣。

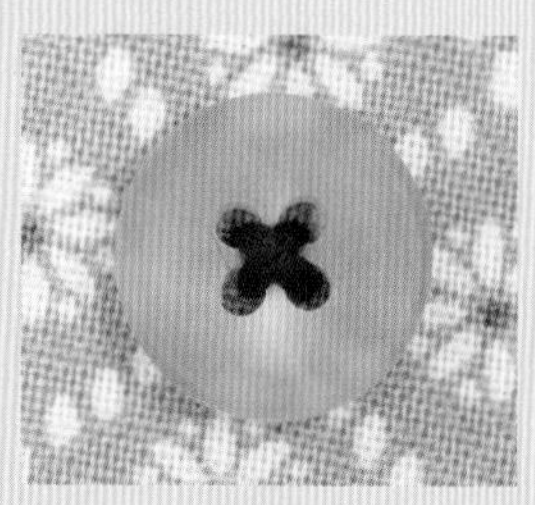

•縫成十字交叉式

•縫成方形

•縫成兩條平行線

修補衣服上的破洞

喜歡的衣服不小心被勾破了，有方法可以補救嗎？現在購買衣服時，大部分都會附上一小塊同款布料，請使用這一小塊布料來修補。

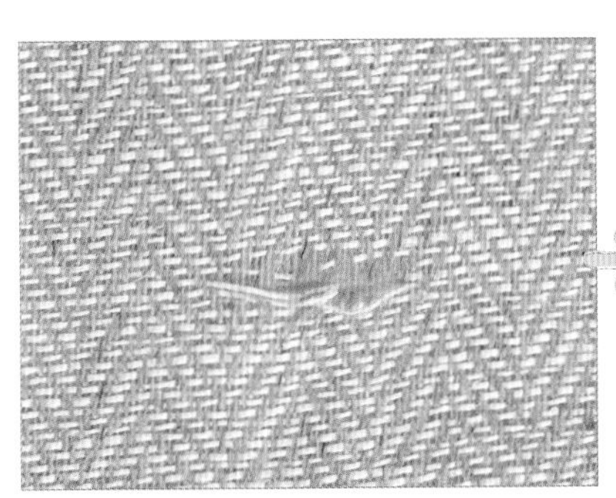

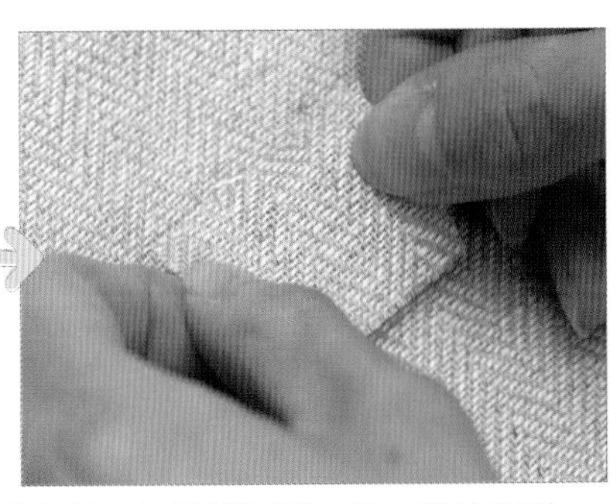

1 準備一塊比破洞部位大一點點的同款布料。如果找不到一模一樣的布料，則盡量找一塊顏色相近的布料替代。

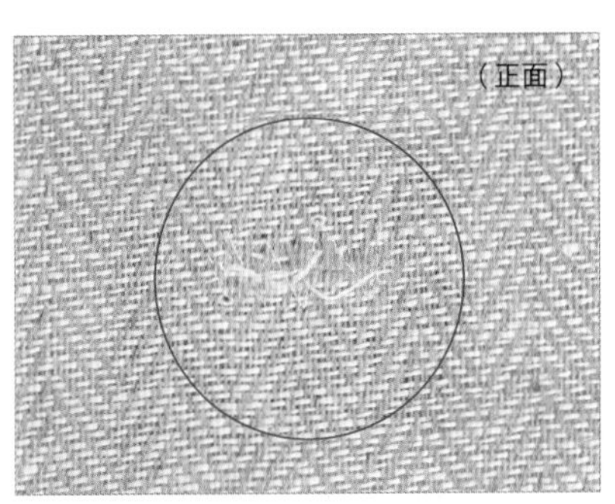

2 將同款布料疊在破洞上，以Z字車縫蓋住破洞。如果是牛仔褲等休閒服，大膽使用顯眼色系也沒關係。

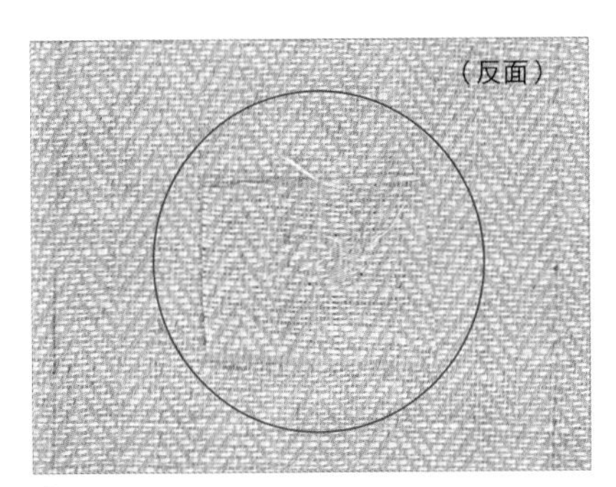

3 反面會呈現這種狀態。

找不到同款布料時的修補法

市面上可以買到圖中這種用熨斗燙過就能黏住的修補布，將接觸面貼在破洞的反面，用中溫熨燙即可。但是，顏色種類有限，如果是特殊顏色的衣物就不建議使用。

巧妙掩飾破損的方法

如果衣服上沾到洗不乾淨的汙垢或是蟲咬等小破洞，
可以利用不成套的鈕扣或貼花，巧妙地把破損處遮住。
既能遮掩住瑕疵，看起來還會更有設計感喔！

用鈕扣遮掩

1 汙垢即使再小，還是很令人很在意。

也可參照P107，
用布花取代鈕扣。

2 準備幾個可愛的鈕扣。

3 將鈕扣排列在汙垢上後，一一縫好固定。

有些反面有附黏膠的貼花不好下針，
要特別小心處理。

用貼花遮掩

1 以藏針縫（詳見P26）固定貼花。從反面下針、穿過貼花的邊緣拉出線後，再往側邊的布刺入。

2 接下來，在往前2～3mm的貼花邊緣插出針尖。

3 如此反覆操作，直到固定貼花周邊一整圈為止。

如何將下襬改短或放長？

為青春期的孩子買衣服，如果買剛好的長度，很快就穿不下了；
如果懂得將下襬改短或放長，一開始先把下襬改短，
發現長度不夠時再把下襬放長，這樣就可以一直是合身的狀態了！

改短下襬

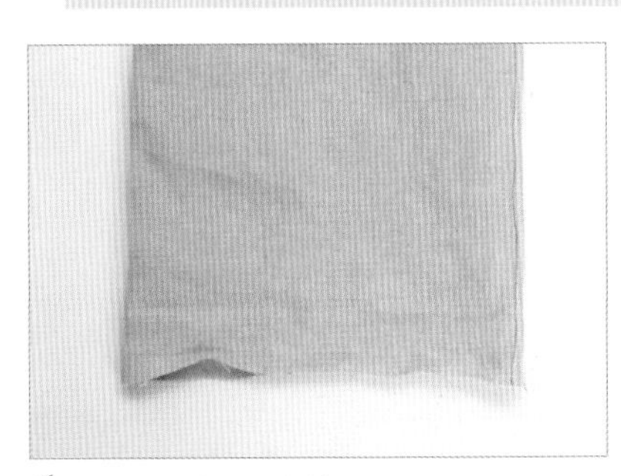

1 拆開下襬的縫線。

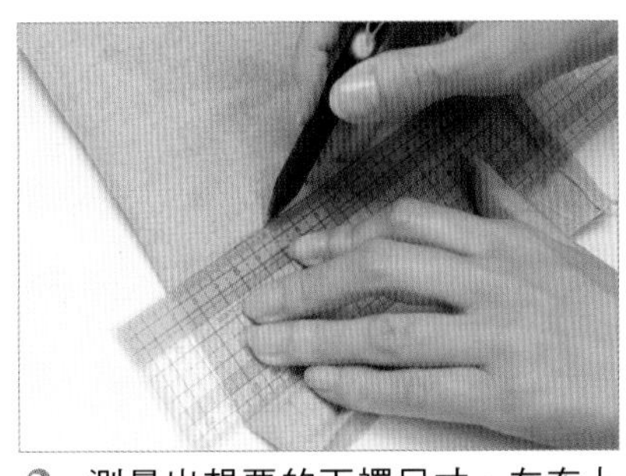

2 測量出想要的下襬尺寸，在布上畫線。

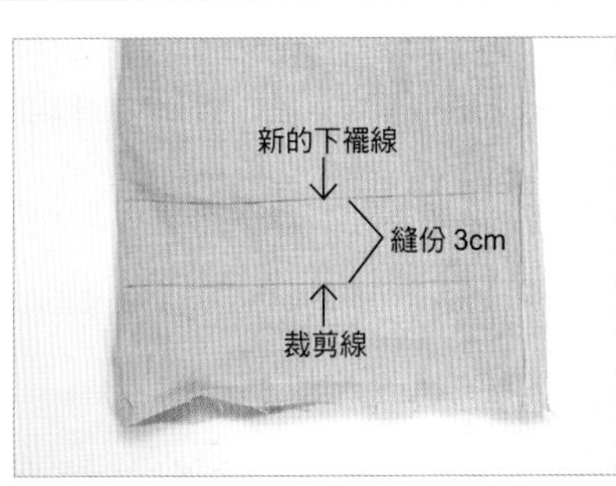

3 從 2 畫的線，往下拉 3cm 作為縫份，畫出裁剪線。

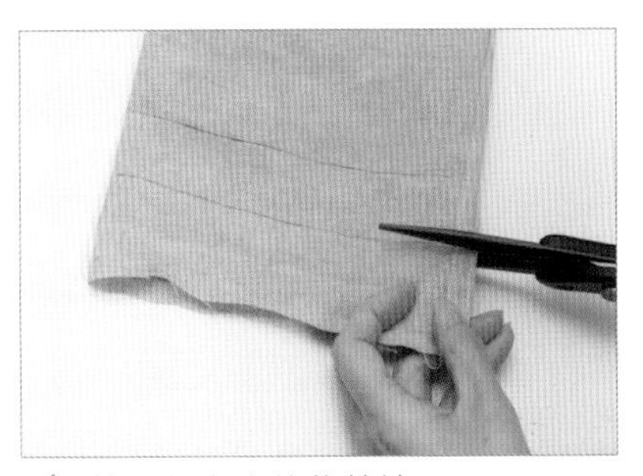

4 剪掉在 3 畫的裁剪線。

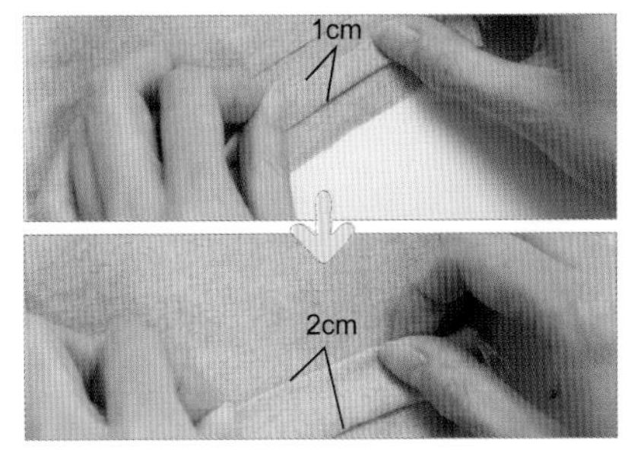

5 從裁剪的布邊往內側折 1cm 再折 2cm，用熨斗燙平。

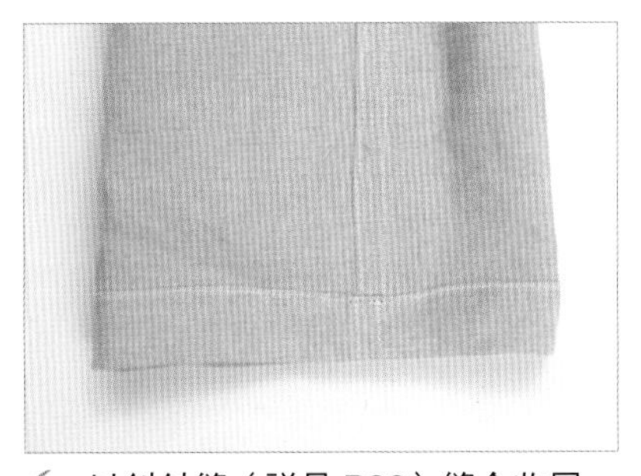

6 以斜針縫（詳見 P26）縫合收尾。

要先確認下襬
反折的縫份是否預留有
想要放下來的長度。

放長下襬

1 三折收邊的縫份至少要留 1cm，拆開下襬的縫線後，在想要拉長的尺寸處畫線。

2 縫份以三折收邊處理，以斜針縫收尾。若是 1cm 的縫份，則各折 5mm；若是 1.5cm 的縫份，則往內折 5mm 後再折 1cm。

3 用熨斗燙平，如此一來褲腳就變長了。另一腳也以相同方式處理。

獨一無二！用十字繡繡出文字

托兒所、幼稚園、小學…，孩子每個階段的入學，很多東西都需要標示出名字。帶著加油打氣的心情，以刺繡的方式為孩子縫上姓名，小朋友一定會感到很開心喔！以下為大家介紹三種繡法：

回針繡

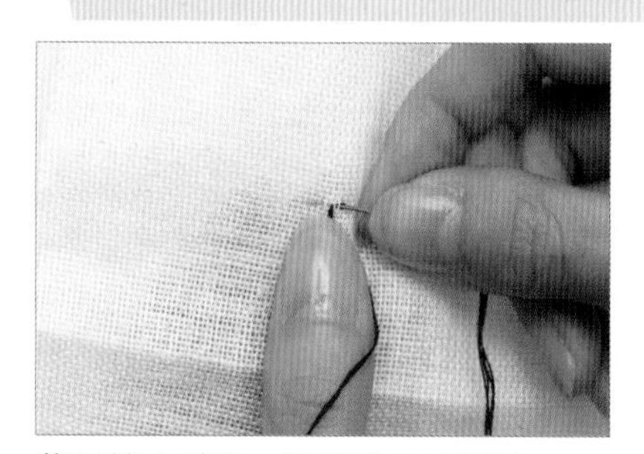

往回縫 1 針後，往前挑 2 針刺出。

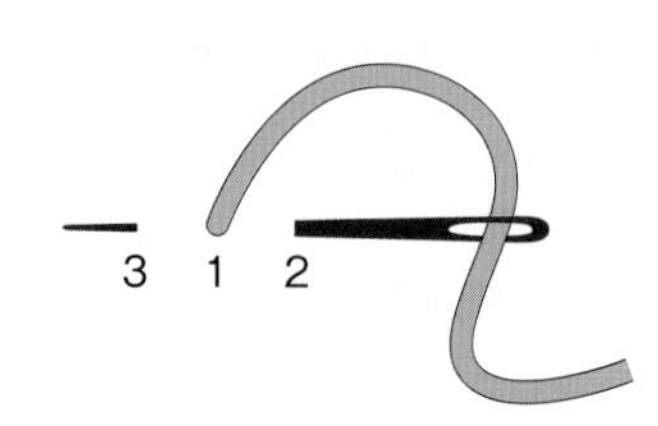

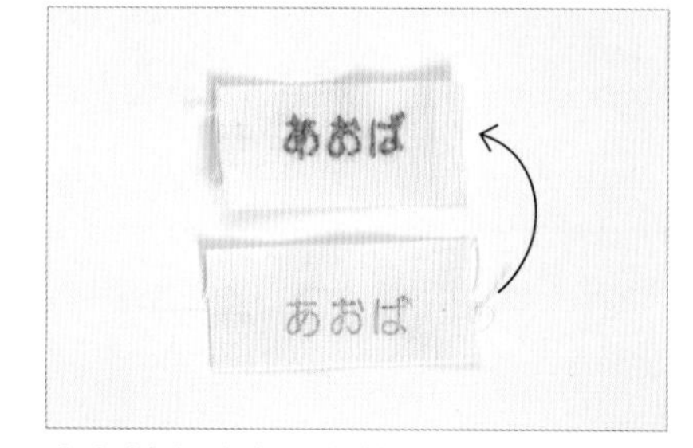

先在姓名貼上用鉛筆打底，就能繡出漂亮的字形。

鎖鍊繡

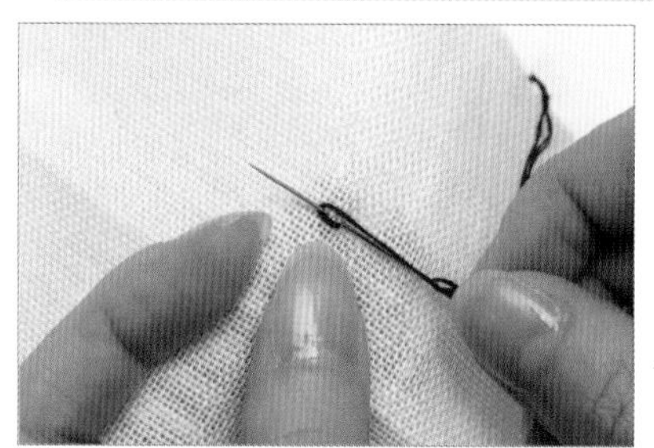

刺出 1 針後，再從相同位置刺入，將繡線套在針尖後抽出，反覆執行相同的動作。

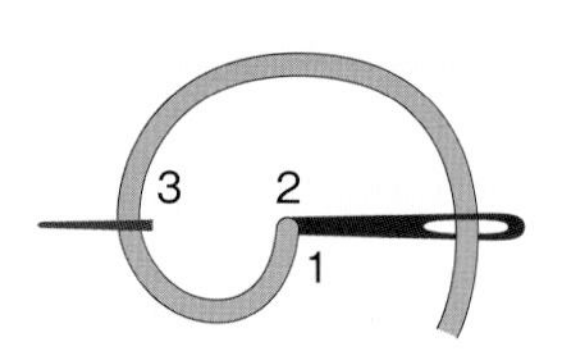

鎖鍊繡的線條比上面的迴針繡要粗一些，給人很結實的印象。

十字繡

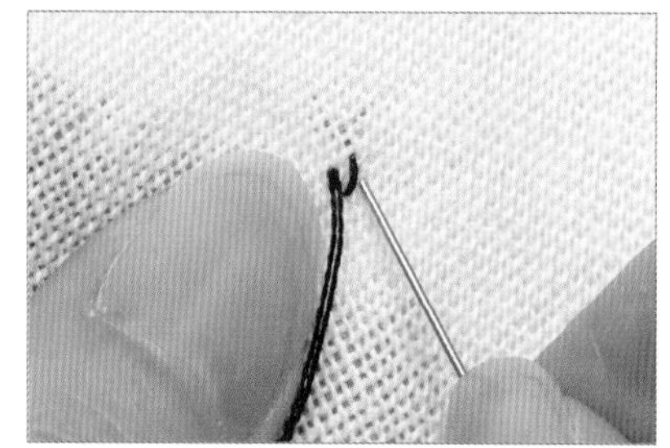

沿著圖案往斜角的方向刺入針，一邊縫出十字花紋、一邊往下縫。

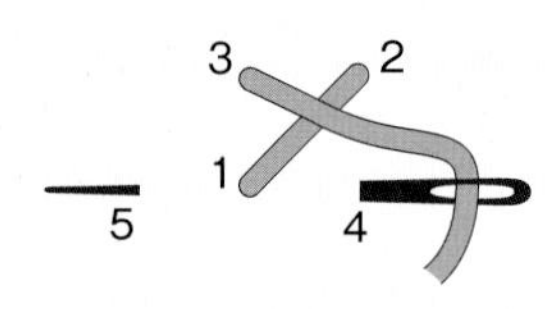

順著英文字母的圖案（P124）刺繡，完成時就會如圖中的模樣。

用十字繡製作姓名標籤

在布條上繡好姓名標籤，再貼縫在各種小物上，
不僅不會弄丟，也可以變成衣服的亮點。
以下介紹兩種縫法，請搭配各種不同的用途嘗試看看！

藏針縫

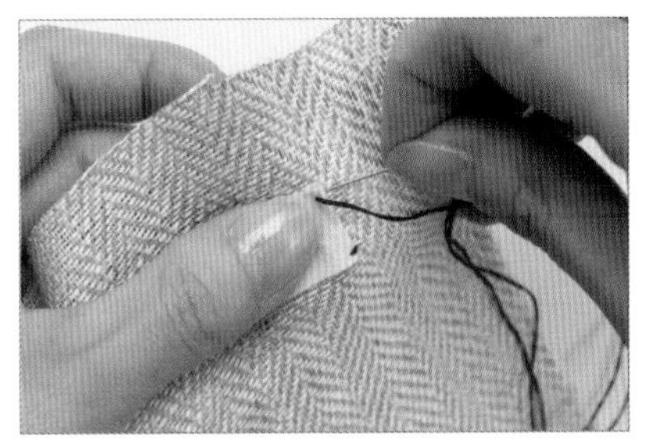

取兩根繡線，從外折痕反面的內側距離 2mm 的位置下針，總共縫兩針。以相同的方式固定好四個角。

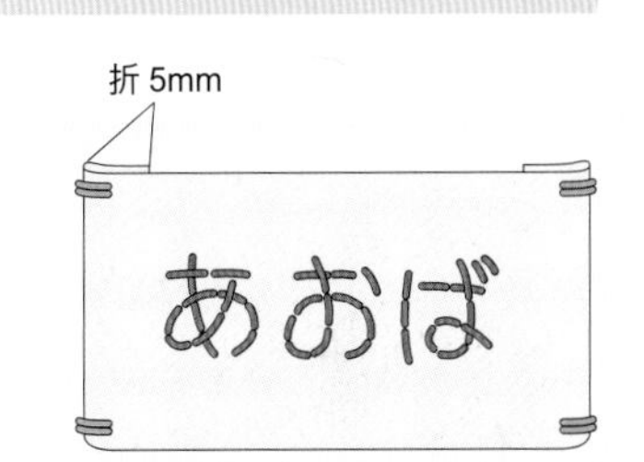

毛毯邊縫

從姓名貼的邊緣往內 2mm 的位置下針，將線套在針上後抽出，反覆執行相同動作，直到固定一整圈。貼花也可以用相同的方式固定。

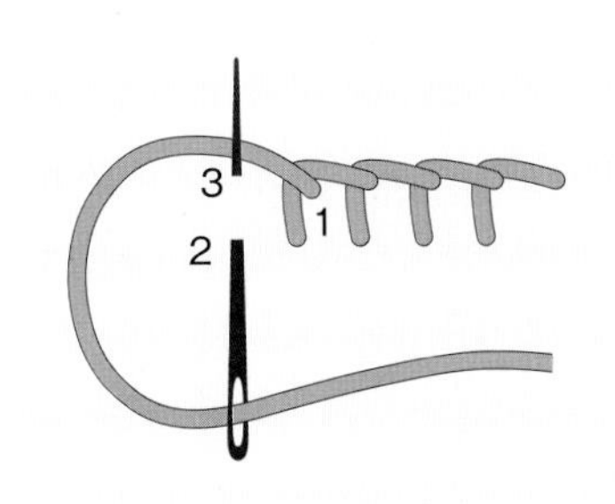

用十字繡繡出 26 個英文字母

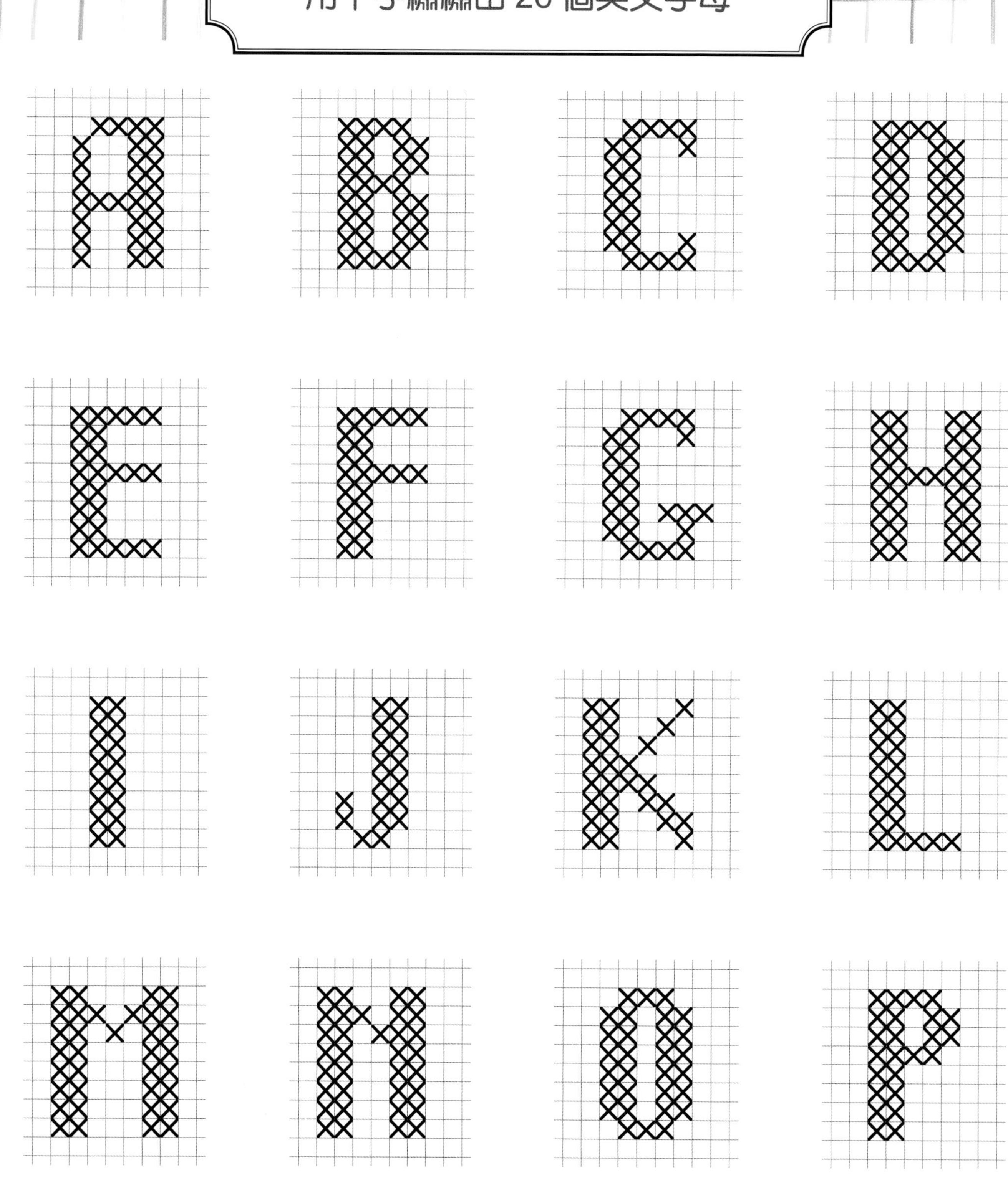

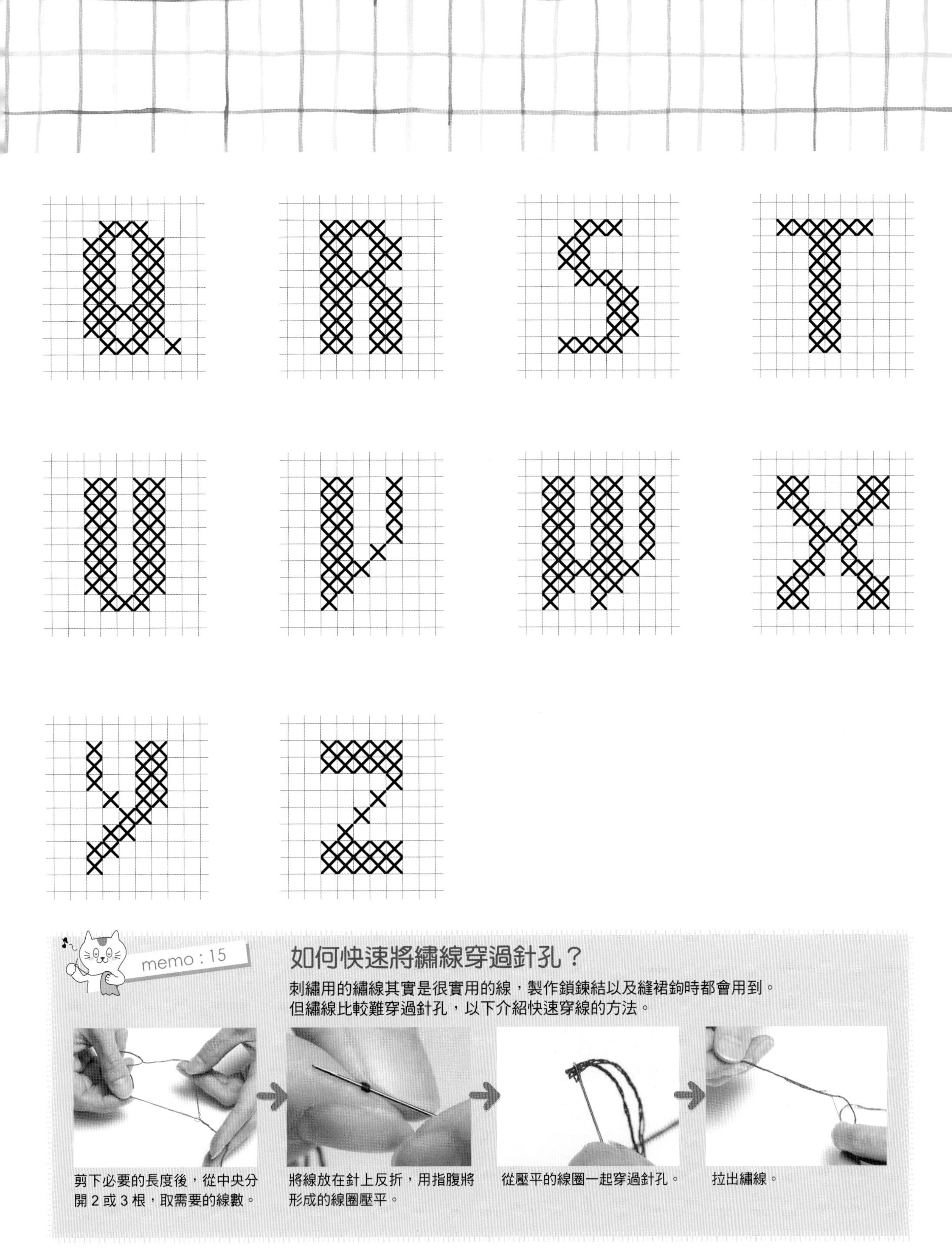

memo : 15

如何快速將繡線穿過針孔？

刺繡用的繡線其實是很實用的線，製作鎖鍊結以及縫裙鉤時都會用到。
但繡線比較難穿過針孔，以下介紹快速穿線的方法。

剪下必要的長度後，從中央分開 2 或 3 根，取需要的線數。

將線放在針上反折，用指腹將形成的線圈壓平。

從壓平的線圈一起穿過針孔。

拉出繡線。

INDEX索引

※依英文字母與注音符號順序排列

台灣廣廈國際出版集團
Taiwan Mansion International Group

國家圖書館出版品預行編目資料

1000張定格全圖解！我的第一本縫紉書：一次學會手縫＆機縫！
免上課，就能做出你最想要的20款手提袋、口金包、親子裝/奧山千晴監修; 鄭睿芝翻譯.
-- 新北市 : 蘋果屋, 2017.01
面； 公分. --（玩風格系列 ; 22）
ISBN 978-986-93136-8-1（平裝）
1. 縫紉 2. 衣飾

426.3 105019688

1000張定格全圖解！我的第一本縫紉書

一次學會手縫＆機縫！免上課，就能做出你最想要的20款手提袋、口金包、親子裝

監　修／奧山千晴
翻　譯／鄭睿芝
審　訂／李復真
編輯中心／第三編輯室
編 輯 長／周宜珊・編輯／蔡沐晨
封面設計／曾詩涵・內頁排版／菩薩蠻數位文化有限公司
製版・印刷・裝訂／東豪・弼聖・明和

發 行 人／江媛珍
法律顧問／第一國際法律事務所 余淑杏律師・北辰著作權事務所 蕭雄淋律師
出　版／台灣廣廈有聲圖書有限公司
地址：新北市235中和區中山路二段359巷7號2樓
電話：（886）2-2225-5777・傳真：（886）2-2225-8052

行企研發中心總監／陳冠蒨
國際版權組／王淳蕙・孫瑛
公關行銷組／楊麗雯
綜合業務組／莊匀青
地址：新北市235中和區中和路378巷5號2樓
電話：（886）2-2922-8181・傳真：（886）2-2929-5132

全球總經銷／知遠文化事業有限公司
地址：新北市222深坑區北深路三段155巷25號5樓
電話：（886）2-2664-8800・傳真：（886）2-2664-8801
網址：www.booknews.com.tw（博訊書網）
郵 政 劃 撥／劃撥帳號：18836722
劃撥戶名：知遠文化事業有限公司（※單次購書金額未達500元，請另付60元郵資。）

■出版日期：2017年01月
ISBN：978-986-93136-8-1

HAJIMETE NO SEWING
supervised by Chiharu Okuyama